ネスペ

R3
れいわさん

左門至峰・平田賀一 著

技術評論社

はじめに

　本書は，ネットワークスペシャリストを目指す皆さんが，試験に合格されることを願って書いた本です。

　令和3年度のネットワークスペシャリストの合格率は，わずか12.8%。過去10年間で最も低い数字です。また，情報処理技術者試験には，ITストラテジストやシステムアーキテクトなどの，高度区分ともいわれる難関試験が他にもあります。これらの中でも最も低い合格率でした。悔しい思いをされた方が多かったと思います。

　令和3年度の問題を見て感じたことは，基本的な内容を掘り下げて出題しているということです。分野としては昔からある技術が中心で，主にレイヤ2やレイヤ3の出題が大半を占めました。SD-WANやゼロトラストなどの新しい技術はほとんどありません。ですが，問題文を読むと，まったくもって簡単ではありません。STPやBGP，優先制御などの昔からある技術が，深いところまで問われているのです。専門的な技術に関しては問題文に丁寧な解説が付与されていますが，ネットワークの基礎知識が備わっていないと理解することが難しかったことでしょう。

　本書は，サブタイトルに「最も詳しい」「過去問解説」と付けています。文字どおり，どの本よりも詳しい解説を掲載しています。ネットワークのプロである著者二人が，全力で書き上げました。令和3年度の超難解な問題文を一言一句解説し，加えて，解答の導き方から書き方まで丁寧に指南しています。皆さんのネットワークスペシャリスト試験合格にお役にたてる本だと自信をもっていえます。

　さらに「本物のネットワークスペシャリストになるための」と付けたのは，試験合格はもちろんのこと，「本物のネットワークスペシャリスト」になってもらうことを意識して書いた本だからです。つまり，「こう問われたらこう答える」などの試験テクニックだけを身に付けて合格するための本にはしていません。

　資格だけ持っていて，業務がまったくできないネットワークスペシャリスト

では意味がありません。プロ中のプロ，「さすがネットワークスペシャリスト
は違うなあ」「彼（彼女）は本物だ！」といわれるような知識・経験を身に付
けられるような本を目指しました。ですから，実務での実情や，実際の設定も
紹介しています。また，各技術の裏側にある本質的なところも，なるべく丁寧
に解説しました。

　これまで書籍やセミナーでも何度もお伝えしていますが，ネットワークスペ
シャリストに合格するための勉強方法は，基礎を学習し過去問を解くことです。
この二つの勉強を，愚直に，真剣に取り組んだ方が合格しているのです。

　基礎解説に関しては，拙書の『ネスペ教科書　改訂第2版』（星雲社），や『ネ
スペの基礎力』，そして過去問解説は本書を含む「ネスペ」シリーズを活用し，
ぜひとも合格を勝ち取っていただきたいと思います。

　皆さまがネットワークスペシャリスト試験に合格されることを，心からお祈
り申し上げます。

2021年10月　　左門 至峰

第 1 章

本書の使い方／過去問を解くための基礎知識

1.1 本書の使い方と合格体験記

1 合格へは3ステップで学習を

　ネットワークスペシャリスト試験は，令和3年度の合格率がわずか12.8%前後という超難関試験です。そんな試験に合格するためには，やみくもに勉強を始めるのではなく，以下に示すような3ステップで行っていくとよいでしょう。まず，受験するまでの大まかな計画を立てます。計画を立てたのち，本格的な勉強に入ります。そして，ネットワークについての基礎知識をしっかりと押さえたのち，過去問題（以下「過去問」と略す）の学習を行います。

STEP 1 学習計画の立案	STEP 2 ネットワークの基礎学習	STEP 3 過去問（午後）の学習
計画例 (1) 学習スケジュール (2) 参考書や通信教育などの教材選定	(1) 参考書による学習 (2) 実務による学習 (3) 午前問題と他試験科目の学習	(1) 過去問の演習 (2) 本書での学習 (3) 基礎知識の拡充 (4) 過去問の繰り返し

STEP 1 学習計画の立案

　学習計画を立てるときは，情報収集が大事です。まず，合格に向けた青写真を描けなければいけません。「こうやったら受かる」という青写真があるから，学習計画が立てられるのです。また，仕事やプライベートも忙しい皆さんでしょうから，どうやって時間を捻出するかも考えなければいけません。

　計画は，ネットワークスペシャリスト試験だけのものとは限りません。ドットコムマスターやCCNAなどのネットワーク関連の試験を受けることもあるでしょう。どのような仕事に携わってどのような知識を得られるのかや，学

生であれば学校の講義内容なども意識しましょう。ネットワークスペシャリスト試験の勉強方法は，過去問を解いたりテキストを読むことだけではありません。日々の業務も大事ですし，自分のPCでメールの設定を確認したり，オンラインバンキングの証明書の中身を見ることも，この試験の勉強につながるのです。

　計画というのは，あくまでも予定です。計画どおりいかないことのほうが多いでしょう。ですから，あまり厳密に立てる必要はありません。しかし，「これなら受かる！」と思える学習スケジュールを立てないと，長続きしません。もし，日常業務が忙しくて，合格できると思えるスケジュール立案が難しければ，受ける試験を変えたり，翌年に延期するなど，冷静な判断が必要かもしれません。

　この試験に合格するまでの学習期間は，比較的長くなるでしょう。ですから，合格に向けてモチベーションを高めることも大事です。誰かにモチベーションを高めてもらうことは期待できません。自分で自分自身をencourageする（励ます）のです。拙書『資格は力』（技術評論社）では，資格の意義や合格のコツ，勉強方法，合格のための考え方などをまとめています。勉強を始める前に，ぜひご一読いただければと思います。

■資格の意義や合格のコツ，勉強方法，合格のための考え方などを
　まとめた『資格は力』

　また，本書のp.10からは令和元年のネットワークスペシャリスト試験に見事合格された3人の方の合格体験談も掲載しています。皆さんの学習計画の立案に役立ててください。

 ## ネットワークの基礎学習

　次はネットワークの基礎学習です。いきなり過去問を解くという勉強方法もあります。ですが，基礎固めをせずに過去問を解いても，その答えを不必要に覚えてしまうだけで，あまり得策とはいえません。まずは，市販の参考書を読んで，ネットワークに関する基礎を学習しましょう。

参考書選びは結構大事です。なぜなら相性があるからです。書店に行っていろいろ見比べて，自分にあった本を選んでください。私からのアドバイスは，**あまり分厚い本を選ばないこと**です。基礎固めの段階では，浅くてもいいので，この試験の範囲の知識を一通り学習することです。分厚い本だと，途中で挫折する可能性があります。気持ちが折れてしまうと，勉強は続きません。

　これまた拙書で恐縮ですが，『ネスペ教科書 改訂第2版』（星雲社）は，ネットワークスペシャリスト試験を最も研究した私が，試験に出るところだけを厳選してまとめた本です。ページ数も316ページと，手頃なものにしています。理解を助ける図やイラストも多用していますので，まずはこの本で学習していただくのもいいかと思います。

■『ネスペ教科書』は試験に出るところだけを厳選

　私が書いた基礎固めの本としては，『ネスペの基礎力』（技術評論社）もあります。合格者にいただいたアンケート結果を見ると，この本を推奨してくださる方がたくさんいます。こちらは，タイトルに「プラス20点の午後対策」と入れているように，ある程度基礎を理解した人向けの本です。なので，いきなり読む本というより，他の本で基礎固めしてから読んでいただくことを意識しています。

　この本では，基礎知識の解説中に143個の質問を皆さんに投げかけています。この投げかけた質問の答えはすぐに見るのではなく，自らしっかりと考えて答えてください。そうすることで，わかったつもりになっていた知識，あいまいだった知識に対して，新たな気づきがあると思います。

■『ネスペの基礎力』はある程度基礎を理解した人向け

STEP 3 過去問（午後）の学習

　網羅的に基礎知識が身に付いたら，過去問を学習しましょう。合格するには過去問を何度も繰り返し解くことが大事です。

　私はかねてから，**過去問演習は4年分を3回繰り返してください**とお伝えしています。このとき，問題文を一言一句まで理解してください。なぜなら，この試験は，問題文にちりばめられたヒントを用いて正答を導くように作られているからです。単に，設問だけを読んでも正解はできません。それに，問題文に書かれたネットワークに関する記述が，ネットワークの基礎知識の学習につながるからです。

　ここで役立つのが本書です。本書の過去問解説は，1年分しかありません。しかも，午前解説はなく，午後問題の解説だけです。その分，問題文の解説や，設問における答えの導き方，答案の書き方までを丁寧に解説しました。

　また，女性キャラクター（剣持成子といいます）が，解説の中でいくつかの疑問を投げかけます。ぜひ皆さんも，彼女の疑問に対して，自分が先生になったつもりで解説を考えてください。

　そして，過去問解説の終わりには，令和3年度試験に合格された方の復元答案を記載しています。IPAから発表される解答例そのままを答えることは不可能です。ですが，違う表現で答えても多くの方が点をもらって合格されています。合格者がどのような答案を書いているかも参考にしてください。

　STEP3（3）では，「基礎知識の拡充」と書きました。これは，STEP2で広く浅く勉強した知識の深堀りをすることです。過去問を解きながら，ときに実機で設定してみたり，ネットで調べたりしながら知識を深めてください。本書でも，今回の過去問で登場した技術の知識に関して，問題文をベースに整理しています。今回は優先制御，STPおよびBGPを深く解説しました。これらの解説を参考に，他の技術に関しても自分なりに理解を深めてもらいたいと思います。

　ネットワークスペシャリストの試験範囲はとてつもなく広く，そして難しい内容が含まれます。ネットワークの業務に就いている人でもそのすべてに精通している人はほぼいないでしょうし，すべての分野で実機を触ったことがある人はいないと思います。

　令和3年度の試験に合格された皆さんは，どのように勉強を行ったのでしょうか。復元答案を提供してくださった3人の方の合格体験談を紹介します。受験生の皆さんには貴重なアドバイスが詰まっていると思います。

紅さん

【職種】 SE（Webアプリケーション）（20代）
　　　　 保有資格は，基本情報技術者，CCNA
【何回目の受験で合格か】 1回目
【スコア】 午前Ⅰ：74点　午前Ⅱ：84点　午後Ⅰ：62点　午後Ⅱ：67点
　　　（※紅さんの復元解答は，午後Ⅰ問1，午後Ⅱ問1で掲載）

■合格できた理由は何だと思いますか？
• 苦手分野から目を背けなかったこと
• 当日に午後Ⅰで絶望しても，最後まで居座り続けたこと

■これはやってはいけないと思う勉強のやり方は？
　午前Ⅱの勉強から始めることは非効率なので推奨しません。

■モチベーションを上げたり維持するために工夫したことは何ですか？
• 主人公が受験生の漫画を読む
• 「ネスペに受かったら転職する」と決めていたので，はやく転職したいという一心を持つ
• Twitterのフォロワーさんからの激励を受ける
• ネスペシリーズのコラムや合格体験記を読む

- 会社からの報奨金に思いをはせる

■ 合格に最も大切なのはズバリなんでしょう？

当日を最後まで乗り切る体力と精神力

■ 資格を取って一番得るものは？

達成感！！

■ 最後に一言お願いします

絶対に落ちたと思っていたので，「合格」の文字を見たときは泣き叫びました。一時期は毎晩泣きながら勉強していましたが，報われて本当に良かったです。

もっちさん

【職種】自営業（33歳）保有資格は，第一種電気工事士，第二級陸上無線技術士，基本情報技術者，応用情報技術者

【何回目の受験で合格か】1回目

【スコア】午前Ⅰ：免除　午前Ⅱ：92点　午後Ⅰ：69点　午後Ⅱ：78点

（※もっちさんの復元解答は，午後Ⅰ問2，問3で掲載）

■ どういう勉強をしましたか？

はじめに受験を決意した時点（令和元年7月）では，私が情報系ではなかったこともあり，ネットワークの知識が大きく不足していました。そのためネットワークスペシャリストにいきなり挑戦することは無謀と考え，基礎固めをしながらの長期戦術で合格を目指そうと考えました。

上記の考えから，基本情報技術者（令和元度秋期），応用情報技術者（令和2年度10月）と順番に受験していきました。

各試験の参考書での基礎知識の学習と並行して，各試験の過去問の出題テーマや関連技術を理解することを重視した勉強を行いました。

応用情報受験直後から，ルーティング＆スイッチング標準ハンドブックなどを少しずつ読み，応用的な知識を得ました。

その後，昨年12月半ばからネスペシリーズでの学習を開始しました。午後Ⅰは1問35分，午後Ⅱは90分の時間制限を設け，過去問演習しました。

　同時に過去問をしっかり読解することを意識し，疑問点は腑に落ちるまで徹底的に調べ，理解することを心がけました。

　また，左門さんがおっしゃられているように，ネットワーク図の仮のIPアドレス設計やルーティングテーブルなどをノートに手書きしながら考えることで，ネットワークに対する理解を一段と深めることができました。

■ これはやってはいけないと思う勉強のやり方は？

　ネットワーク用語の暗記のみに終始する勉強と過去問演習時に手を動かさない勉強。

■ モチベーションを上げたり維持するために工夫したことは何ですか？

- 勉強のやる気が下がるたびに，ネスペ本の合格体験記を繰り返し読み，気持ちを奮い立たせたこと
- 今回が最初で最後の受験の機会と考えて，一発合格のため必死で取り組んだこと
- 周囲に受験することを伝え，自分にプレッシャーを掛けたこと
- 全く勉強しない日を作り，リフレッシュできるようにしたこと

■ 資格を取って一番得るものは何？

　合格の喜びとネットワーク関連の広い技術的知識を識ることができたこと

■ 最後に一言お願いします

　ネスペ本がとても役に立ちました。技術知識を得ることと，日々の勉強のやる気を保つ上で，大きな支えになってくれました。毎日少しずつでもよいので諦めずにコツコツと頑張ることで，後々には必ず結果は出ると思います！

ララさん

【職種】地方JAの社内SE（39歳）保有資格は，初級システムアドミニストレータ，基本情報技術者，ソフトウェア開発技術者，応用情報技術者，情報処理安全確保支援士

【何回目の受験で合格か】10回目

【スコア】午前Ⅰ：免除　午前Ⅱ：88点　午後Ⅰ：75点　午後Ⅱ：68点

（※ララさんの復元解答は，午後Ⅱ問2で掲載）

■受験の動機は何ですか？

初めての受験前に応用情報技術者試験に合格しましたが，SEとしてネットワークに関する初歩的な知識しかないことに課題を感じていました。

しかし，ネットワークの勉強といっても何から手を付けていいかわかりませんでした。そこで情報処理技術者試験であれば理論と技術を満遍なく学べるだろうと考え受験しました。

■合格できた理由は何だと思いますか？

9回の不合格で何度も何度も繰り返し勉強ができ，頭にネットワークに関する知識が染み込んだことです。

1回目の試験は午前Ⅱで不合格でしたが受験を重ねるたびに少しずつ点数が上積みされていき，今回合格点に達しました。

また，ネスペシリーズのコラム等を読んでいるうちに，試験勉強をしながらネットワークの知識を得ることを楽しく感じるようになりました。

■これはやってはいけないと思う勉強のやり方は？

なんとなく問題を解いて答え合わせをして解説を読んで終わるような勉強です。私はここ数年は問題を解く時間より問題文を読み込む時間のほうが長かったです。

問題文に記載されているプロトコル，暗号化技術の特徴やメリット・デメリットの内容が，実は一番わかりやすくまとめられていると感じます。

■合格に最も大切なのはズバリなんでしょう？

精神論になりますが，合格への執念と根性です。私自身，一度や二度で合格できるような要領のよさはありませんでした。

　何度落ちてもあきらめず泥臭く頑張ったことが良かったのだと思います。

■資格を取って一番得るものは何？

　さすがに10回目の受験となると言葉では言い表せないくらいの達成感があります。何か自分の目の前にある壁を乗り越えた気持ちになりました。

■最後に一言お願いします

　受験中の皆様へはあきらめずに勉強すれば必ず合格できることをお伝えしたいです。10年前はSTPやVLANのこともまったく理解できていなかったレベルの私でも合格できましたので，あきらめる必要はまったくないです。

　落ちたとしてもその分何度も勉強することで身になります。時間はかかっても，回り道ではありますが決して無駄ではありません。

　私はそう信じております。

1.2 優先制御の基礎解説

午後Ⅰ問3では，優先制御について詳しく問われました。優先制御の全体像を理解しておくと，問題文を読み進めやすいと思います。

1 優先制御とQoS

優先制御に関して，QoS（Quality of Service）という言葉を聞いたことがあるかと思います。QoSを直訳すると「サービスの品質」です。といっても，牛肉のA4やA5などの品質等級を表すのではなく，品質を維持するための仕組みがQoSだと考えてください。通信におけるQoSは，音声や動画が途切れたり乱れたりしないようにすることです。

QoSを実現する主な方法には，「帯域制御」と「優先制御」があります。帯域制御は，携帯電話のデータ通信においても利用されています。一定のギガ数を超えると自動的に128Kbpsなどの低速な帯域に制限されますよね。このように使用量が多いユーザの帯域を制御することで，全体としての通信品質を保ちます。

今回の過去問では，QoSのなかの優先制御がテーマです。

2 優先制御とは

たとえば，日本の医療を考えたときに（といっても私は素人なので，厳しい突っ込みは無しでお願いします），緊急の患者とそうでない患者がいるとすると，緊急の患者を優先して治療することが求められます。緊急ではない人の待ち時間が増えてしまいますが，このやり方をどう思いますか？

結果として死者数が減れば，医療のあるべき姿かと思います。

　ですよね。これを「サービス品質（QoS）」と単純に置き換えるのは乱暴ですが，優先制御によって，より緊急な医療を求めている人に，早く治療を受けてもらえることができます。

　ネットワークにおいても，音声や企業の基幹データの通信を優先させることがあります。逆に，優先度を下げるのは，情報収集のためのWeb閲覧であったり，動画通信などです。これらは，速度が少し遅かったり，画像が欠落したとしても，業務への影響は小さかったりするものです。

3 優先制御の実現方法

　ネットワークの世界で，転送するパケットやフレームの優先制御をするには，IntServとDiffServの二つの実現方法があります。主流は，今回の問題文でも記載されているDiffServです。

(1) IntServ（Integrated Services）

　IntServでは，回線やネットワーク機器などの設備を事前に予約し，重要なパケットを優先的に転送します。道路を例にすると東京オリンピック・パラリンピックにおける，大会関係者の専用の通行帯です。

　IntServを実現するプロトコルは，ネットワーク機器で帯域確保などを行うRSVP（Resource reSerVation Protocol）です。RSVPを直訳すると「資源を予約するプロトコル」です。RSVPに関して，過去問（H26年度NW試験午前Ⅱ 問12）では，「ネットワーク資源の予約を行い，ノード間でのマルチメディア情報のリアルタイム通信を実現する」とあります。

　専用道路を作ることで，優先したい車を確実に優先することができます。ですが，大規模に実現するのは簡単ではありません。同じように，特にインターネットで世界中とつながるようなネットワーク上のすべての経路において，帯域を確保することは簡単ではありません。そのため，IntServはあま

り使われていません。

(2) DiffServ (Differentiated Services)

IntServの実現性が高くないた
め，別の方式が採用されることが
一般的です。それがDiffServです。
優先したいパケット（やフレーム）
に印（しるし）をつけ，そのパケッ
トを優先的に転送します。道路を
例にすると，パトカーや救急車が，
サイレンという「印」によって，
優先的に道路を利用することです。
この仕組みであれば，IntServの
ように，事前に通行用の道路を確

保するなどの手間やコストをかける必要がありません。ただし，（道路でい
うと）渋滞などにより，優先制御の効果が十分に期待できない可能性もあり
ます。

DiffServを実現するために，パケットに印をつける仕組みとしては，この
あと解説するL2レベルのCoSや，L3レベルのToSやDSCP（Differentiated
Service Code Point）があります。

4 DiffServにおける優先制御の方法

DiffServは奥が深いのですが，過去問を解くのに深いところまでは必要は
ありません。ここでは二つだけ覚えてください。一つめは，「どのパケット
を優先するか」，二つめは「優先されたパケットの処理順」です。

(1) 誰を優先するか → どのパケットを優先するか

誰を優先するのかを決めて，優先していることがわかるようにします。た
とえば，病院であれば，救急車で運ばれた人が優先で，ファストパスであれ

ば，ファストパスで予約した人が優先です。

　ネットワークにおいても，どのパケットを優先するかを判断できるように，優先したいパケット（やフレーム）に優先度の印（しるし）をつけます。詳しくはこのあとの5.と6.で解説しますが，L2レベルではイーサネットヘッダ（VLANタグ）のCoS値，L3レベルではIPヘッダのDSCP値を使います。

> パケットに優先度をわざわざ付与する必要はありますか？
> たとえば，L2であれば物理ポート，L3であればIPアドレスでも優先制御はできると思います。

　もちろんです。今回の過去問では，一部で物理ポートによる優先制御を使います。ただ，過去問の大半のページが優先度を付与する方法が述べられているので，その点を中心に解説します。

（2）優先された人の対応順 → 優先されたパケットの処理順

　次に，優先された人が，実際にサービスを受けるとき，どのような順番で対応がなされるのでしょうか。たとえば，救急車で運ばれた人の場合，他の患者さんの誰よりも優先して診察をすることでしょう。一方，ディズニーランドのファストパスチケットのように，通常列とファストパスの二つの列を作り，交互にアトラクションに乗る仕組みもあります。

　ネットワークの場合もこれに似たところがあります。救急車で運ばれた人を**常に優先する**のがこのあと解説するPQ（優先度付きキュー）で，ファストパスのように複数の列で**交互にサービスを提供する**仕組みがRR（ラウンドロビン）です。

　いくつかある優先制御のなかで，本問題に登場するものも含めて代表的な方法を次に整理します。

■ 優先制御の代表的な方法

	優先制御の方式	内容
（ア）	PQ（Priority Queueing：優先度付きキュー）	優先するキューからパケットを送信する。厳密に（Strict）優先するのでSPQ（Strict Priority Queuing）ともいわれる。
（イ）	RR（Round Robin：ラウンドロビン）	各キューから順番に，同数ずつパケットを送信する。
（ウ）	WRR（Weighted Round Robin：重み付きラウンドロビン）	キューに重みを設定し，各キューから順番に，重み付けに比例したパケットを送信する。仮に二つのキューがあり，重み付けが1対1であれば，ラウンドロビンと同じ。

　実際の優先制御の流れを下図に示します。優先すべきは音声パケットで，データパケットは非優先です。

❶音声パケットとデータパケットがスイッチの入力ポートに到着します。

❷スイッチでは音声用のキューとデータ用のキューがあり，それぞれのキューにパケットが蓄積されます。

❸ア，イ，ウの三つの優先制御の方法に従い，出力ポートからパケットを出力します。

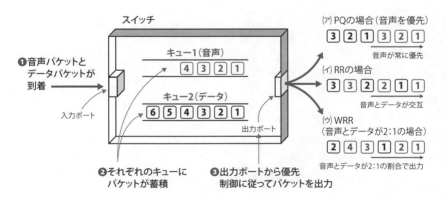

■ 優先制御の流れ

　ここでは，前項4（1）で述べた，優先度の印（しるし）について解説します。まずはL2レベルのCoSに関してです。

（1）概要

　L2フレームの場合，優先度を付与せずに優先制御をする方法として，MACアドレスやポートを使うことができます。ですが，MACアドレスの管理は煩雑ですし，ポートで優先制御をするにも，一つのポートに複数の種類のデータが到着する場合もあります。実際，今回の過去問でも，L3SWの一つのポートに音声フレームとデータフレームの両方が到着します。

　そこで，CoS値と呼ばれるVLANタグの中のフィールドを使い，優先するフレームに明示的な印を付けます。

> ということは，CoSによる優先制御をする場合には，VLANが必須ということですか？

　はい，そうです。ですから，場合によっては，ネットワークを分離して意図的にVLANを付与する必要があります。実際，この過去問でも「音声フレームとPCが送受信するデータフレームを**異なるVLANに所属させ**」とあり，意図的にVLANを分けています。

（2）L2フレームとCoS

　CoS値は，L2フレームのVLANタグ内のフィールドです。次ページにフレーム構造を示します。

タグVLANのフレーム

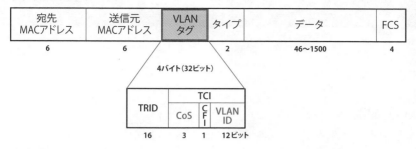

■ タグVLANのフレーム構造

上図のVLANタグは，VLANが付与された場合にのみ追加されるフィールドです。この内容をすべて覚える必要はありません。試験対策として知っておくべきはCoS値とVLAN IDです。

（3）CoS値詳細

CoS値は3ビット（0〜7）の値で，数値が大きいほうが優先です。参考までに，IEEE802.1pで規定されているCoSの値と対応するトラフィックタイプを以下に記載します。覚える必要はありません。CoS値が高いほうが重要なネットワークであることをイメージしてもらえば十分です。

■ CoS値の詳細

CoS値	トラフィックタイプ	補足
7	Network Control	ネットワーク制御（BPDUなど）
6	Internetwork Control	ネットワーク間制御。音声に利用されることもある
5	Voice, < 10ms latency and jitter	音声（遅延とジッタが10ms未満）
4	Video, < 100ms latency and jitter	映像（遅延とジッタが100ms未満）
3	Critical Applications	重要なアプリケーション
2	Excellent Effort	優れたエフォート
1	Background	バックグラウンド
0	Best Effort	ベストエフォート

今度は，4（1）で述べた優先度の印（しるし）に関して，L3レベルのDSCPについてです。

（1）概要

優先度を付与せずに優先制御をする方法としては，IPアドレスやプロトコル，ポート番号などを使うことができます。一方，明示的に優先度を付与する方法として，IPヘッダのToSフィールドを使う場合や，DSフィールドを使う場合があります。この過去問では，DSフィールドのDSCP（DiffServ Code Point）値を使って優先制御をします。

（2）ToSフィールドのPrecedenceとDSフィールドのDSCP

ToSフィールドとDSフィールドについて，その違いを含めて解説します。

かつては，パケットの優先度を管理するために，IPヘッダの一部として，ToS（Type of Service）フィールド（1バイト＝8ビット）が規定されていました。この中の先頭3ビットがPrecedence（優先順位）で，0〜7の8段階の優先順位設定ができます。それ以外の5ビットは，遅延やスループットなどを表します。

これを拡張するために再定義したのがDSフィールド（1バイト）です。再定義によって，ToSフィールドの8ビットは，DSCP（DiffServ Code Point）（上位6ビット）と，ECN（下位2ビット）からなるDSフィールドに置き換わりました。なお，覚える必要はありませんが，ECNフィールドは，輻輳の通知に利用されます。

なぜ再定義したのですか？

ToSの場合は，遅延，スループットなどが細かく1ビットずつで設定されていましたが，使い勝手が悪かったようで，あまり普及しませんでした。

また，再定義によって，優先度を示すフィールドが3ビット（ToS）から6ビット（DS）になったので，0〜63の64段階の優先度設定ができるようになりました。

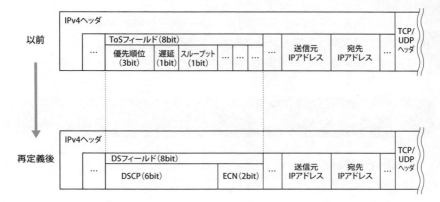

■ToSフィールドとDSフィールド

1.3 STP の基礎解説

　今回の過去問（午後Ⅱ 問1）では，STPに関する詳細な記載がありました。ここではSTPの基礎知識を問題文をもとに解説します。解説の中で「問題文」とあれば，午後Ⅱ 問1の問題文と考えてください。

1 STP

（1）STP の概要

　問題文には以下の記載があります。

> 内部NWのスイッチは，一つの<mark>ツリー型トポロジ</mark>をSTPによって構成し，全てのVLANの<mark>ループを防止</mark>している。

　スイッチを複数接続した場合，以下の図のように経路のループができる場合があります。こうなると，フレームがループを無限に流れ続け，通信ができなくなります。

■フレームのループ

　そこで，IEEE802.1Dで規定されているデータリンク層のプロトコルであるSTP（スパニングツリープロトコル）を有効にします。STPは，ループ構成になった経路の一部をフレームが流れないようにブロックすることで，フレームのループを防ぎます。

問題文に「ツリー型トポロジ」とありますが，前の図がツリー型になるのですか？

　はい。たとえば，L2SW2とL2SW4の接続をブロックして通信ができないようにすると，以下のようなL2SW3を頂点としたツリー構造になります（スイッチの配置は変えていますが，接続構成は変更していません）。

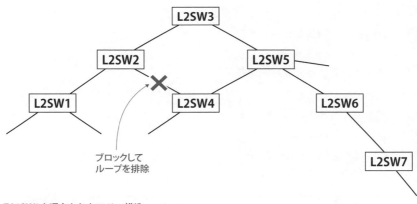

ブロックして
ループを排除

■L2SW3を頂点としたツリー構造

（2）STPの目的

　STPの目的は，以下の二つです。

①ループの回避

　すでに述べましたが，STPの目的は，ループを防ぐことです。

②信頼性向上（冗長性の確保）

　LANの設計をするときに，わざとループを作ることがあります。それは，ループ構成を組んでSTPを有効にしておけば，障害時に自動的に迂回経路に切り替わるからです。つまり，冗長性を確保することができます。

（3）用語の整理

　STPを詳しく解説する前に，STPに関するいくつかの用語を解説します。

①ブリッジ

　ブリッジとは，同一セグメントの二つのネットワークを接続する装置です。

実質的には，2ポートのスイッチングハブと同じです。一方，STPにおける
ブリッジという用語は，スイッチングハブのことだと考えてください。

②ルートブリッジ

　スパニングツリーは，「ツリー」という言葉が含まれるとおり，ツリー（tree）
構造になっています。そのツリー構造の根（root），つまり起点になるのがルー
トブリッジです。ルートブリッジは，セグメントごとに一つ選定されます。

③ BPDU

　STPでは，ルートブリッジが**BPDU（Bridge Protocol Data Unit）**という
フレームを送信することで，ループを検出します。また，BPDUはブリッジ
間の情報交換にも利用されます。

（4）ルートブリッジの決め方

　ルートブリッジの決定には，**ブリッジの優先度（ブリッジプライオリティ
値）とMACアドレス**を使用します。プライオリティは数字で指定し，0が
最も小さく，値が小さいほうが優先です。

　問題文には以下の記載があります。

> ②L3SW1に最も小さいブリッジプライオリティ値を，L3SW2に2番目に
> 小さいブリッジプライオリティ値を設定し，L3SW1をルートブリッジに
> している。

　ネットワーク管理者は，どのスイッチングハブをルートブリッジにするか
を，意図的に決めることができます。そのために，スイッチングハブにブリッ
ジの優先度（ブリッジプライオリティ値）を設定します。プライオリティ
は4096の倍数で指定する必要があり，この過去問においては，L3SW1に0，
L3SW2に4096などを設定したと考えられます。

　以下は，CiscoのスイッチであるCatalystの設定例です。VLAN10に対して，
このスイッチの優先度を4096に設定しています。

```
(config)# spanning-tree vlan 10 priority 4096
```

優先度は必ず設定する必要がありますか？

いえ，そんなことはありません。設定しないと，すべてのブリッジの優先度が同じになります。その場合，MACアドレスの値の大小でルートブリッジが決まります。別にそれでも問題ないのですが，スペックの大きなスイッチをルートブリッジにしたいとか，ブロックするポートを意図したところにしたいなどの設計要件がある場合，優先度を明示的に設定します。

（5）パスコスト

パスコストは，その道（パス：path）を通過するのに必要なコストです。コストというのは，費用や距離のようなものですが，コストが小さい経路が優先されると考えましょう。このパスコストは，このあとの指定ポートや非指定ポートの選定に利用されます。

ここからは，問題文を流用しながら，パスコストの計算方法を解説します。❶～❸の番号は，次ページの図の番号に対応しているので照らし合わせて確認してください。

❶「非ルートブリッジのL3SW及びL2SWの全てのポートのパスコストに，同じ値を設定している」

　➡今回は，パスコストとして4が設定してあると仮定します。

❷「L3SW1はパスコストを0に設定したBPDU（Bridge Protocol Data Unit）を，接続先機器に送信する」

　➡ルートブリッジであるL3SW1が，BPDUを送信します。

❸「BPDUを受信したL2SW3は，設定されたパスコストを加算したBPDUを，受信したポート以外のポートから送信する」

　➡受信したポートのパスコストを追加して，BPDUを送信します。この場合のパスコストは，0＋4＝4です。

　　※ちなみに，送信するポートのパスコストを追加しません。

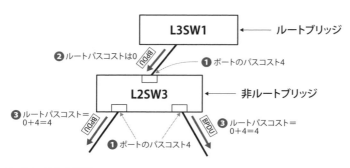

■パスコストの計算

（6）ポートの役割の決定

　問題文に，「STPを設定したスイッチは，各ポートに，ルートポート，指定ポート及び非指定ポートのいずれかの役割を決定する」とあります。このように，STPでは，すべてのポートに役割を指定します。

　では，ポートの役割の決定方法を，過去問をベースに解説します。

> 　ルートブリッジであるL3SW1では，全てのポートが　c：指定　ポートとなる。非ルートブリッジでは，パスコストやブリッジプライオリティ値に基づきポートの役割を決定する。例えば，L2SW3において，L3SW2に接続するポートは，　d：非指定　ポートである。

　構成ですが，過去問の図1のL3SW1とL3SW2，L2SW3に限定します。ブリッジプライオリティ値は，L3SW1に最も小さい0，L3SW2に2番目に小さい4096を設定，L2SW3にはプライオリティ値を設定せず，デフォルトの値（32768）とします。

　では，ポートの役割を決めていきましょう。次ページの図と照らし合わせて確認してください。ちなみに，「近い」か「遠い」かの判断は，パスコストの加算値によって決めます。パスコストの合計値をルートパスコストと呼びます。

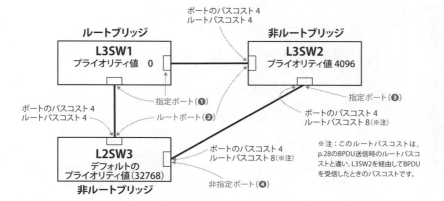

ルートブリッジ

L3SW1
プライオリティ値　0

非ルートブリッジ

L3SW2
プライオリティ値 4096

ポートのパスコスト4
ルートパスコスト4

指定ポート(**①**)

ルートポート(**②**)

指定ポート(**③**)

ポートのパスコスト4
ルートパスコスト4

ポートのパスコスト4
ルートパスコスト8(※注)

L2SW3
デフォルトの
プライオリティ値(32768)
非ルートブリッジ

ポートのパスコスト4
ルートパスコスト8(※注)

非指定ポート(**④**)

※注：このルートパスコストは，
p.28のBPDU送信時のルートパスコ
ストと違い，L3SW2を経由してBPDU
を受信したときのパスコストです。

■ **ポートの役割を決める**

- ルートブリッジ（今回はL3SW1）の全てのポートが「指定ポート」（上図**①**）
- 非ルートブリッジにおいて，ルートブリッジにもっとも近い（＝パスコストの加算値が最も少ない）ポートが「ルートポート」（**②**）。
- 各セグメント（機器と機器をつないだ線）で，ルートブリッジに最も近いポートが「指定ポート（**③**）」。それ以外が「非指定ポート（＝データを送受信しないブロッキングポート）」（**④**）。このとき，パスコストが同じ場合は，優先度（ブリッジプライオリティ値）が低いほうが優先。

複雑すぎます。ネットワークエンジニアはこれらを毎回
計算して設計するのですか？

　どうでしょう……。STPに関して大事なのは，どこがブロックされるかです。細かい計算をせず，「ルートブリッジから**最も遠いところがブロック**される」，この点だけ理解して業務をしているSEもいるかと思います。実際，この設問で問われる空欄dも，この理解だけで正解できた問題でした。

皆さん，ポートの役割は理解できたでしょうか。

> 非指定ポートはブロックされるのでわかるとしても，通信できるポートがなぜ二種類あるのでしょうか。

　指定ポートとルートポートですね。そうなんです。この点が，STPを複雑にしている要因の一つだと思います。ただ，両者の違いなどをより詳しく解説すると，さらに皆さんの頭が混乱する可能性があります。そこで，次に進む前に，以下の点だけ覚えてください。

　「下位スイッチのルートポートから，上位スイッチ（ルートブリッジ）の指定ポートへの通信経路を確保する」

　以下の図を見てください。ブリッジの優先度をもとに，スイッチをツリー構造で階層化しています。どの接続においても，下位スイッチのルートポートから，上位スイッチ（ルートブリッジ）の指定ポートへ通信ができるようになっています。その経路さえあれば，どのスイッチへの通信も可能です。

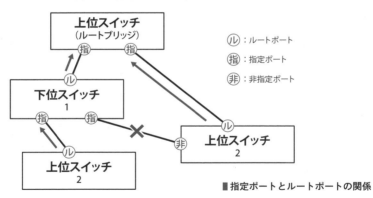

■指定ポートとルートポートの関係

　障害が発生した場合などには，ポートの状態が変化します。この場合でも，下位スイッチのルートポートから，上位スイッチ（ルートブリッジ）の指定ポートへの通信経路を確保するように変化します。

（7）STPのポート状態

　過去問（H30年度NW試験 午後Ⅰ問2）に「STPのポート状態がブロッキングから，リスニング，ラーニングを経て，フォワーディングに遷移した」

とあります。このように，STPのポート状態には以下の4つがあり，上から下の順に状態が遷移します。

■STPのポート状態

遷移	ポートの状態	概要	（次の状態遷移までの）所要時間
	ブロッキング	データ転送をしない。BPDUの受信のみ	最大エージタイマ（※注1）：約20秒
	リスニング	BPDUを送信して状態を確認。ルートブリッジ，ルートポートなどを選定	転送遅延タイマ（※注2）：約15秒
	ラーニング	流れるトラフィックからMACアドレスを学習（※注3）	転送遅延タイマ：約15秒
	フォワーディング	データ転送の実施	—

※注1：最大エージタイマは，リンクが障害したことを認定するまでの時間です。ルートブリッジから2秒間隔でBPDU送信しています。このBPDUを最大エージタイマである20秒間受信しなくなると，障害が発生したと判断します。スイッチに直接接続されたリンクが切れた場合はすぐに障害とわかるので，この時間は0秒です。
※注2：転送遅延タイマは，状態の確認や学習が終わるのを待つ「待ち時間」と考えてください。
※注3：MACアドレスの学習をしないと，すべてのポートからフレームが流れることになってしまいます。

　この4つのポートの状態の中で，データを転送するのは，フォワーディング状態だけです。ということは，ブロッキングの状態から通信可能になるまでには，最大で50秒ほどかかります。ちょっと長いですよね。

　最大エージや転送遅延というのは待ち時間ですよね？
　もっと短くできないのですか？

　設定で短くできます。ただ，接続されたすべてのスイッチにBPDUを届け，状態を確認したりポートの役割を決めたりしますので，ある程度の待ち時間が必要です。そうしないと，正常な通信が行えなかったり，ループが発生してしまう場合があるのです。

2 RSTP

（1）RSTPの概要

　通常のSTPでは，フォワーディング状態になるまでに50秒かかるのは，「長すぎ」と述べました。RSTP（Rapid STP）は，高速（Rapid）なSTPとあるとおりで，切り替わり時間を高速にしたSTPです。問題文には，「STPを用いているネットワークに障害が発生したときの復旧を早くするために，IEEE 802.1D-2004で規定されているRSTP（Rapid Spanning Tree Protocol）を用いる」とあります。

　RSTPでは，STPのように，状態が変更した都度リスニングやラーニングの待ち時間（＝転送遅延タイマ）を発生させるようなことはしません。すぐに状態変化をさせて，数秒での切替えを可能にしています。

※ただし，必ずしも数秒で切り替わるのではなく，新規でスイッチを接続する場合などは，ラーニングの待ち時間などが必要です。

（2）RSTPのポートの役割

　問題文にあるように，「RSTPでは，STPの非指定ポートの代わりに，代替ポートとバックアップポートの二つの役割が追加」されています。

■RSTPのポートの役割

【STP】

ポートの役割
ルートポート
指定ポート
非指定ポート（ブロッキングポート）

⇒

【RSTP】

ポートの役割	補足
ルートポート	STPと同じ
指定ポート	STPと同じ
代替ポート	ルートポートのダウンを検知したら，すぐにルートポートになる
バックアップポート	指定ポートのダウンを検知したら，すぐに指定ポートになる

　ただし，バックアップポートは，リピータハブと接続するような特殊な場合だけに存在し，今回の構成では存在しません。よって，代替ポートのみで解説を続けます。

ということは，非指定ポートが代替ポートに
名称変更しただけですか？

　まあ，そうです。ただ，名称変更とともに，役割も変化しています。これまでのSTPの場合，ネットワーク構成の全体像を把握してから非指定ポートを決めました。全体を把握していたので，時間がかかっていました。一方のRSTPでは，全体を把握するようなことをせず，次で述べるBPDUバージョン2の仕組みを使い，代替ポートが瞬時にルートポートに昇格し，通信を可能にします。

　また，「代替」ポートという言葉のとおり，ルートポートの代替になるポートが事前に決まっていることも，瞬時の切り替わりに貢献しています。
※なお，厳密には代替ポートが複数存在することもあります。

代替ポートがルートポートになるだけで，通信は正常に
行えるのですか？

　厳密にはそう単純でもないのですが，そう考えてもらえばいいでしょう。p.30の参考解説で述べたように，「ルートポートから，指定ポートへの通信経路を確保」すれば，通信ができます。

　次ページの図で確認しましょう。左図が断線前の状態です。「ブロック」と書いてある代替ポートでは通信が行われていません。右図において，L2SW3のルートポートのケーブルが断線した場合，代替ポートをルートポートに変えます。これで，「ルートポートから，指定ポートへの通信経路を確保」できました。ルートポートに変わればフレームの転送を始めるので，すぐに通信が行えます。

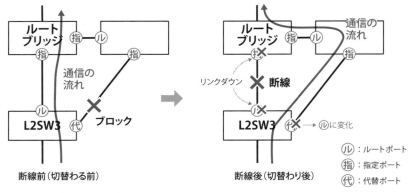

■断線前と断線後の通信の流れ

（3）RSTPのBPDU

　RSTPでは，高速な切替えを実現するために，STPで使うBPDUバージョン0ではなく，BPDUの**バージョン2**を使います。BPDUバージョン2では，フラグという1バイト（＝8ビット）のフィールドを活用することができます。このフィールドには，Topology Change（トポロジチェンジ）フラグや，Proposal（プロポーザル）フラグ，Agreement（アグリーメント）フラグなどがあり，0か1で値を指定します。

　以下にこれらのフラグを付与したBPDUの役割を整理します。

■フラグを付与したBPDUの役割

フラグ	BPDUの役割
トポロジチェンジ	トポロジーが変化したことを伝える
プロポーザル	ポートの役割，ブリッジプライオリティ値，パスコストなどを伝える
アグリーメント	相手が上位スイッチと認識したことを伝える

（4）RSTPの動作

　上記のBPDUを使った具体的なRSTPの動作を，過去問を題材にして解説します。過去問の図2および本文に，流れの番号を加筆しています。また，色文字部分が解説です。

　　　調査のために，J主任が作成したRSTPのネットワーク図を図2に示す。

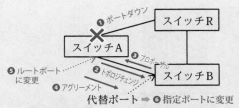

注記1　全てのスイッチにRSTPを用いる。
注記2　スイッチRがルートブリッジである。

　スイッチAにおいて，スイッチRに接続するポートのダウンを検知（上図❶）したときに，スイッチAとスイッチBが行うポートの状態遷移は，次のとおりである。

（1）スイッチAは，トポロジチェンジフラグをセットしたBPDUをスイッチBに送信する（❷）。

　➡トポロジー（接続状態）がチェンジ（変化）したことをBPDUにて伝えます。

（2）スイッチBは，スイッチAにプロポーザルを送信する（❸）。

　➡ブリッジプライオリティ値やパスコストを含んだ情報を送ります。

（3）スイッチAは，受信したプロポーザル内のブリッジプライオリティ値やパスコストと，自身がもつブリッジプライオリティ値やパスコストを比較する。

　➡どちらのスイッチが優先か（＝階層構造の上位か）どうかを判断します。

　比較結果から，スイッチAは，スイッチBがRSTPによって構成されるトポロジにおいて　f：上位のスイッチ　であると判定し，スイッチBにアグリーメントを送信し（❹），

　➡相手が上位スイッチであると認識したことを，BPDUにて伝えます。

　指定ポートをルートポートにする（❺）。

（4）アグリーメントを受信したスイッチBは，代替ポートを指定ポート（❻）として，フォワーディングの状態に遷移させる。

　➡下位スイッチ（スイッチA）をルートポート，上位スイッチ（スイッチB）を指定ポートにすることで，通信が可能になります。※p.30の参考解説も参照

（4）RSTPのポート状態

RSTP（802.1w）では，ブロッキングやリスニング状態の区別がないので，両者をまとめてディスカーディングとしています。

■RSTPのポート状態

STPのポート状態		RSTPのポート状態	補足	（次の状態遷移までの）所要時間
ブロッキング	⇒	ディスカーディング	データ転送をしない。必要に応じてBPDUの送受信をし，ポートの状態を決定	最大エージタイマや転送遅延タイマは，STPと基本的には同じ。ただし，すでに述べたように，隣接機器とのBPDUを送受信して瞬時にフォワーディングの状態に遷移することが可能
リスニング	⇒			
ラーニング	⇒	ラーニング	流れるトラフィックからMACアドレスを学習	
フォワーディング	⇒	フォワーディング	データ転送の実施	－

　最後になりますが，レイヤ2の冗長化技術としてはSTP（およびRSTP）よりはスタックとリンクアグリゲーションの技術のほうが優れています。実際の現場でも，この問題の後半でも，STPやRSTPは利用されません。今後は，STPに関する出題はそれほど深いところまで問われないと想定されます。ここでは，皆さんの理解を深めていただくために詳しく解説しましたが，ここまでの理解がなくても，合格ラインである6割は突破できます。なので，STPに関しては，あまり深入りしないことをお勧めします。

1.4 BGP の基礎解説

　R3NW午後Ⅱ問2では，これまでになくBGPに関する詳細が問われました。とはいえ，BGPに関して，非常に丁寧に解説してくれています。そこで，問題文の記載を参考にしながら，BGPについて整理します。

1 BGP の概要

　BGP（Border Gateway Protocol）は，パスベクトル型アルゴリズムです。RIPのディスタンスベクタ型に少し似ていて，パス（ASパス）とベクター（方向）で経路を決めます。ASパス（AS_PATH）には，接続先ネットワークへのASの経路情報を含んでいます。具体的には，どのASを経由して宛先に届くかという情報です。

　　※ネットワークスペシャリスト試験ではBGPとBGP-4の両方の表記がありますが，両者は同一のものとして考えてください。BGP-4はBGPのVersion 4という意味です。

　また，BGPは，複数のASを結ぶ間で利用するルーティングプロトコル（EGPといいます）として用いられます。参考までに，ASの内部で利用されるルーティングプロトコル（IGPといいます）の代表は，RIPやOSPFです。

　なぜ，AS の内部と AS 間でルーティングプロトコルが異なるのですか？

　たとえが適切かはわかりませんが，東京と大阪の大都市を結ぶ新幹線と，大阪市内の環状線の電車では，電車の種類や線路，切符の種類や運行管理の仕組みなど，いろいろなものが違います。ルーティングでも同様で，AS間を結ぶ接続はAS内の接続に比べて重要です。ですから，IGPとEGPの違いの一つとして，RIPやOSPFなどのAS内の経路情報交換はUDPを使ってい

ますが，AS間で用いられるBGPでは信頼性の観点からTCPが利用されています。

2 用語の説明

（1）AS（自律システム）

　AS（自律システム：Autonomous System）とは，特定のルーティングポリシで管理されたルータが集まったネットワークのことです。多少乱暴ではありますが，「AS＝各ISPや各企業」と考えてください。また，各ASにはASを管理するためのAS番号が割り振られます。番号があったほうが管理しやすいからです。

（2）BGPのピアリング

　ピアリングとは，BGP接続をする相手のルータと経路情報交換を行うための論理的な接続のことです。「互いに接続して，情報を交換する」くらいに考えてください。

　OSPFのときはピアリングなんてなかったですよね？

　はい。OSPFはマルチキャストを利用して，同一セグメント上の他のルータと経路情報を交換します。相手を指定しなくてもいいので便利ですが，極端な話，不正なOSPFルータと経路交換をする可能性もあります。一方，BGPはピアリング先のルータのIPアドレスを指定してTCPのポート179番で接続します。BGPは信頼性を重視したルーティングプロトコルなので，このような仕組みを採用しています。

（3）iBGPとeBGP

　BGPには，iBGP（Internal BGP）と，eBGP（External BGP）があります。
　iBGP（Internal BGP）は，同一のAS内で利用されるBGPです。一方のeBGP（External BGP）は，異なるAS間で利用されるBGPです。たとえば

異なるプロバイダ間で使われます。

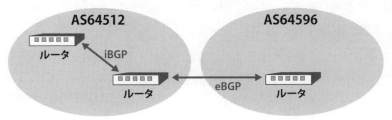

■iBGPとeBGP

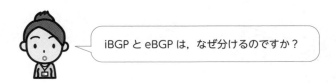

iBGPとeBGPは，なぜ分けるのですか？

　IGPとEGPを分けるのと考え方は同じです。企業内で使うIGPに関して，ネットワーク管理者は，自分の社内のネットワークに関しては，冗長化の仕組みなど，細かな設定をしたいと思うことでしょう。一方，eBGPの場合は，AS間なので，他のASルータの機種も設定も管理する人も別です。よって，あまり複雑な設定はできません。このように，iBGPとeBGPは設定内容が大きく違ってくるのです。

　以下の表に，iBGPとeBGPにおけるパスアトリビュートの広告に関する違いを整理します。詳しくは，このあとの解説を読むと理解が進むと思います。

■iBGPとeBGPにおけるパスアトリビュートの広告に関する違い

パスアトリビュート	iBGP	eBGP
AS_PATH	何もしない	AS_PATHに自身のAS番号を追加
NEXT_HOP	何もしない	自身のIPアドレスに変更
MED	（AS内で経路を比較するために）広告する	広告する
LOCAL_PREF	広告する	広告しない

3 BGPの設定例

BGPの設定を，過去問の図2をもとに紹介します。といっても，問題文にあるループバックや優先度設定などをなしにし，最低限，動作するだけの設定です。なおかつ，ルータ10Z, ルータ10, ルータ11の3台だけに限定します。

ルータ10Zとルータ10がeBGP，ルータ10とルータ11がiBGPで経路交換をします。

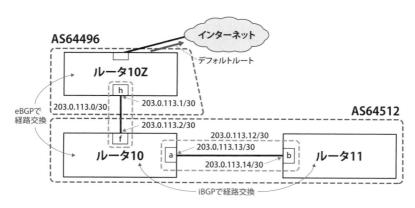

■図2におけるBGPの設定例

イメージを深めてもらうために，CiscoルータでのConfig例を紹介します。今回の設定に関連するところだけを抜粋しているのと，わかりやすさのためにインタフェースなどの表記を変更しています。

【ルータ10Z】

- インタフェースhにIPアドレスを割り当てます（❶）。
- BGPの設定として，AS番号の64496番を割り当てます（❷）。また，ルータ10のインタフェースf（203.0.113.2）とeBGPでピアリングします（❸）。（※eBGPであることは明示的に設定する必要はなく，AS番号が自分と違えばeBGPと判断します）
- インターネットに向けたデフォルトルートの設定があります（IPアドレスが不明なため，x.x.x.xと表現）（❹）。

```
interface GigabitEthernetH  ←インタフェースhの設定（❶）
 ip address 203.0.113.1 255.255.255.252

router bgp 64496  ←BGPの設定（AS番号64496）（❷）
 network 0.0.0.0  ←デフォルトルートを広告（他のルータに伝達）
 neighbor 203.0.113.2 remote-as 64512  ←ルータ10とeBGPでピアリングする（❸）

ip route 0.0.0.0 0.0.0.0 x.x.x.x  ←デフォルトルートとしてインターネットのルータを設定（❹）
```

【ルータ10】

こちらも，ルータ10Zと基本的には同じです。

- インタフェースfとaの設定をします（❶）。
- BGPの設定として，AS番号の64512番を割り当てます（❷）。また，ルータ10Zのインタフェースh（203.0.113.1）とeBGPでピアリング（❸），ルータ11のインタフェースb（203.0.113.14）と，iBGPでピアリングします（❹）。

```
interface GigabitEthernetF  ←インタフェースfの設定（❶）
 ip address 203.0.113.2 255.255.255.252

interface GigabitEthernetA  ←インタフェースaの設定
 ip address 203.0.113.13 255.255.255.252

router bgp 64512  ←自身のASは64512（❷）
 network 203.0.113.12 mask 255.255.255.252  ←インタフェースaが属するサブネットを広告
 neighbor 203.0.113.1 remote-as 64496  ←ルータ10ZとのeBGPピア設定
 neighbor 203.0.113.14 remote-as 64512  （対向のASは64496）（❸）
                                         ルータ11とのiBGPピア（AS番号が同じなので
                                         自動的にiBGPと判断される）（❹）
```

【ルータ11】

ルータ10と基本的に同じなので，説明は省略します。

```
interface GigabitEthernetB  ←インタフェースbの設定
 ip address 203.0.113.14 255.255.255.252

router bgp 64512  ←自身のASは64512
 network 203.0.113.12 mask 255.255.255.252  ←インタフェースbが属するサブネットを広告
 neighbor 203.0.113.13 remote-as 64512  ←ルータ10とのiBGPピア
```

こうして見ると，結構シンプルですね。

はい，そう思います。しかし，この設定ではBGPピアリングは成功するものの，ルータ11からインターネットへの通信ができません。この点は，問題文にも関連するので，次の項で丁寧に解説します。

4 デフォルトルートの経路が反映されない問題

（1）問題の原因

先に述べた設定では，ルータ11からインターネットへの通信ができません。まず，ルータ11の経路情報を見てみましょう。

```
R11#sh ip route
（略）

C        203.0.113.12/30 is directly connected, GigabitEthernetB （略）
```

ここにあるように，デフォルトルート（0.0.0.0）宛ての経路情報がありません。ルータ10Zが広告しているデフォルトルートが反映されていないのです。

じゃあ，BGPで経路交換が適切に行えていないのでしょうか。

いえ，そんなことはありません。経路交換は成功しています。その証拠として，ルータ11のBGPテーブルを確認します。BGPテーブルは，このあと「6. BGPテーブル」で解説しますが，受信したBGPの経路情報を管理するテーブルです。ルーティングテーブルとは別です。

```
R11#sh ip bgp
（略）
    Network          Next Hop         Metric LocPrf Weight Path
* i 0.0.0.0          203.0.113.1           0    100      0 64496 i
r>i 203.0.113.12/30  203.0.113.13          0    100      0 i
```

ここにあるように，BGPでは，デフォルトルート（0.0.0.0）宛ての経路情報を受信しています。しかし，このBGPテーブルの情報が，残念ながらルー

タ11の最適な経路情報に反映されていないようです。

なぜこうなるのでしょうか。

以下の図を見て下さい。ルータ10Zでは，デフォルトルート（0.0.0.0）のNEXT_HOPとしてx.x.x.xを持っています。eBGPで経路を伝達するときには，NEXT_HOPのIPアドレスを，自分のIP（ここでは203.0.113.1）に書き換えます。一方，iBGPの場合は，このような書き換えを行いません。

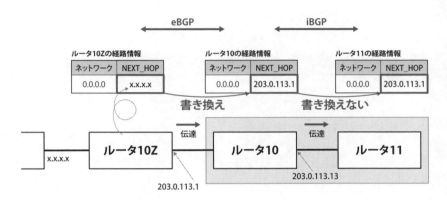

■iBGPの場合は書き換えない

書き換えてくれればいいのに……

書き換えない理由は，書き換えることが必ずしも正しいとは限らないからです。たとえば，先の図で，デフォルトルートのルータ10Zに向けるためには，内部ネットワークにあるルータ10以外の経路を利用する可能性もあります。であれば，ルータが勝手に書き換えるより，利用する人が自由に設定できるほうが望ましいと思います。

話を元に戻しますと，この「書き換えない」仕様により，ルータ11からすると，デフォルトルートを受け取っているのですが，そのNEXT_HOPである203.0.113.1への経路情報を知りません。どのインタフェースから出力していいのかわからないので，ルーティングテーブルに反映されないのです。

この点は，問題文に「ルータのルーティングテーブルに最適経路を反映するためには，NEXT_HOPのIPアドレスに対応する経路情報が，**ルータのルーティングテーブル**に存在し，ルータがパケット転送できる状態にある必要がある」とあります。

（2）問題の解決策

ルータ11でデフォルトルート（0.0.0.0）宛ての経路が反映されない問題を解決するには，次のいずれかを実施します。

①ルータ11に，NEXT_HOPの経路を静的に設定する

ルータ11は，NEXT_HOP（203.0.113.1）の経路情報を知りません。ですから，その経路を静的に設定します。

```
R11(config)# ip route 203.0.113.0 255.255.255.252 203.0.113.13
```

上記の設定後，ルータの経路情報は以下のようになります。❶で0.0.0.0宛ての経路が増えました（行の先頭にある「B」の表記は，BGPテーブルから反映された経路情報であることを意味します）。追加した静的経路も❷に表示されています。

```
R11#sh ip route
 (略)
B*     0.0.0.0/0 [200/0] via 203.0.113.1, 00:00:06 ❶
S          203.0.113.0/30 [1/0] via 203.0.113.13      ❷
C          203.0.113.12/30 is directly connected, GigabitEthernetB
 (略)
```

②ルータ10で，NEXT_HOPを書き換える

問題文で「④iBGPのピアリングでは，経路情報を広告する際に，BGPパスアトリビュートの一つであるNEXT_HOPのIPアドレスを，自身のIPアドレスに書換える設定を行う」とあります。ルータ10からルータ11にBP経路情報を広告する際，デフォルトルート（0.0.0.0）のNEXT_HOPアトリビュートを書き換えるために，以下の設定をします。設定はルータ10に行います。

```
R10(config)#router bgp 64512
R10(config-router)#neighbor 203.0.113.14 next-hop-self
```

ルータ10の設定後，ルータ11のBGPテーブルを確認します。

```
R11#sh ip bgp
（略）
      Network          Next Hop         Metric LocPrf Weight Path
 *>i  0.0.0.0          203.0.113.13           0    100      0 64496 i
 r>i  203.0.113.12/30  203.0.113.13           0    100      0 i
```

　デフォルトルート宛てのNEXT_HOPが，ルータ11がすでに経路を知っているルータ10（203.0.113.13）に変わりました。その結果，ルータ11の経路情報にも，BGPで受信したデフォルトルートが反映されます。

```
R11#sh ip route
（略）
B*    0.0.0.0/0 [200/0] via 203.0.113.13, 00:05:52
      203.0.113.0/24 is variably subnetted, 7 subnets, 3 masks
C     203.0.113.12/30 is directly connected, GigabitEthernetB
（略）
```

5 パスアトリビュート

　パスアトリビュートとは，パス（path，経路と考えてください）のアトリビュート（attribute，属性）です。経路に関して，優先度や経由したAS番号などの情報が記載されています。同じ宛先への経路情報を複数受信した際に，どの経路を利用するのかを決定するのに利用されます。

　パスアトリビュートに関しては，この過去問の問題文に詳しい説明があります。その内容を以下にまとめます。

■パスアトリビュートの概要

タイプコード	パスアトリビュート	概要
2	AS_PATH	経路情報がどのASを経由してきたのかを示すAS番号の並び
3	NEXT_HOP	宛先ネットワークアドレスへのネクストホップのIPアドレス
4	MED（MULTI_EXIT_DISC）	eBGPピアに対して通知する，自身のAS内に存在する宛先ネットワークアドレスの優先度である。MEDはメトリックとも呼ばれる
5	LOCAL_PREF	iBGPピアに対して通知する，外部のASに存在する宛先ネットワークアドレスの優先度

何点か補足します。

①タイプコード

パスアトリビュートに付与された番号のことです。パケット中では，パスアトリビュートは番号で指定されます。特に覚える必要はありません。

②AS_PATH

問題文にあるように，「eBGPピアにおいて，隣接するASに経路情報を広告する際に，AS_PATHに自身のAS番号を追加」します。たとえば，経由してきたルータのAS番号が，1001（ルータ1），1002（ルータ2），1003（ルータ3）であれば，「1001 1002 1003」のような表記になります。一方, iBGPでは,AS番号はすべて同じなので，AS番号を追加しません。

③NEXT_HOP

宛先ネットワークアドレスへのパケットをどのIPアドレス宛てに送るかを指定するアトリビュートです。ルーティングテーブルのネクストホップをイメージするとよいでしょう。

④MEDとLOCAL_PREF

優先度にはMEDとLOCAL_PREFの二つがあります。MEDはeBGP（つまり外部）に通知し，LOCAL_PREFはiBGP（つまり内部）に通知するものです。本問では，ルータ10側の専用線の経路を優先するためにLOCAL_PREFを設定します。MED（MULTI_EXIT_DISC）のフルスペルは，複数（MULTIi）の出口（EXIT）を識別するもの（DISCriminator）という意味で，LOCAL_PREFは，その地域（LOCAL）の優先度（PREFerence）です。

6 BGP テーブル

BGPテーブルとは，受信したBGPの経路情報を管理するテーブルです。宛先ネットワークアドレスと，その宛先に関するパスアトリビュートを表形式で管理します。

次が問題文に記載されたBGPテーブルです。

表4 FW10のBGPテーブル（抜粋）

宛先ネットワーク アドレス	AS_PATH	MED	LOCAL_PREF	NEXT_HOP
0.0.0.0/0	64496	0	200	ウ
0.0.0.0/0	64496	0	100	エ

　注意点は，BGPテーブルの情報がそのままルーティングテーブルに反映されるわけではないことです。ルーティングテーブルに反映されるのは，BGPテーブルの一部だけです。

それはなぜですか？

　たとえば，「4. デフォルトルートの経路が反映されない問題」で説明しましたが，デフォルトルートを受け取っても，その経路がない場合には反映しません。他の理由としては，あるネットワークへの経路情報を複数受け取った場合に，最適なルートを一つだけルーティングテーブルに反映し，それ以外は反映しないからです。

7 最適経路選択アルゴリズムの仕様

　BGPテーブルに蓄積された複数の経路情報から，最適な経路を選択します。そのためのアルゴリズムが問題文に詳しく記載されています。ここに記載されたとおりなので，補足解説は特にありません。表3の先頭から評価が行われ，値が一致して優劣を判断できない場合には，次の評価項目で評価します。

A社で利用している機器の最適経路選択アルゴリズムの仕様を表3に示す。

表3　最適経路選択アルゴリズムの仕様

評価順	説明
1	LOCAL_PREF の値が最も大きい経路情報を選択する。
2	AS_PATH の長さが最も ア:短い 経路情報を選択する。
3	ORIGIN の値で IGP，EGP，Incomplete の順で選択する。
4	MED の値が最も イ:小さい 経路情報を選択する。
5	eBGP ピアで受信した経路情報，iBGP ピアで受信した経路情報の順で選択する。
6	NEXT_HOP が最も近い経路情報を選択する。
7	ルータ ID が最も小さい経路情報を選択する。
8	ピアリングに使用する IP アドレスが最も小さい経路情報を選択する。

　最適経路の選択は，表3中の評価順に行われる。例えば，同じ宛先ネットワークアドレスの経路情報が二つあった場合には，最初に，LOCAL_PREFの値を評価し，値に違いがあれば最も大きい値をもつ経路情報を選択し，評価を終了する。値に違いがなければ，次のAS_PATHの長さの評価に進む。

8　BGP マルチパス

BGPマルチパスと呼ばれる技術を使うことで，平常時からルータ10側，ルータ11側両方の専用線を使って，トラフィックを分散する経路制御ができますがいかがですか。教えていただいた，今回利用を検討されている機器はどれもBGPマルチパスをサポートしています。BGPマルチパスを有効にすると，BGPテーブル内のLOCAL_PREFやAS_PATH，MEDの値は同じで，NEXT_HOPだけが異なる複数の経路情報を，同時にルーティングテーブルに反映します。その結果，ECMP（Equal-Cost Multi-Path）によってトラフィックを分散することができます。

Cさん：いいですね。では，BGPマルチパスを利用したいと思います。

先ほど，BGPでは最適なパスを一つだけ経路情報に反映すると説明しました。これはBGPの仕様によるものです。ただそうすると，回線が二つあっても，1回線しか使えません。そこで，BGPマルチパスの機能です。問題文にECMP（Equal-Cost Multi-Path）とあるように，同じコスト（Equal-Cost）の複数経路（Multi-Path）があった場合に，経路を負荷分散します。

設定は，router bgpでAS番号を指定したあと，以下のように入れます。こうすると，最大二つの経路を選択してくれるようになります。

```
maximum-paths 2
```

9 【参考】ルータ10の設定

参考として，問題文の条件に沿って，ルータ10のBGP設定例（Ciscoルータ）を紹介します。$\alpha . \beta . \gamma .0$を203.0.113.0に置き換えています。IPアドレス情報などは図2に追記しました。

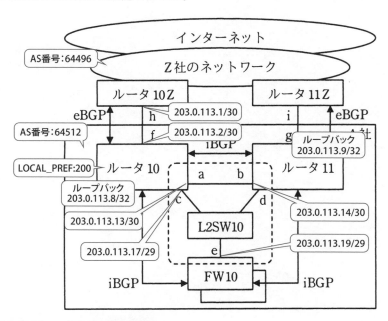

■ 図2にIPアドレス情報やAS番号を追記

■ ルータ10のBGP設定例（Ciscoルータ）

```
router bgp 64512  ←自身のASは64512
 bgp default local-preference 200  ←LOCAL_PREFに200を設定
 network 203.0.113.12 mask 255.255.255.252  ←自AS内にあるネットワークアドレス
                                              （eBGPで広報するアドレス）
 network 203.0.113.16 mask 255.255.255.248  ←同上
 neighbor 203.0.113.1 remote-as 64496  ←ルータ10Zとの eBGP ピア設定（対向のASは64496）
 neighbor 203.0.113.9 remote-as 64512  ←ルータ11との iBGP ピア設定（対向のASは64512）
 neighbor 203.0.113.9 update-source Loopback0  ←ルータ11との iBGP ピア接続に,
                          自身のループバックアドレスを利用する（下線③の設定）
 neighbor 203.0.113.9 next-hop-self  ←ルータ11との iBGP ピア接続に, NEXT_HOPの
                          書換えを行う（下線④の設定）
 neighbor 203.0.113.19 remote-as 64512  ←FW10との iBGP ピア設定（対向のASは64512）
 neighbor 203.0.113.19 update-source Loopback0  ←FW10との iBGP ピア接続に,
                          自身のループバックアドレスを利用する（下線③の設定）
 neighbor 203.0.113.19 next-hop-self  ←FW10との iBGP ピア接続に, NEXT_HOPの
                          書換えを行う（下線④の設定）
```

ある大学で，講義中に意図せず不適切な動画を流してしまったというニュースを見た。もちろん問題ある行為であるが，それ以上に私は，「気をつけねば」と改めて感じた次第である。

　というのも，過去に私も似たような経験がある。10年以上も前，仙台の会議室でセミナーをしていたときの話である。大きなスクリーンを使って熱く講義を行い，昼休憩では疲れを癒すこともあって，フリーセルというトランプゲームをしていた。なんと，それがスクリーンに映って，聴講者の皆さんに丸見えだったのである。昼休憩だからギリギリセーフという意見もあるだろうが，講師が休憩中にゲームをしていることは適切とはいえない。午後の講義は，後ろめたい気分でいっぱいであった。

　オンライン会議でも同じで，気を付ける必要がある。

　「ミュートにしたまましゃべっていました」だけなら，音声をONにしてもう一度話をすればいいだけである。しかし音声がONなのに気が付いていないと，別の人との会話や，独り言が他の人に「丸聞こえ」，なんてこともある。私の場合，カメラがOFFだと気が緩み，音声をOFFにしていないことに気が付かないことがある。途中で割り込んできた電話についつい出てしまい，金額を含めた生々しい電話をしていたら，気を利かせた会議の主催者が私の音声をミュートにしてくれたこともあった。そのあとの会議は恥ずかしくて言葉が少な目になってしまった。

　また，家族がトイレに入って水を流す音も，本人は気が付かないものだが，他の参加者には意外に聞こえるものである。

　それからカメラ。部屋の中をバッチリと見られてしまう。私の場合，敷きっぱなしの布団や漫画などが映ってしまったことがある。そんな状態では，専門的な話をしたとしても，説得力なんてなくなってしまう。

　他の注意点が，画面共有である。デスクトップにいろいろなファイルを置かないように注意したとしても，ブラウザが危険だ。たとえば，検索履歴，お気に入りバーなどが見られてしまう。個人のパソコンから会議に参加している場合は，プライベートな情報，不適切な情報を晒してしまう可能性は多いにある。それから，ブラウザに表示される広告も注意が必要だ。たとえば，女性の場合「40代の美肌」という広告が出ていたり，男性の場合は，「30代からの転職」と出ていたのを見た。決して悪いことではないが，なんとなく恥ずかしいので，気をつけねばと思ってしまう。

めんどくさい上司

上司と考え方が違うとき、結構大変である。

しかもこれが、休日のレクリエーションだったりする。

徹夜好きの上司

仕事好きで、遅くまで会社にいることを良しとしている上司だと、これまた大変である。

第2章

過去問解説

令和3年度

午後 I

【得点アップポイント1】
解答の方向性

　午後試験は，記述式で解答します。マークシートによる多肢選択式で答える午前試験に比べて，決して簡単ではありません。ですが，これを乗り越えないと，合格は見えてきません。

　記述式で答えを間違える理由は，大きく分けて以下の3つがあります。

① 基本的な技術や知識が不足
② 解答を導き出す力が不足
③ 文章力が不足

　この中で，①は知識を身につけるだけですが，②に関しては，対策が簡単ではありません。ただ，道筋は決まっています。それは，一般論で答えるのではなく，問題文のヒントを使うことです。この試験は公平・公正なる国家試験であり，採点基準は明確になっています。別解はありません。答えが一つになるように，問題文にヒントや制約が記載されています。ですから本書では，問題文を一言一句まで解説しているのです。

　また，問題文を何度も繰り返し学習すると，作問者の意図まで見えてきます。すべての過去問に対して，そこまでの勉強は不要です。ですが，一つの問題だけでも徹底的に掘り下げることで，解答の方向性の導き方が見えてくると思います。

令和3年度

午後I 問1

問　　題
問題解説
設問解説

問題

問1 ネットワーク運用管理の自動化に関する次の記述を読んで，設問1〜3
に答えよ。

　A社は，中堅の中古自動車販売会社であり，東京に本社のほか10店舗を
構えている。

〔現状の在庫管理システム〕
　A社では，在庫管理システムを導入している。本社及び店舗では，社内の
全ての在庫情報を把握できる。在庫管理システムは，本社の在庫管理サーバ，
DHCPサーバ，DNSサーバ，本社及び店舗に2台ずつある在庫管理端末，並
びにこれらを接続するレイヤ2スイッチ（以下，L2SWという）から構成さ
れる。在庫管理端末はDHCPクライアントである。
　本社と店舗との間は，広域イーサネットサービス網（以下，広域イーサ網
という）を用いてレイヤ2接続を行っている。L2SWにVLANは設定していない。
　本社の在庫管理サーバでは，在庫情報の管理と，在庫管理システム全ての
機器のSNMPによる監視を行っている。在庫管理システムで利用するIPア
ドレスは192.168.1.0/24であり，各機器にはIPアドレスが一つ割り当てら
れている。
　店舗が追加される際には，その都度，情報システム部の社員が現地に出向
き，L2SWと在庫管理端末を設置している。店舗のL2SWは，在庫管理サー
バからSSHによるリモートログインが可能である。
　現状の在庫管理システムの構成を，図1に示す。

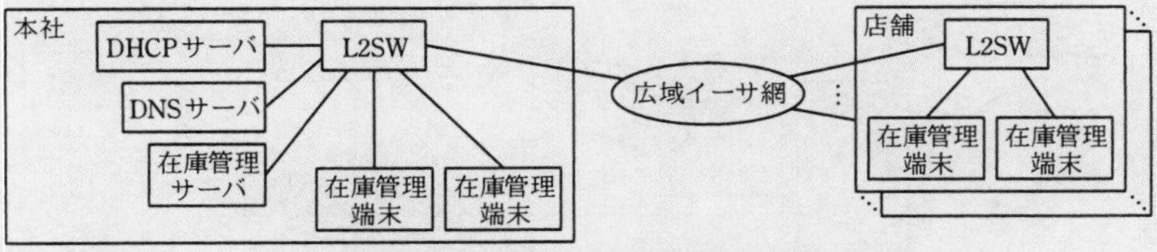

図1　現状の在庫管理システムの構成（抜粋）

　A社は，販売エリアの拡大に着手することにした。またこの機会に，新たに顧客サービスとして全ての店舗でフリーWi-Fiを提供することにした。情報システム部のBさんは上司から，ネットワーク更改について検討するよう指示された。

　Bさんが指示を受けたネットワーク更改の要件を次に示す。

- WAN回線は，広域イーサ網からインターネットに変更する。
- 全ての店舗にフリーWi-Fiのアクセスポイント（以下，Wi-Fi APという）を導入する。
- 既存の在庫管理システムの機器は継続利用する。
- フリーWi-Fiやインターネットを経由して社外から在庫管理システムに接続させない。
- 店舗における機器の新設・故障交換作業は，店舗の店員が行えるようにする。
- SNMPによる監視及びSSHによるリモートログインの機能は，在庫管理サーバから分離し，新たに設置する運用管理サーバに担わせる。

〔新ネットワークの設計〕

　Bさんは，本社と店舗との接続に，インターネット接続事業者であるC社が提供する法人向けソリューションサービスを利用することを考えた。このサービスでは，インターネット上にL2 over IPトンネルを作成する機能をもつルータ（以下，RTという）を用いる。RTの利用構成を図2に示す。

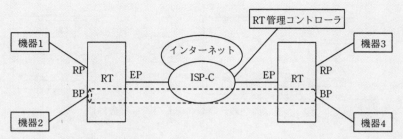

: L2 over IP トンネル
BP：ブリッジポート　　EP：外部接続ポート　　ISP-C：C社のネットワーク
RP：ルーティングポート
注記1　RP に接続された機器1，機器3は，インターネットと通信する。
注記2　BP に接続された機器2，機器4は，閉域網内で通信する。

図2　RT の利用構成

Bさんが調査した内容を次に示す。

- RTは物理インタフェース（以下，インタフェースをIFという）として，BP，EP，RPをもつ。
- EPは，ISP-CにPPPoE接続を行い，グローバルIPアドレスが一つ割り当てられる。RTには，C社から出荷された時にPPPoEの認証情報があらかじめ設定されている。
- RPに接続した機器は，RTのNAT機能を介してインターネットにアクセスできる。インターネットからRPに接続した機器へのアクセスはできない。
- RPに接続した機器とBPに接続した機器との間の通信はできない。
- RTの設定及び管理は，C社データセンタ上のRT管理コントローラから行う。他の機器からは行うことができない。
- RTがRT管理コントローラと接続するときには，RTのクライアント証明書を利用する。
- RT管理コントローラは，EPに付与されたIPアドレスに対し，pingによる死活監視及びSNMPによるMIBの取得を行う。

　Bさんが考えた，ネットワーク更改後の在庫管理システムの構成を，図3に示す。

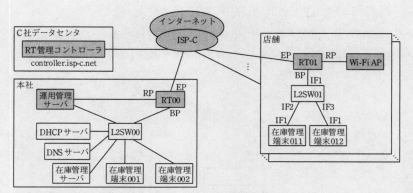

注記1 網掛け部分は，ネットワーク更改によって追加される箇所を示す。
注記2 controller.isp-c.net は，RT管理コントローラのFQDNである。
注記3 IF1，IF2，IF3は，IF名を示す。

図3 ネットワーク更改後の在庫管理システムの構成（抜粋）

　本社に設置するRTと店舗に設置するRT間でポイントツーポイントのトンネルを作成し，本社を中心としたスター型接続を行う。店舗のRTのBPは，トンネルで接続された本社のRTのBPと同一ブロードキャストドメインとなる。

　Bさんが考えた，新規店舗への機器の導入手順を次に示す。

- 情報システム部は，店舗に設置する機器一式，構成図，手順書及びケーブルを店舗に送付する。そのうちL2SW，Wi-Fi APについては，本社であらかじめ初期設定を済ませておく。
- 店員は，送付された構成図を参照して各機器を接続し，電源を投入する。
- RTは，自動でISP-CにPPPoE接続し，インターネットへの通信が可能な状態になる。
- RTは，RT管理コントローラに，①REST APIを利用してRTのシリアル番号とEPのIPアドレスを送信する。
- RTは，RT管理コントローラが保持する最新のファームウェアバージョン番号を受け取る。
- RTは，RTで動作しているファームウェアバージョンが古い場合は，RT管理コントローラから最新ファームウェアをダウンロードし，更新後に再起動する。
- RTは，RT管理コントローラから本社のRTのIPアドレスを取得する。

- RTは，本社のRTとの間にレイヤ2トンネル接続を確立する。
- 店員は，Wi-Fi AP配下のWi-Fi端末及び②在庫管理端末から通信試験を行う。
- 店員は，作業完了を情報システム部に連絡する。

〔構成管理の自動化〕

　Bさんは，③店舗から作業完了の連絡を受けた後で確認を行うために，LLDP（Link Layer Discovery Protocol）を用いてBP配下の接続構成を自動で把握することにした。RT，L2SW及び在庫管理端末は，必要なIFからOSI基本参照モデルの第 ［　a　］ 層プロトコルであるLLDPによって，隣接機器に自分の機器名やIFの情報を送信する。隣接機器は受信したLLDPの情報を，LLDP-MIBに保持する。

　なお，全ての機器でLLDP-MED（LLDP Media Endpoint Discovery）を無効にしている。

　運用管理サーバは，L2SWと在庫管理端末から ［　b　］ によってLLDP-MIBを取得して，L2SWと在庫管理端末のポート接続リストを作成する。さらに，運用管理サーバは，［　c　］ が収集したRTのLLDP-MIBの情報をREST APIを使って取得して，ポート接続リストに加える。

　ポート接続リストとは，［　b　］ で情報を取得する対象の機器（以下，自機器という）のIFと，そこに接続される隣接機器のIFを組みにした表である。ある店舗で想定されるポート接続リストの例を，表1に示す。

表1　ある店舗で想定されるポート接続リストの例

行番号	自機器名	自機器の IF 名	隣接機器名	隣接機器の IF 名
1	RT01	BP	L2SW01	IF1
2	L2SW01	IF1	RT01	BP
3	L2SW01	IF2	在庫管理端末 011	IF1
4	L2SW01	IF3	在庫管理端末 012	IF1
5	在庫管理端末 011	IF1	L2SW01	IF2
6	在庫管理端末 012	IF1	L2SW01	IF3

注記1　行番号は，設問のために付与したものである。
注記2　表1中のBPは，ブリッジポートのIF名である。

　Bさんは上司にネットワーク更改案を提案し，更改案が採用された。

設問1 〔現状の在庫管理システム〕について，(1) ～ (3) に答えよ。

(1) 名前解決に用いるサーバのIPアドレスを，在庫管理端末に通知するサーバは何か。図1中の機器名で答えよ。

(2) 図1の構成において，在庫管理システムのセグメントのIPアドレス数に着目すると，店舗の最大数は計算上幾つになるか。整数で答えよ。

(3) 本社のL2SWのMACアドレステーブルに何も学習されていない場合，在庫管理サーバが監視のために送信したユニキャストのICMP Echo requestは，本社のL2SWでどのように転送されるか。30字以内で述べよ。このとき，監視対象機器に対するIPアドレスとMACアドレスの対応は在庫管理サーバのARPテーブルに保持されているものとする。

設問2 〔新ネットワークの設計〕について，(1) ～ (4) に答えよ。

(1) C社がRTを出荷するとき，RTにRT管理コントローラをIPアドレスではなくFQDNで記述する利点は何か。50字以内で述べよ。

(2) 本文中の下線①について，RTがRT管理コントローラに登録する際に用いる，OSI基本参照モデルでアプリケーション層に属するプロトコルを答えよ。

(3) 本文中の下線②について，店舗の在庫管理端末から運用管理サーバにtracerouteコマンドを実行すると，どの機器のIPアドレスが表示されるか。図3中の機器名で全て答えよ。

(4) 図3において，全店舗のWi-Fi APから送られてくるログを受信するサーバを追加で設置する場合に，本社には設置することができないのはなぜか。ネットワーク設計の観点から，30字以内で述べよ。

設問3 〔構成管理の自動化〕について，(1) ～ (4) に答えよ。

(1) 本文中の　　a　　に入れる適切な数値を答えよ。

(2) 本文中の　　b　　に入れる適切なプロトコル名及び　　c　　に入れる適切な機器名を，本文中の字句を用いて答えよ。

(3) 本文中の下線③について，情報システム部は，何がどのような状

第2章
過去問解説
令和3年度
午後Ⅰ
問1
問題
問題解説
設問解説

態であるという確認を行うか。25字以内で述べよ。ただし，機器などの物品は事前に検品され，初期不良や故障はないものとする。

(4) 図3において，情報システム部の管理外のL2SW機器（以下，L2SW-Xという）がL2SW01のIF2と在庫管理端末011のIF1の間に接続されたとき，表1はどのようになるか。適切なものを解答群の中から三つ選び，記号で答えよ。ここで，L2SW-XはLLDPが有効になっているが，管理用IPアドレスは情報システム部で把握していないものとする。また，接続の前後で行番号の順序に変更はないものとする。

解答群

 ア 行番号3が削除される。

 イ 行番号3の隣接機器名が変更される。

 ウ 行番号5が削除される。

 エ 行番号5の隣接機器名が変更される。

 オ 自機器名L2SW-Xの行が存在する。

 カ 隣接機器名L2SW-Xの行が存在する。

問1は、「システムの全国展開を題材に、自動化する際によく使われるネットワーク、システム、及びプロトコルに関する知識、理解を問う（出題趣旨より）」問題でした。

ネットワークの基礎といえるレイヤ2を中心とした問題で、なおかつ採点講評には「正答率は平均的であった」とあります。しかし、決して簡単な問題ではなく、ところどころ、何が問われているかがよくわからない設問がありました。

問1 ネットワーク運用管理の自動化に関する次の記述を読んで、設問1〜3に答えよ。

A社は、中堅の中古自動車販売会社であり、東京に本社のほか10店舗を構えている。

〔現状の在庫管理システム〕

A社では、在庫管理システムを導入している。本社及び店舗では、社内の全ての在庫情報を把握できる。

A社のシステム構成（かつネットワーク構成）がこのあとの図1に記載されています。この試験において、ネットワーク構成図は重要です。このあとの図1と一緒に丁寧に見ていきましょう。たとえば、「本社」「店舗」という当たり前のような言葉であっても照らし合わせて確認します。

在庫管理システムは、本社の在庫管理サーバ、DHCPサーバ、DNSサーバ、本社及び店舗に2台ずつある在庫管理端末、並びにこれらを接続するレイヤ2スイッチ（以下、L2SWという）から構成される。在庫管理端末はDHCPクライアントである。

続いて、システムを構成するサーバや機器などの説明があります。これらも、一つ一つ、どんな役割かをイメージしながら読み進めてください。

図 1 に L2SW はあっても，L3 スイッチやルータはないのですか？

はい，これが今回の構成の特徴です。この点は，このあとの広域イーサ網にも関連します。

> 本社と店舗との間は，広域イーサネットサービス網（以下，広域イーサ網という）を用いてレイヤ2接続を行っている。L2SWにVLANは設定していない。

本社と店舗を結ぶWANとして，広域イーサ網があります。基礎知識として，WANサービスにはどんな種類があり，広域イーサ網がどんな特徴を持っているかを理解しておきましょう。すると，今回の構成も理解しやすいと思います。

Q. WANサービスにはどんな種類があるか，それぞれの特徴を述べよ。

A. 以下にネットワークスペシャリスト試験で登場する三つのWANサービスについて簡単に整理します。具体的には，専用線，広域イーサ網，IP-VPNの三つです。

■ 三つのWANサービス

	専用線	広域イーサ網	IP-VPN
レイヤ	レイヤ1（物理層）	レイヤ2 （データリンク層）	レイヤ3 （ネットワーク層）
ブロードキャスト	通過可能	通過可能	通過不可
利用シーン	主に近距離で2拠点を接続	主に近距離（同一県内）で複数の拠点を接続	主に遠距離（県外，海外）で複数の拠点を接続
WANに接続する機器	回線終端装置	主にスイッチ （レイヤ2，レイヤ3）	主にルータ

> ※レイヤに関しては，上表のようにきれいに整理できるものではなく，たとえば，専用線でもレイヤ2の機能も実現します。厳密なものではなく，単純化して整理したものと考えてください。

広域イーサ網の仕組みですが，広域イーサ網が
一つのスイッチングハブだと考えてもいいですか？

そう考えるとわかりやすいかもしれません。

Q. 図1の構成で，本社の機器から送信したブロードキャストフレームは，店舗に届くか？

A. はい。先の表でも整理しましたが，広域イーサ網はブロードキャストを通過させることができます。今回はVLANもなく，レイヤ2接続をしているので，図1全体にブロードキャストフレームが届きます。もちろん，本社から店舗にも届きます。

また，問題文に，「在庫管理端末はDHCPクライアント」と記載されています。店舗の在庫管理端末は，本社のDHCPサーバからIPアドレスを取得します（DHCPでもブロードキャストフレームを使いましたよね）。

今回の問題文には，広域イーサ網を用いて「レイヤ2接続」とあります。「レイヤ3接続」というのもあるのでしょうか？

広域イーサ網のサービスに「レイヤ3接続」というものがあるわけではありません。ルータやL3スイッチなどのレイヤ3の装置を本社や店舗に置くことで，レイヤ3の接続になります。試験には関係ありませんが，構成例は次ページのとおりです。広域イーサ網との接続にL3SWを使い，各拠点でセグメントを分けています。

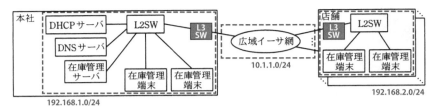

■レイヤ3で構成した場合の構成およびセグメント設計

本社の在庫管理サーバでは，在庫情報の管理と，在庫管理システム全ての機器の<u>SNMPによる監視</u>を行っている。在庫管理システムで利用するIPアドレスは192.168.1.0/24であり，各機器にはIPアドレスが一つ割り当てられている。

さて，基礎知識の確認です。

Q. SNMPによる監視とは，具体的に何をするのか。

A. 一般的にSNMPによるネットワークの「管理」といえば，以下の三つがあります。以下は応用情報技術者試験のシラバスを参照して整理しました。

■SNMPによるネットワークの管理項目

	管理項目	概要
1	構成管理	構成情報を維持し，変更を記録する
2	障害管理	障害の検出，分析，対応を行う
3	性能管理	トラフィック量と転送時間の関係の分析などによる，ネットワークの性能の管理

今回は「監視」とあるので，二つめの「障害管理」と三つめの「性能管理」と考えてください。問題文の後半には「pingによる死活監視及びSNMPによるMIBの取得を行う」とあります。pingを送信することや，MIBを取得（SNMPによるポーリング）によって，サーバや機器がダウンしているかやトラフィック性能などを監視します。

店舗が追加される際には，その都度，情報システム部の社員が現地に出向き，L2SWと在庫管理端末を設置している。店舗のL2SWは，在庫管理サーバからSSHによるリモートログインが可能である。

　A社では，システムに詳しい人が店舗にいないようです。そのため，本社から店舗に出向いたり，SSHによるリモートで運用保守をしていると考えられます。なお，このあと「店舗における機器の新設・故障交換作業は，店舗の店員が行える（問題文より）」ようになります。その代わり，知識が少ない人でも作業できるように，手順を簡略化します。ただ，いくら簡略化しても，間違いが起きます。その間違いを補うために，LLDPを使います。詳しくは〔構成管理の自動化〕に記載があります。

　現状の在庫管理システムの構成を，図1に示す。

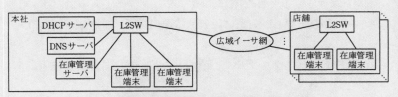

図1　現状の在庫管理システムの構成（抜粋）

システム構成図ですが，すでに解説したので，ここでの解説は省略します。

　A社は，販売エリアの拡大に着手することにした。またこの機会に，新たに顧客サービスとして全ての店舗でフリーWi-Fiを提供することにした。情報システム部のBさんは上司から，ネットワーク更改について検討するよう指示された。
　Bさんが指示を受けたネットワーク更改の要件を次に示す。
・WAN回線は，広域イーサ網からインターネットに変更する。

　ここにあるように，ネットワークを更改することになりました。どこが更改されたのでしょうか。
　図1をみると，現状では，インターネットに接続されていません。今回，

顧客サービスとしてフリーWi-Fiを提供するため，WAN回線をインターネットにします（余談ですが，インターネットを使って広域イーサ網を廃止すれば，通信コストが大幅に削減できそうです）。

　また，大きなネットワークの変更としては，これまでのレイヤ2のネットワークから，レイヤ2とレイヤ3が混在するネットワークになります。

- 全ての店舗にフリーWi-Fiのアクセスポイント（以下，Wi-Fi APという）を導入する。
- 既存の在庫管理システムの機器は継続利用する。
- フリーWi-Fiやインターネットを経由して社外から在庫管理システムに接続させない。
- 店舗における機器の新設・故障交換作業は，店舗の店員が行えるようにする。
- SNMPによる監視及びSSHによるリモートログインの機能は，在庫管理サーバから分離し，新たに設置する運用管理サーバに担わせる。

　いろいろ記載されていますが，このあとの問題文にて詳しく説明します。

〔新ネットワークの設計〕
　Bさんは，本社と店舗との接続に，インターネット接続事業者であるC社が提供する法人向けソリューションサービスを利用することを考えた。このサービスでは，インターネット上にL2 over IPトンネルを作成する機能をもつルータ（以下，RTという）を用いる。

「L2 over IP トンネル」なんて，初めて聞きました。

　おそらく，ネットワークスペシャリスト試験で初めて登場する用語でしょう。この試験はITスキル標準（ITSS）のレベル4に位置づけられる超難関試験です。皆さんが知らない用語ももちろん登場します。しかし，そんな用語が出てきても，これまでの知識を生かして，読み進めるしかありません。

ネットワークスペシャリスト試験では，overとつく用語はVoIP（Voice over IP），PoE（Power over Ethernet），PPPoE（PPP over Ethernet）などがあります。VoIPであれば，IP上で音声（Voice）通話，PoEであればイーサネット上で電力（Power）を供給することです。そう考えると，L2 over IPトンネルは，**（レイヤ3の）IPトンネル上**で，**L2の動作**ができると考えられます。具体的には，インターネットの上で，L2ネットワーク（＝同一LAN）を構築します。実際の機器としては，フジクラソリューションズ株式会社のFleboがあります。

第2章
令和3年度
過去問解説
午後Ⅰ
問1
問題
問題解説
設問解説

　RTの利用構成を図2に示す。

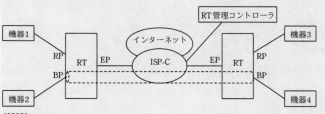

```
: L2 over IP トンネル
BP：ブリッジポート    EP：外部接続ポート    ISP-C：C社のネットワーク
RP：ルーティングポート
注記1　RPに接続された機器1，機器3は，インターネットと通信する。
注記2　BPに接続された機器2，機器4は，閉域網内で通信する。
```

図2　RTの利用構成

　Bさんが調査した内容を次に示す。
- RTは物理インタフェース（以下，インタフェースをIFという）として，BP，EP，RPをもつ。
- EPは，ISP-CにPPPoE接続を行い，グローバルIPアドレスが一つ割り当てられる。RTには，C社から出荷された時にPPPoEの認証情報があらかじめ設定されている。
- RPに接続した機器は，RTのNAT機能を介してインターネットにアクセスできる。インターネットからRPに接続した機器へのアクセスはできない。
- RPに接続した機器とBPに接続した機器との間の通信はできない。

　少しわかりにくい構成でした。次の図に，（私が勝手に割り当てた）IPア

ドレス設計も含めて整理しました。

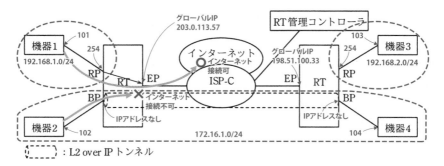

■RTの利用構成とIPアドレス設計例

RP，EP，BPの三つのポートに関して，少し補足します。

① RP（Routing Port）

通常のルータのLANポートと考えてください。機器1（IPアドレス192.168.1.101）からルータ（RT）を経由してルーティング（Routing）されてインターネットに接続します。

② EP（External Port）

通常のルータのWANのポートと考えてください。PPPoEでプロバイダ（ISP-C）に接続し，グローバルIPアドレス（上図の左側のEPの場合は203.0.113.57）が付与されます。そして，インターネットに接続できます。

③ BP（Bride Port）

物理形状はもちろん通常のLANポートと同じですが，特殊なポートです。「L2 over IP トンネル」によって，機器2と機器4が同一セグメント（どちらも 172.16.1.0/24）になります。機器2から送信されたブロードキャストフレームは機器4に届きます。しかし，RPに接続された機器1のように，インターネットには接続できません。

> BP に接続された機器 2 から，インターネットに接続できないのですか？

今回はできないと考えてください。RPに関しては，「RTのNAT機能を介

してインターネットにアクセスできる」とあります。ですが, BPに関して
はその記載がありません。よって, RPのネットワーク（前ページの図の
192.168.1.0/24や192.168.2.0/24）とBPのネットワーク（172.16.1.0/24）は
完全に切り離され, お互いにルーティングもできないと考えましょう。この
点は設問2（4）に関連します。

- RTの設定及び管理は, C社データセンタ上のRT管理コントローラか
  ら行う。他の機器からは行うことができない。
- RTがRT管理コントローラと接続するときには, RTのクライアント証
  明書を利用する。
- RT管理コントローラは, EPに付与されたIPアドレスに対し, pingに
  よる死活監視及びSNMPによるMIBの取得を行う。

続いて, RT（ルータ）とRTを管理するRT管理コントローラの解説です。
RT管理コントローラはRTのみを管理します。一方, 在庫管理サーバが
行っていたSNMPによるDHCPサーバや在庫管理端末などの監視は, 運用
管理サーバが担います。両者を混同しないようにしましょう。

Bさんが考えた, ネットワーク更改後の在庫管理システムの構成を, 図
3に示す。

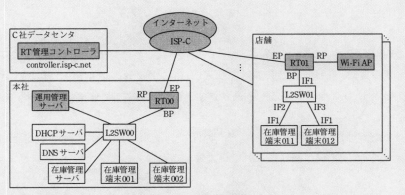

注記1　網掛け部分は, ネットワーク更改によって追加される箇所を示す。
注記2　controller.isp-c.net は, RT管理コントローラのFQDNである。
注記3　IF1, IF2, IF3は, IF名を示す。
図3　ネットワーク更改後の在庫管理システムの構成（抜粋）

さて、この図に関して、少し前の問題文の記述をもとに、内容を確認します。

①運用管理サーバ

問題文に、「・**SNMPによる監視**及びSSHによるリモートログインの機能は、在庫管理サーバから分離し、新たに設置する**運用管理サーバに担わせる**」とありました。本社に設置された運用管理サーバでは、在庫管理サーバの代わりに、SNMPによる監視などを行います。

> 運用管理サーバからケーブルが2本つながっているのは
> なぜですか？

もちろん、以下の二つの目的があるからです。

1）RPとの接続

インターネット側にあるRT管理コントローラと通信するためです。このあとの問題文に、「運用管理サーバは、 c：RT管理コントローラ が収集したRTのLLDP-MIBの情報をREST APIを使って取得して」とあります。

2）BPとの接続（L2SW00との接続）

L2SWや在庫管理サーバ、在庫管理端末に対してSNMPで監視したり、SSHによるリモートログインをするためです。

②Wi-Fi AP

問題文に、「・全ての店舗にフリーWi-Fiのアクセスポイント（以下、Wi-Fi APという）を導入する」とあります。店舗にWi-Fi APを設置します。

また、注記2を見ましょう。RT管理コントローラには、controller.isp-c.netというFQDNが割り振られています。これは、設問2（1）に関連します。

　　本社に設置するRTと店舗に設置するRT間でポイントツーポイントのトンネルを作成し、本社を中心としたスター型接続を行う。

スター型は，以下の左図のように，スター（星）のような構成です。過去のネットワークスペシャリスト試験で出たハブアンドスポーク構成と同じと考えてください（本社がハブで，店舗がスポーク）。下の右図のようなフルメッシュ構成ではないので，店舗のRT同士はトンネルが作成されません。

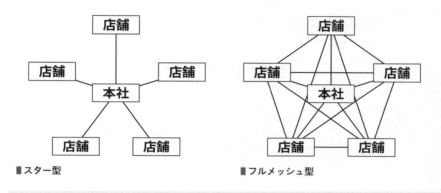

■スター型　　　　　　　　　　　　　　　■フルメッシュ型

> 店舗のRTのBPは，トンネルで接続された本社のRTのBPと<mark>同一ブロードキャストドメイン</mark>となる。

本社とすべての店舗のBPが，同一ブロードキャストドメイン，つまり同一セグメントです。この内容は，設問2（3）に関連します。

> Bさんが考えた，新規店舗への機器の導入手順を次に示す。
> ・情報システム部は，店舗に設置する機器一式，構成図，手順書及びケーブルを店舗に送付する。そのうちL2SW，Wi-Fi APについては，本社であらかじめ初期設定を済ませておく。
> ・<mark>店員は，送付された構成図を参照して各機器を接続し，電源を投入する。</mark>

問題文の冒頭にもありましたが，従来は「情報システム部の社員が現地に出向き」ました。ですが，今後は，店舗の店員が行います。店員は，ITに関する知識が少ないと考えられ，配線ミスなどをすることが想定されます。この点は，設問3（3）に関係します。

> ・RTは，自動でISP-CにPPPoE接続し，インターネットへの通信が可能

な状態になる。
- RTは，RT管理コントローラに，①REST APIを利用してRTのシリアル番号とEPのIPアドレスを送信する。

REST（REpresentational State Transfer：レストと読みます）は，RESTの原則に従って設計されたAPI（アプリケーションプログラムインタフェース）です。RESTの原則を理解する必要はありません。**HTTPプロトコル**を使って，ネットワーク機器やサーバと接続し，設定情報を取得したり，設定変更が行える便利な仕組み，くらいに考えてください。

「HTTP プロトコルを使う」って，単なる Web ベースの GUI ですよね。何が便利なのですか？

たしかに，たとえばルータなどにGUIでログインして設定する場合には，HTTP（またはHTTPS）で行います。しかし，GUIの場合は，マウスをクリックしたりする操作があり，プログラムとして処理させることが簡単ではありません。一方のREST APIは，curlなどのコマンドで処理をします。つまり，GUI（Graphical User Interface）ではなくCLI（Command Line Interface）での操作です。すると，Pythonなどのプログラムでの自動処理が行いやすくなります。

コマンドラインなら SSH などで行えばいいと思うのですが……

SSHの場合，コマンドを入力して，応答が返ってきたらパスワードを入力して，などの対話処理があります。REST APIの場合，認証から処理の実行までをスクリプト化して一連の処理ができます。うまく使うと便利なんですよ，これが。

長々と解説してしまいましたが，REST APIに深入りする必要はありません。これくらいで留めておきます。

下線①は，設問2（2）で解説します。

- RTは，RT管理コントローラが保持する最新のファームウェアバージョン番号を受け取る。
- RTは，RTで動作しているファームウェアバージョンが古い場合は，RT管理コントローラから最新ファームウェアをダウンロードし，更新後に再起動する。
- RTは，RT管理コントローラから本社のRTのIPアドレスを取得する。
- RTは，本社のRTとの間にレイヤ2トンネル接続を確立する。
- 店員は，Wi-Fi AP配下のWi-Fi端末及び②在庫管理端末から通信試験を行う。
- 店員は，作業完了を情報システム部に連絡する。

RTの設定の流れが記載されています。特筆すべきところはありません。
下線②に関しては，設問2（3）で解説します。

〔構成管理の自動化〕

　Bさんは，③店舗から作業完了の連絡を受けた後で確認を行うために，LLDP（Link Layer Discovery Protocol）を用いてBP配下の接続構成を自動で把握することにした。RT，L2SW及び在庫管理端末は，必要なIFからOSI基本参照モデルの第　　a　　層プロトコルであるLLDPによって，隣接機器に自分の機器名やIFの情報を送信する。隣接機器は受信したLLDPの情報を，LLDP-MIBに保持する。

下線③は，設問3（3）で解説します。
　LLDPに関しては，H29年度NW試験 午後Ⅱ 問1で一度だけ問われました。LLDPとは，隣接する機器（直接接続された機器）に対して，自身の情報（装置名や，ポート番号）を通知したり，他の機器の情報を収集するプロトコルです。そのときは，LLDPの言葉とともに，フレーム構造も記載されていました。以下に抜粋します（一部改変）。

　OFS接続情報の収集では，IEEE 802.1ABで規定されているLLDP（Link Layer Discovery Protocol）の仕組みを流用する。

宛先MAC アドレス	送信元 MAC アドレス	イーサネット タイプ 88CC	ペイロード	
			装置名	ポートID

　この図のペイロード（つまりデータ部）を見ると，「装置名」と「ポート ID」が含まれていることが確認できます。

　LLDPは，今回の構成や上記過去問のSDNの場合のように，自動でネットワーク構成を把握するのに便利です。私の経験では，トラブルを解決したときに，LLDPの機能（正確にはCiscoのCDPという機能）がとても便利で役立ちました。ネットワーク構成図がなく，どこに接続されているかがわからないような状態で，接続情報がわかったからです。

　さて，この問題は，LLDPの事前知識がなくても解けるようになっています。ただ，過去問をしっかり学習してLLDPの概要を知っていた人のほうが，落ち着いて解けたと思います。

　空欄aは，設問3（1）で解説します。

　なお，全ての機器でLLDP-MED（LLDP Media Endpoint Discovery）を無効にしている。

　LLDP-MEDは，LLDPの拡張機能です。単に「装置名」や「ポートID」などの情報を提供するだけではありません。特にVoIP機器との連携で利用され，VoIP機器に設定情報を転送したりできます。

なぜ，「無効にしている」とわざわざ書いているのでしょうか。

　LLDP-MEDの機能を活用することで，設問の解答に幅が出る可能性があり，そうならないための制約として記載されている気がします。あまり気にせずに読み進めましょう。

運用管理サーバは，L2SWと在庫管理端末から　　 b 　　によって LLDP-MIBを取得して，L2SWと在庫管理端末のポート接続リストを作成する。さらに，運用管理サーバは，　　 c 　　が収集したRTのLLDP-MIBの情報をREST APIを使って取得して，ポート接続リストに加える。

LLDP-MIBという用語も初めて見るかもしれません。単に，LLDPで扱うMIB（Management Information Base：管理情報ベース）と考えてください。空欄bとcは，設問3（2）で解説します。

ポート接続リストとは，　　 b 　　で情報を取得する対象の機器（以下，自機器という）のIFと，そこに接続される隣接機器のIFを組みにした表である。ある店舗で想定されるポート接続リストの例を，表1に示す。

表1　ある店舗で想定されるポート接続リストの例

行番号	自機器名	自機器のIF名	隣接機器名	隣接機器のIF名
1	RT01	BP	L2SW01	IF1
2	L2SW01	IF1	RT01	BP
3	L2SW01	IF2	在庫管理端末011	IF1
4	L2SW01	IF3	在庫管理端末012	IF1
5	在庫管理端末011	IF1	L2SW01	IF2
6	在庫管理端末012	IF1	L2SW01	IF3

注記1　行番号は，設問のために付与したものである。
注記2　表1中のBPは，ブリッジポートのIF名である。

Bさんは上司にネットワーク更改案を提案し，更改案が採用された。

ポート接続リストは，LLDPによって入手したポートの接続情報です。例として，行番号1を図3で確認しましょう。RT01のBPというポートと，L2SW01のIF1が接続されています。これは，表1のとおりであることがわかります。

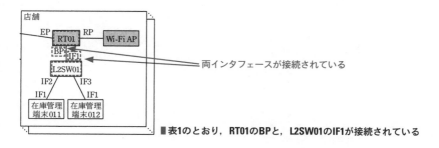

■表1のとおり，RT01のBPと，L2SW01のIF1が接続されている

設問の解説

〔現状の在庫管理システム〕について，(1) ～ (3) に答えよ。

(1) 名前解決に用いるサーバのIPアドレスを，在庫管理端末に通知する
サーバは何か。図1中の機器名で答えよ。

「名前解決に用いるサーバ」って，DNSサーバですよね？

はい，そうです。問われていることがわかりにくい設問でした。ですが，答えは簡単です。そもそも，図1の中で，サーバは三つしかありません。それに，IPアドレスやサブネット，DNSサーバなどの情報を配信するのはDHCPサーバです。

解答	DHCPサーバ

参考までに，DHCPサーバ（172.16.1.254）からIPアドレスを取得する様子をパケットキャプチャしました。DHCPサーバからPCに対して，172.16.1.1のIPアドレスが割り当てられるのと同時に，DNSサーバのIPアドレス（今回は8.8.8.8）も，DHCPサーバから払い出され（＝通知され）ていることが確認できます。

■DHCPサーバ（172.16.1.254）からIPアドレスを取得する様子

設問1

(2) 図1の構成において，在庫管理システムのセグメントのIPアドレス数に着目すると，店舗の最大数は計算上幾つになるか。整数で答えよ。

設問の指示どおり，「在庫管理システムのセグメントのIPアドレス数」に着目しましょう。問題文には，以下の記載があります。

在庫管理システムで利用するIPアドレスは192.168.1.0/24であり，各機器にはIPアドレスが一つ割り当てられている。

192.168.1.0/24の中で，端末に割り当てることができるIPアドレス
は，192.168.1.1〜254までの254個です。ネットワークアドレスを示す
192.168.1.0とブロードキャストパケットの192.168.1.255は割り当てること
ができません。

では，各拠点では何個のIPアドレスが割り当てられているでしょうか。
本社ではL2SWも含めて6個の機器があります。店舗ではL2SWが1台と，
在庫管理端末が2台で，合計3個です。店舗数がnとして，使用するIPアド
レスの数を図にすると以下のようになります。

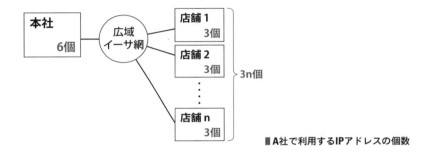

■A社で利用するIPアドレスの個数

A社で利用するIPアドレスの合計は 6＋3n であり，これが254個以内になっ
ている必要があります。つまり，6＋3n＜254 となり，これを計算して n
＜82.66 。nの最大値は82です。

解答	82

設問1

（3）本社のL2SWのMACアドレステーブルに何も学習されていない場合，
　　在庫管理サーバが監視のために送信したユニキャストのICMP Echo
　　requestは，本社のL2SWでどのように転送されるか。30字以内で述
　　べよ。このとき，監視対象機器に対するIPアドレスとMACアドレス
　　の対応は在庫管理サーバのARPテーブルに保持されているものとする。

まず，基礎知識の復習をしましょう。

Q. MACアドレステーブルとARPテーブルが, それぞれ何を保持しているか。

A. MACアドレステーブルはスイッチングハブのポートとMACアドレスの対応, ARPテーブルはIPアドレスとMACアドレスの対応を保持します。以下, それぞれのテーブルの例を紹介します。

■MACアドレステーブル

スイッチのポート	MACアドレス
1	macA
2	macB
3	―
・・・	

■ARPテーブル

IPアドレス	MACアドレス
192.168.1.101	macD
192.168.1.115	macF
192.168.1.127	macG
・・・	

たしか, MACアドレステーブルに学習することで,
L2SWの該当のポートからのみフレームを送りますよね。

そのとおりです。一方, 今回の問題は, スイッチングハブのMACアドレステーブルが何も学習されていない(=空)のとき, ユニキャストフレームがどう転送されるかが問われています。

在庫管理サーバから送信したフレームですが, L2SWのMACアドレステーブルが空です。なので, L2SWは, 受け取ったフレームを, どのポートから出力していいかわかりません。よって, L2SWのすべてのポートからフレームを出力します。次ページの図のように, DHCPサーバや本社の在庫管理端末, 店舗の在庫管理端末などに出力されます。

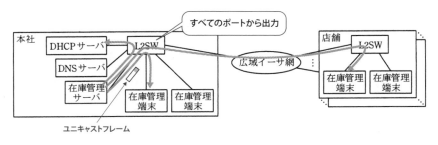

すべてのポートから出力

本社
DHCP サーバ
DNS サーバ
在庫管理サーバ
L2SW
在庫管理端末
在庫管理端末
ユニキャストフレーム

広域イーサ網

店舗
L2SW
在庫管理端末
在庫管理端末

■ **L2SWはすべてのポートからフレームを出力**

　ただし，フレームを受け取ったポートにフレームを送る必要はないので，その点を除外します。

　答案の書き方ですが，設問では「どのように転送されるか」が問われています。解答例のように，文末を「〜に転送される」とすることで，問われていることに的確に解答することができるでしょう。

解答例 L2SWの入力ポート以外の全てのポートに転送される。（26字）

　ちなみに，他の過去問（H25年度NW試験 午後Ⅱ 問2設問3（6））の解答でも，「DHCPDISCOVER用ブロードキャストフレームを<u>入力ポート以外のポートへ送出する</u>。」とありました。私も今回の試験を会場で受験したのですが，この答えが頭の片隅にあったので，ほぼ解答例と同じ答案が書けました。

設問2

　　　〔新ネットワークの設計〕について，（1）〜（4）に答えよ。
（1）C社がRTを出荷するとき，RTにRT管理コントローラをIPアドレスではなくFQDNで記述する利点は何か。50字以内で述べよ。

　図3および注記2を見ると，RT管理コントローラには，controller.isp-c.netというFQDNが割り振られています。また，問題文に「RTは，RT管理コントローラに，<u>①REST APIを利用してRTのシリアル番号とEPのIPアド</u>

レスを送信する」とあり，このとき，RT管理コントローラにFQDNで接続します。

　実はこの問題，よくあるパターンの知識問題です。一つ前のネスペ試験（R元年度 午後Ⅰ問1設問1）でも，DNSをテーマに，同じような設問がありました。このときの正解は，「T社がIP-w1（というIPアドレス）を変更しても，A社DNSサーバの変更作業が不要となる。」です。

　今回も同じで，FQDNで記述すれば，IPアドレスが変更されても設定変更が不要，というのが答えです。

> **解答例** RT管理コントローラのIPアドレスが変更された場合でもRTの設定変更が不要である。（41字）

第2章
過去問解説
令和3年度
午後Ⅰ
問1
問題
問題解説
設問解説

　答案の書き方ですが，「利点」が問われています。「利点」とわかるような解答を書きましょう。たとえば，「IPアドレスで設定すると，IPアドレスを変更した場合にRTの設定を**変更しなければいけない**」だと，利点ではなく問題点です。

　また，50字という長い文字数が指定されています。一般論的に答えるのではなく，問題文の言葉を使って，具体的な記載をするようにしましょう。

> IPアドレスを変更する場合もあれば，FQDNを変更する場合もあるのでは？

　もちろん，FQDNを変更する場合もあります。ですが，実際のネットワークの現場では，IPアドレスを変えることのほうが圧倒的に多いです。プロバイダを変えたり，ネットワーク構成を変えたりすると，IPアドレスが変わる可能性があるからです。試験対策として，この問題パターンを覚えておくのも得策です。

設問2

(2) 本文中の下線①について，RTがRT管理コントローラに登録する際に用いる，OSI基本参照モデルでアプリケーション層に属するプロトコルを答えよ。

問題文に「RTは，RT管理コントローラに，①REST APIを利用してRTのシリアル番号とEPのIPアドレスを送信する」とあります。問題文で解説したとおり，REST APIでは，アプリケーション層のHTTPプロトコルを使います。また，セキュリティを高める場合は，HTTPSを使います。

これは知識問題で，知らないと解けません。ですが，設問に「アプリケーション層に属するプロトコル」とあります。本番では，空欄にするのではなく，自分が知っている何らかのプロトコルを記載するようにしましょう。意外に正解したりするものです。

解答	HTTP　又は　HTTPS

設問2

（3）本文中の下線②について，店舗の在庫管理端末から運用管理サーバにtracerouteコマンドを実行すると，どの機器のIPアドレスが表示されるか。図3中の機器名で全て答えよ。

設問を解く前に，tracerouteについて簡単に復習しましょう。tracerouteは，ICMPのタイプ11（Time Exceeded）を使って，経由するルータを調べることができるコマンドです。ネットワークの障害時の切り分けなどにも利用されます。

たとえば，以下のような構成図があったとします。

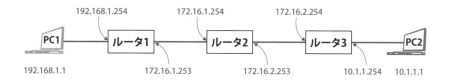

192.168.1.254　　172.16.1.254　　172.16.2.254

PC1 ─ ルータ1 ← ルータ2 ← ルータ3 ← PC2

192.168.1.1　　172.16.1.253　　172.16.2.253　　10.1.1.254　10.1.1.1

■ネットワーク構成例

PC1（192.168.1.1）からPC2（10.1.1.1）にpingを打つと，PC2から応答があるかどうかがわかります。しかし，経由したL3デバイス（ルータやL3SWなど）のIPアドレスはわかりません。では，tracrouteコマンドはど

うでしょうか。実際にやってみたいと思います。

　以下は，Windows の PC で，traceroute を実行したときの様子です。Windows OS の場合，traceroute コマンドは，tracert と入力します。そして，tracert コマンドに続けて，経路を調べたい目的の端末（PC2）の IP アドレスである 10.1.1.1 を入力します。

```
c:¥>tracert 10.1.1.1    ←10.1.1.1への経路を確認する

10.1.1.1 へのルートをトレースしています。経由するホップ数は最大 30 です:

 1    <1 ms     1 ms      1 ms   192.168.1.254
 2     1 ms     1 ms      1 ms   172.16.1.254
 3     1 ms     1 ms      1 ms   172.16.2.254
 4     1 ms     1 ms      1 ms   PC2 [10.1.1.1]

トレースを完了しました。
```

∎ Windows 上で，traceroute を実行

　このように，経由した L3 デバイスの IP アドレスが表示されます。
　では，設問を考えましょう。

> 図 3 を見ると，店舗の在庫管理端末と，本社の運用管理サーバの間には，RT00 と RT01 という L3 デバイスがあります。

　たしかにそうです。ですが，問題文には，「店舗の RT の BP は，トンネルで接続された本社の RT の BP と**同一ブロードキャストドメイン**となる」とあります。つまり，L3 デバイスが存在しないネットワークです。これは，レイヤ 2 トンネル接続を確立しているからです。これにより，traceroute コマンドで表示されるのは，運用管理サーバだけになります。

解答	運用管理サーバ

　参考として，次ページに traceroute の仕組みを解説します。技術的な仕組みを理解することで，RT00 や RT01 がなぜ該当しないかが，わかっていただけると思います。

参考 traceroute の仕組み

　なぜ，tracerouteを使うと，経由したルータがわかるのでしょうか。順に説明します。

　p.84の図にて，PC1からPC2へtracerouteを実行した場合で考えます。

❶ PC1では，ICMPパケットのTTL（Time To Live：生存時間）を1に設定して，ICMPのEcho Requestを送信します。

❷ ICMPのパケットが，ルータ1（192.168.1.254）に届きます。ここで，TTL（生存時間）が1のパケットは，ルータ1に届いたことでTTLは0になり，破棄されます。

❸ ルータ1は，破棄されたことを通知するために，ICMPのTime Exceeded（生存時間を超過した）というメッセージをPC1に返します。PC1は送信元IPアドレスを見て，最初のルータはルータ1（192.168.1.254）であることがわかります。

❹ この動作を繰り返します。次に，PC1はTTLを2に設定し，同じ処理をします。

❺ 同様に，Time Exceededが返ってきた送信元IPアドレスを見て，次のルータはルータ2（172.16.1.254）であることがわかります。

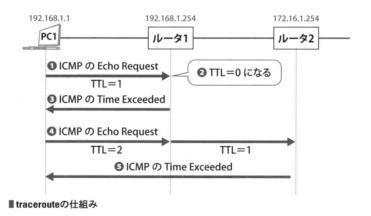

■tracerouteの仕組み

　これを，最後まで続けます。

設問2

（4）図3において，全店舗のWi-Fi APから送られてくるログを受信するサーバを追加で設置する場合に，本社には設置することができないのはなぜか。ネットワーク設計の観点から，30字以内で述べよ。

図3で，ログを受信するサーバを本社に配置するとしましょう。配置する
場所には，RPのネットワークに接続する方法（案1）と，BPのネットワー
クに接続（L2SW00に接続）する方法（案2）があります。両者のそれぞれで，
設置が可能かを考えましょう。

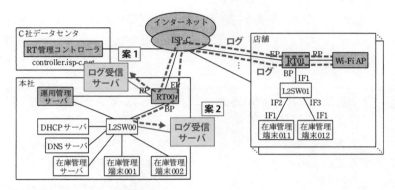

■ログを受信するサーバの二つの配置案

第2章

過去問解説

令和3年度

午後Ⅰ

問1

問題

問題解説

設問解説

　大事なのは，設問文にある「ネットワーク設計の観点」から考えることです。

【案1】RPのネットワークに接続

　RPにログを受信するサーバを接続したとします。この場合，Wi-Fi APか
らのログを受け取ることはできるのでしょうか（経由はインターネットを介
します）。残念ながらできません。問題文に「インターネットからRPに接続
した機器へのアクセスはできない」とあるからです。

【案2】BPのネットワークに接続（L2SW00に接続）

　BPのネットワーク，つまり，L2SW00にログ受信サーバを接続したとし
ます。この場合はどうでしょうか。残念ながらこちらもWi-Fi APからのロ
グを受け取ることはできません。問題文に，「・RPに接続した機器とBPに
接続した機器との間の通信はできない」とあります。Wi-Fi APは，インター
ネットに接続可能なRPに接続されていて，BPのネットワークとは切り離さ
れています。

　では，答案はどのように書けばいいのでしょうか。

「インターネット側から RP に接続した機器に接続できず，
RP に接続したポートから BP にも接続できないから」では？

　二つの案の両方を説明したのですね。でも，これだと 50 字もあります。今回は 30 字という短めの字数制限です。「シンプルに書いて」という作問者からのメッセージだと受け取りましょう。試験センターの解答例は以下のとおりです。

解答例	**店舗から本社には BP 経由でしかアクセスができないから**（26字）

　ただ，この解答ズバリを書くことは不可能です。60 点で合格なので，完璧な答案を追い求めるのはやめましょう。多少の割り切りも大事です。「店舗の RP からは本社の BP にも RP にもアクセスできないから（29字）」などと書ければ，少なくとも部分点がもらえたことでしょう。
　それと，繰り返しますが，「ネットワーク設計の観点」らしい答案になっていることが大事です。

設問には関係ないですが，「ログ受信サーバ」は
どこに置くのですか？

　Wi-Fi AP は RP からインターネットに接続します。そのログを受信する必要があるので，インターネットにつながっているデータセンタであったり，クラウド上のサービスを利用することになるでしょう。

設問3

　　　　〔構成管理の自動化〕について，（1）～（4）に答えよ。
　（1）　本文中の　　　a　　　に入れる適切な数値を答えよ。

問題文の該当部分は以下のとおりです。

> LLDP（Link Layer Discovery Protocol）を用いてBP配下の接続構成を自動で把握することにした。RT，L2SW及び在庫管理端末は，必要なIFからOSI基本参照モデルの第 ┃ a ┃ 層プロトコルであるLLDPによって，隣接機器に自分の機器名やIFの情報を送信する。

　OSI基本参照モデルの第何層かを答えます。LLDPという言葉を知らなくても，階層は1〜7までしかありません。問題文の記述から正解を出すことは十分に可能です。

> LLDP のスペルに Link Layer とあるので，データリンク層でしょうか。

　はい，そのとおりです。データリンク層，つまり第2層です。「隣接機器に」というのもヒントです。ルータを超えるような通信をしないので，ネットワーク層（第3層）の役割は不要です。

解答	2

　設問文に「数値を答えよ」とあるので，「データリンク」は不正解です。

設問3

（2）本文中の ┃ b ┃ に入れる適切なプロトコル名及び ┃ c ┃ に入れる適切な機器名を，本文中の字句を用いて答えよ。

　問題文には以下の記載があります。

> 　運用管理サーバは，L2SWと在庫管理端末から ┃ b ┃ によってLLDP-MIBを取得して，L2SWと在庫管理端末のポート接続リストを作成

する。さらに，運用管理サーバは，[　　c　　]が収集したRTのLLDP-MIBの情報をREST APIを使って取得して，ポート接続リストに加える。

ポート接続リストとは，[　　b　　]で情報を取得する対象の機器（以下，自機器という）のIFと，そこに接続される隣接機器のIFを組みにした表である。

空欄b

基本的な知識問題です。MIBの情報を取得するには，SNMPを使います。なお，SNMPに関して，この試験で問われる重要なキーワードはそれほど多くありません。ポーリング，Trap，コミュニティ，MIBくらいです。これらの知識が曖昧な人は，ぜひ復習をお願いします。

空欄c

RTのLLDP-MIB情報は，誰が収集するのでしょうか。問題文には，「**RTの設定及び管理**は，C社データセンタ上の**RT管理コントローラ**から行う。他の機器からは行うことができない」とあります。よって，正解はRT管理コントローラです。

解答　空欄b：SNMP　　空欄c：RT管理コントローラ

設問3

（3）本文中の下線③について，情報システム部は，何がどのような状態であるという確認を行うか。25字以内で述べよ。ただし，機器などの物品は事前に検品され，初期不良や故障はないものとする。

パッと見ただけだとヒントが少なく，また，何を答えるのかがわかりにくい問題でした。難しかったと思います。

「答えに困ったら，問題文に戻る」これが鉄則です。問題文の該当部分は次のとおりです。

Bさんは，③店舗から作業完了の連絡を受けた後で確認を行うために，

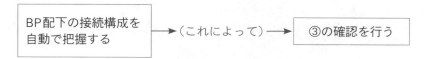

この文章は，以下のように言い換えることができます。

　つまり，「BP配下の接続構成を自動で把握する」ことで，③の確認ができるのです。

まだよくわかっていません。

　問題文の記述を思い出してください。従来は情報システム部の社員が現地で作業していたものを，店舗の店員が行うように変更しました。これにより，ITに詳しくない人が作業をすることになったのです。設定は，本社であらかじめ済ませてあります。間違える可能性は，配線間違いくらいでしょう。その間違いを確認するためのLLDPです。LLDPを使えば，配線が正しく接続されているかを確認できます。

解答例　**各機器の接続構成が構成図どおりであること**（20字）

設問3

（4）図3において，情報システム部の管理外のL2SW機器（以下，L2SW-Xという）がL2SW01のIF2と在庫管理端末011のIF1の間に接続されたとき，表1はどのようになるか。適切なものを解答群の中から三つ選び，記号で答えよ。ここで，L2SW-XはLLDPが有効になっているが，管理用IPアドレスは情報システム部で把握していないも

のとする。また，接続の前後で行番号の順序に変更はないものとする。

解答群

　　ア　行番号3が削除される。

　　イ　行番号3の隣接機器名が変更される。

　　ウ　行番号5が削除される。

　　エ　行番号5の隣接機器名が変更される。

　　オ　自機器名L2SW-Xの行が存在する。

　　カ　隣接機器名L2SW-Xの行が存在する。

問題文の該当部分は以下のとおりです。

表1　ある店舗で想定されるポート接続リストの例

行番号	自機器名	自機器の IF 名	隣接機器名	隣接機器の IF 名
1	RT01	BP	L2SW01	IF1
2	L2SW01	IF1	RT01	BP
3	L2SW01	IF2	在庫管理端末 011	IF1
4	L2SW01	IF3	在庫管理端末 012	IF1
5	在庫管理端末 011	IF1	L2SW01	IF2
6	在庫管理端末 012	IF1	L2SW01	IF3

注記1　行番号は，設問のために付与したものである。

注記2　表1中のBPは，ブリッジポートのIF名である。

L2SW-XがL2SW01のIF2と在庫管理端末011のIF1の間に接続されるとどうなるでしょうか。図で示すと次のようになります。

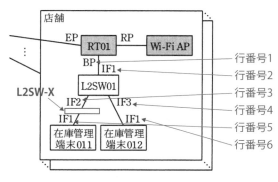

■ L2SW-XをL2SW01のIF2と在庫管理端末011のIF1の間に接続

この場合において，表1の項目を順に確認しましょう。皆さんも，図と表1を照らし合わせて順番に確認してください。

- 行番号1は，変更ありません。
- 行番号2も，変更ありません。
- 行番号3は，隣接機器名がL2SW-Xに変わります（隣接機器のIF名は問題文に記載がないので，どうなるかは不明です）。→ イが正解です。
- 行番号4は，変更ありません。
- 行番号5は，隣接機器名がL2SW-Xに変わります（隣接機器のIF名は問題文に記載がないので，どうなるかは不明です）。→ エが正解です。
- 行番号6は，変更ありません。

表1で整理すると，以下のようになります。

行番号	自機器名	自機器のIF名	隣接機器名	隣接機器のIF名
1	RT01	BP	L2SW01	IF1
2	L2SW01	IF1	RT01	BP
3	L2SW01	IF2	~~在庫管理端末 011~~ **L2SW-X**	~~IF1~~ **L2SW-XのIF名**
4	L2SW01	IF3	在庫管理端末 012	IF1
5	在庫管理端末 011	IF1	~~L2SW01~~ **L2SW-X**	~~IF2~~ **L2SW-XのIF名**
6	在庫管理端末 012	IF1	L2SW01	IF3

■表1の変更状況

また，選択肢カの内容「隣接機器名L2SW-Xの行が存在する。」ですが，行番号3と5が該当します。よって，こちらも正解です。

解答 イ，エ，カ

> 選択肢 オ の「自機器名 L2SW-X の行が存在する。」も正解になるのでは？

たしかに，LLDPでは，BP配下の構成を自動で把握しますし，「L2SW-XはLLDPが有効になっている」とあります。しかし，問題文には，「ポート

接続リストとは，b：SNMP で情報を取得する対象の機器（以下，自機器という）のIFと」とあります。自社で管理している機器のみが対象「自機器名」の対象になります。

でも，SNMP を使って，「L2SW-X」の情報取得も，可能ではないでしょうか。

　つまり，自社で管理している「自機器名」にできるということですね。たしかに，可能かと言われれば，可能です。ですが，設問文に「（L2SW-Xの）管理用IPアドレスは情報システム部で把握していない」とわざわざ書いてあります。これは明らかに，答えを一つにするための作問者からのヒントです。作問のアラを探すのではなく，作問者と対話することが大事です。作問者がわざわざメッセージを書いてくれているので，それを受け取って，素直に答えを書くようにします。

では，選択肢アやウのように，行が削除される可能性はないのですか？ なぜなら，接続しているのが「管理外のL2SW 機器」だからです。

　管理外のL2SW機器ですが，L2SW-X も LLDPが動作しているので，隣接機器名とIF名の情報を取得できます。であれば，削除されずに情報が書き換わると考えるほうが自然です。この点も，「L2SW-X も LLDPが有効」と作問者がわざわざ記載している意図をくみ取ることが大事です。

皆さんの人生はどうですか？　素晴らしい人生ですか？

　私のこれまでの人生を振り返ると，受験，健康，仕事，家庭，人間関係などいろいろな面で，頭をガーンと強く打たれるようなことが結構あった。他人を見て幸せそうだなと思うこと，強いお酒を飲まずにはいられないこともよくあった。

　でも，本来であれば，日本という素晴らしい国に，戦争がない今の時代に，五体満足で生まれただけでも，かなりの幸運である。小さいことにクヨクヨせずに，平凡な幸せを多いに喜ぶべきなのである。

　でも，それはわかっていても，その事実だけで，「毎日がバラ色！」とはなかなか思えない。目の前の仕事や人間関係で，うまくいかなかったりすると，つい落ち込んでしまう。若いときは，失敗は成長の大きな糧にもなる。困難を乗り越える楽しみもあるが，この年になると，ショックを受けることなく平和に生きたいなーと思ってしまうようになってきた。

　だが，仕事ではお金をいただいているわけだし，人間関係でいうと，「絶望的に違う」とまでいわれる他人と同じ空気を吸っているわけである。うまくいかないことや，嫌なことがないなんて，ありえない。

　私が落ち込んでいるときに出会った言葉が，「島耕作」シリーズで有名な漫画家弘兼憲史さんの「まあ，いいか」「それがどうした」という言葉である。私は弘兼さんの漫画が大好きで，「島耕作」シリーズも何十回と読んだ。また，政治漫画『加治隆介の議』にも非常に感動した。

　弘兼さんは，社会的にも多くのものを手にされたはずだ。私から見たら，「人生バラ色」にしか見えない。うまくいかないことや，嫌なことなんて，ほとんどないように思える。しかし，この言葉をタイトルとした本をわざわざ出されている。ということは，この考え方を常に意識されているのだ。つまり，成功して今の地位にあっても，うまくいかないこともたくさんあるのであろう。きっと，私以上に大きな絶望や苦しみなどもあったに違いない。

　仕事をサボったり，人間関係をおろそかにするつもりはない。ただ，嫌なことがあったとしても，これからは，「それがどうした」と，良い意味で開き直って，楽しく生きたいものである。

　※私のコラムも，年齢とともに年寄り臭くなってきた気がする……。

設問		IPA の解答例・解答の要点	予想配点
設問 1	(1)	DHCP サーバ	3
	(2)	82	3
	(3)	L2SW の入力ポート以外の全てのポートに転送される。	6
設問 2	(1)	RT 管理コントローラの IP アドレスが変更された場合でも RT の設定変更が不要である。	6
	(2)	HTTP 又は HTTPS	3
	(3)	運用管理サーバ	3
	(4)	店舗から本社には BP 経由でしかアクセスができないから	6
設問 3	(1)	a 2	3
	(2)	b SNMP	3
		c RT 管理コントローラ	3
	(3)	各機器の接続構成が構成図どおりであること	6
	(4)	イ, エ, カ	5
		合計	50

※予想配点は著者による

　省力化のために，ネットワークの設定や運用の自動化を行うことが増えてきている。これは，インターネットの普及によって全国どこでも同質のネットワークが入手しやすくなったことや，システムから直接操作できるAPIを備えたネットワーク機器が増えてきたことが背景にある。

　具体的な例として，コントローラによるネットワーク機器の集中管理や，ネットワーク構成管理の自動化がよく行われる。

　本問では，システムの全国展開を題材に，自動化する際によく使われるネットワーク，システム，及びプロトコルに関する知識，理解を問う。

　問1では，システムの全国展開を題材に，ネットワークの設定や運用の自動化について出題した。全体として，正答率は平均的であった。

紅さんの解答	正誤	予想採点
DHCP サーバ	○	3
126	×	0
本社及び店舗の在庫管理端末にブロードキャストされる。	×	0
C 社で RT 管理コントローラの IP アドレスを変換した場合でも，A 社側で設定変更する必要がない点	○	6
HTTP	○	3
RT00	×	0
Wi-Fi AP から本社へ通信することができないから。	△	4
2	○	3
SNMP	○	3
RT 管理コントローラ	○	3
店舗の RT がインターネットへの通信が可能な状態である	×	0
イ，エ，カ	○	5
予想点合計		30

※実際は34点と予想（問1問2で62点）

第2章
令和3年度 過去問解説
午後I
問1
問題
問題解説
設問解説

　設問1（3）の正答率は平均的であった。レイヤ2スイッチでフラッディングが生じる条件は基本的な知識なので，よく理解してほしい。

　設問2（3）は，正答率が低かった。tracerouteコマンドはトラブルシュートの場面でよく用いられるものなので，動作原理を理解してほしい。

　設問3（3）は，正答率が高かった。LLDPを用いた確認であることを読み落とした解答が散見された。本文中に示された条件をきちんと読み取り，正答を導き出してほしい。

■出典
「令和3年度 春期 ネットワークスペシャリスト試験 解答例」
https://www.jitec.ipa.go.jp/1_04hanni_sukiru/mondai_kaitou_2021r03_1/2021r03h_nw_pm1_ans.pdf
「令和3年度 春期 ネットワークスペシャリスト試験 採点講評」
https://www.jitec.ipa.go.jp/1_04hanni_sukiru/mondai_kaitou_2021r03_1/2021r03h_nw_pm1_cmnt.pdf

コミュニケーションが取れない仲間

SEの悲しい事件簿③

エンジニアは個性的な人が多く、技術は卓越しているが、コミュニケーションがうまく図れない場合がある。

世界観が違い過ぎる若手 SE

SEの悲しい事件簿④

今の若い人はいい人が多く、要領もいい。が、たまに理解できない人がいる……。

nespeR3 2.2

令和3年度

午後Ⅰ 問2

問　　題
問題解説
設問解説

問2 企業ネットワークの統合に関する次の記述を読んで,設問1〜4に答えよ。

　D社は,本社及び三つの支社を国内にもつ中堅の商社である。D社の社内システムは,クラウドサービス事業者であるG社の仮想サーバでWebシステムとして構築されており,本社及び支社内のPCからインターネット経由で利用されている。このたびD社は,グループ企業のE社を吸収合併することになり,E社のネットワークをD社のネットワークに接続(以下,ネットワーク統合という)するための検討を行うことになった。

〔D社の現行のネットワークの概要〕
　D社の現行のネットワークの概要を次に示す。

(1) PCは,G社VPC(Virtual Private Cloud)内にある仮想サーバにインターネットを経由してアクセスし,社内システムを利用する。VPCとは,クラウド内に用意されたプライベートな仮想ネットワークである。

(2) 本社と支社間は,広域イーサネットサービス網(以下,広域イーサ網という)で接続している。

(3) PCからインターネットを経由して他のサイトにアクセスするために,ファイアウォール(以下,FWという)のNAPT機能を利用する。

(4) PCからインターネットを経由してVPC内部にアクセスするために,G社が提供している仮想的なIPsec VPNサーバ(以下,VPC GWという)を利用する。

(5) FWとVPC GWの間にIPsecトンネルが設定されており,PCからVPCへのアクセスは,FWとVPC GWの間に設定されたIPsecトンネルを

経由する。

(6) 社内のネットワークの経路制御には，OSPFを利用しており，OSPFプロトコルを設定している機器は，ルータ，レイヤ3スイッチ（以下，L3SWという）及びFWである。

(7) 本社のLANのOSPFエリアは0であり，支社1〜3のLAN及び広域イーサ網のOSPFエリアは1である。

(8) FWにはインターネットへの静的デフォルト経路を設定しており，①<u>全社のOSPFエリアからインターネットへのアクセスを可能にするための設定</u>が行われている。

D社の現行のネットワーク構成を図1に示す。

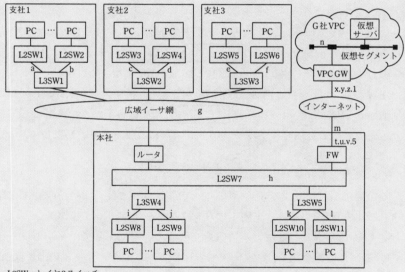

L2SW：レイヤ2スイッチ
注記1　a〜nは，セグメントを示す。
注記2　t.u.v.5及びx.y.z.1は，グローバルIPアドレスを示す。

図1　D社の現行のネットワーク構成

D社の現行のネットワークにおける各セグメントのIPアドレスを表1に示す。

表1　D社の現行のネットワークにおける各セグメントのIPアドレス

セグメント	IPアドレス	セグメント	IPアドレス
a	172.16.0.0/23	h	172.17.0.0/25
b	172.16.2.0/23	i	172.17.2.0/23
c	172.16.4.0/23	j	172.17.4.0/23
d	172.16.6.0/23	k	172.17.6.0/23
e	172.16.8.0/23	l	172.17.8.0/23
f	172.16.10.0/23	m	t.u.v.4/30
g	172.16.12.64/26	n	192.168.1.0/24

　G社は，クラウドサービス利用者のためにインターネットからアクセス可能なサービスポータルサイト（以下，サービスポータルという）を公開しており，クラウドサービス利用者はサービスポータルにアクセスすることによってVPC GWの設定ができる。D社では，VPC GWとFWに次の項目を設定している。

- VPC GW設定項目：VPC内仮想セグメントのアドレス（192.168.1.0/24），IPsec VPN認証用の事前　　　a　　　，FWの外部アドレス（t.u.v.5），D社内ネットワークアドレス（172.16.0.0/16，172.17.0.0/16）
- FW設定項目：VPC内仮想セグメントのアドレス（192.168.1.0/24），IPsec VPN認証用の事前　　　a　　　，VPC GWの外部アドレス（x.y.z.1），D社内ネットワークアドレス（172.16.0.0/16，172.17.0.0/16）

〔OSPFによる経路制御〕
　OSPFは，リンクステート型のルーティングプロトコルである。OSPFルータは，隣接するルータ同士でリンクステートアドバタイズメント（以下，LSAという）と呼ばれる情報を交換することによって，ネットワーク内のリンク情報を集め，ネットワークトポロジのデータベースLSDB（Link State Database）を構築する。LSAには幾つかの種別があり，それぞれのTypeが定められている。例えば，　　　b　　　LSAと呼ばれるType1のLSAは，OSPFエリア内の　　　b　　　に関する情報であり，その情報には，　　　c　　　と呼ばれるメトリック値などが含まれている。また，Type2のLSAは，ネットワークLSAと呼ばれる。OSPFエリア内の各ルータは，集められたLSAの情報を基にして，　　　d　　　アルゴリズムを用いた最短経路計算を行って，ルーティングテーブルを動的に作成する。さらに，

OSPFには，②複数の経路情報を一つに集約する機能（以下，経路集約機能という）がある。D社では，支社へのネットワーク経路を集約することを目的として，③ある特定のネットワーク機器で経路集約機能を設定している(以下，この集約設定を支社ネットワーク集約という)。支社ネットワーク集約がされた状態で，本社のL3SWの経路テーブルを見ると，a～gのそれぞれを宛先とする経路（以下，支社個別経路という）が一つに集約された，   e   /16を宛先とする経路が確認できる。また，D社では，支社ネットワーク集約によって意図しない④ルーティングループが発生してしまうことを防ぐための設定を行っているが，その設定の結果，表2に示すOSPF経路が生成され，ルーティングループが防止される。

表2　ルーティングループを防ぐOSPF経路

設定機器	宛先ネットワークアドレス	ネクストホップ
f	g	Null0

注記　Null0はパケットを捨てることを示す。

〔D社とE社のネットワーク統合の検討〕

　D社とE社のネットワーク統合を実現するために，情報システム部のFさんが検討することになった。Fさんは，E社の現行のネットワークについての情報を集め，次のようにまとめた。

- E社のオフィスは，本社1拠点だけである。
- E社の本社は，D社の支社1と同一ビル内の別フロアにオフィスを構えている。
- E社の社内システム（以下，E社社内システムという）は，クラウドサービス事業者であるH社のVPC内にある仮想サーバ上でWebシステムとして構築されている。
- E社のPCは，インターネットVPNを介して，E社社内システムにアクセスしている。
- E社のネットワークの経路制御はOSPFで行っており全体がOSPFエリア0である。
- E社のネットワークのIPアドレスブロックは，172.18.0.0/16を利用している。

情報システム部は，Fさんの調査を基にして，E社のネットワークをD社に統合するための次の方針を立てた。

(1) ネットワーク統合後の早急な業務の開始が必要なので，現行ネットワークからの構成変更は最小限とする。

(2) E社のネットワークとD社の支社1ネットワークを同一ビルのフロアの間で接続する（以下，この接続をフロア間接続という）。

(3) フロア間接続のために，D社の支社1のL3SW1とE社のL3SW6の間に新規サブネットを作成する。当該新規サブネット部分のアドレスは，E社のIPアドレスブロックから新たに割り当てる。新規サブネット部分のOSPFエリアは0とする。

(4) 両社のOSPFを一つのルーティングドメインとする。

(5) H社VPC内の仮想サーバはG社VPCに移設し，統合後の全社から利用する。

(6) E社がこれまで利用してきたインターネット接続回線及びH社VPCについては契約を解除する。

　Fさんの考えた統合後のネットワーク構成を図2に示す。

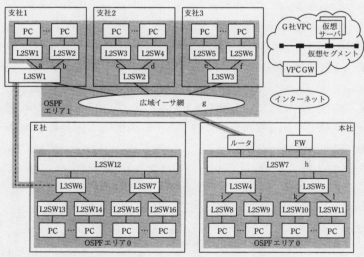

注記1　---- は，フロア間接続を示す。
注記2　▨ は，OSPFエリアを示す。
注記3　a〜lは，セグメントを示す。

図2　Fさんの考えた統合後のネットワーク構成

Fさんは，両社間の接続について更に検討を行い，課題を次のとおりまとめた。

- フロア間を接続しただけでは，OSPFエリア0がOSPFエリア1によって二つに分断されたエリア構成となる。そのため，フロア間接続を行っても⑤E社のネットワークからの通信が到達できないD社内のネットワーク部分が生じ，E社からインターネットへのアクセスもできない。
- 下線⑤の問題を解決するために，⑥NW機器のOSPF関連の追加の設定（以下，フロア間OSPF追加設定という）を行う必要がある。
- フロア間接続及びフロア間OSPF追加設定を行った場合，D社側のOSPFエリア0とE社側のOSPFエリア0は両方合わせて一つのOSPFエリア0となる。このとき，フロア間OSPF追加設定を行う2台の機器はいずれもエリア境界ルータである。また，OSPFエリアの構成としては，OSPFエリア0とOSPFエリア1がこれらの2台のエリア境界ルータで並列に接続された形となる。その結果，D社ネットワークで行われていた支社ネットワーク集約の効果がなくなり，本社のOSPFエリア0のネットワーク内に支社個別経路が現れてしまう。それを防ぐためには，⑦ネットワーク機器への追加の設定が必要である。
- E社のネットワークセグメントから仮想サーバへのアクセスを可能とするためには，FWとVPC GWに対してE社のアドレスを追加で設定することが必要である。

これらの課題の対応で，両社のネットワーク全体の経路制御が行えるようになることを報告したところ，検討結果が承認され，ネットワーク統合プロジェクトリーダにFさんが任命された。

設問1　本文中の　　a　　～　　e　　に入れる適切な字句を答えよ。

設問2　本文中の下線①について，設定の内容を25字以内で述べよ。

設問3　〔OSPFによる経路制御〕について，(1) ～ (4) に答えよ。
　(1) 本文中の下線②について，この機能を使って経路を集約する目的

を25字以内で述べよ。

(2) 本文中の下線③について，経路集約を設定している機器を図1中の機器名で答えよ。

(3) 本文中の下線④について，ルーティングループが発生する可能性があるのは，どの機器とどの機器の間か。二つの機器を図1中の機器名で答えよ。

(4) 表2中の　　f　　，　　g　　に入れる適切な字句を答えよ。

設問4　〔D社とE社のネットワーク統合の検討〕について，（1）～（3）に答えよ。

(1) 本文中の下線⑤について，到達できないD社内ネットワーク部分を，図2中のa～1の記号で全て答えよ。

(2) 本文中の下線⑥について，フロア間OSPF追加設定を行う必要がある二つの機器を答えよ。また，その設定内容を25字以内で述べよ。

(3) 本文中の下線⑦について，設定が必要なネットワーク機器を答えよ。また，その設定内容を40字以内で述べよ。

第2章
過去問解説
令和3年度
午後Ⅰ
問2
問題
問題解説
設問解説

問題文の解説

　　　近年，ルーティングに関する出題が増えています。今回は，利用頻度が高い**OSPF**をテーマに，**OSPF**に関する深い部分まで問われました。採点講評には「全体として，正答率は低かった」とあります。難しかったと思います。ですが，高得点は無理でも，ネットワークの基本を理解していれば，合格ラインの6割はとれるように工夫されています。

問2　企業ネットワークの統合に関する次の記述を読んで，設問1～4に答えよ。

　　D社は，本社及び三つの支社を国内にもつ中堅の商社である。D社の社内システムは，クラウドサービス事業者であるG社の仮想サーバでWebシステムとして構築されており，本社及び支社内のPCからインターネット経由で利用されている。このたびD社は，グループ企業のE社を吸収合併することになり，E社のネットワークをD社のネットワークに接続（以下，ネットワーク統合という）するための検討を行うことになった。

> 最近はクラウドの問題が増えましたね。

　2018年6月に政府が「クラウド・バイ・デフォルト原則」を提唱したこともあり，官公庁だけでなく民間でもクラウド利用が進んでいます。今後も，クラウドに関する出題が増えることでしょう。

　今回は，Amazon Web Services（AWS）やGoogle Cloud Platform（GCP）などのIaaSサービスを想定して作問されています。これらのサービスは，無料で始めることができ，Webサーバなども簡単に構築してテストをすることができます。皆さんも，ネットワークスペシャリスト試験の学習も兼ねて使ってみてはいかがでしょうか。実は私もAWSのヘビーユーザです。Webサーバの構築なんて，10分もあればできます。実機を設定することで，机上ではぼんやりとしていたネットワークの知識が，心底理解できるようになることもあります。

〔D社の現行のネットワークの概要〕
　D社の現行の<mark>ネットワークの概要</mark>を次に示す。

　これ以降にネットワーク構成の説明があります。図1のネットワーク構成
図と照らし合わせて読み進めてください。

（1）PCは，G社VPC（Virtual Private Cloud）内にある仮想サーバにイン
　　ターネットを経由してアクセスし，社内システムを利用する。<mark>VPCと
　　は，クラウド内に用意されたプライベートな仮想ネットワーク</mark>である。

　VPC（Virtual Private Cloud）は，ユーザ個々に作成された専用の仮想ネッ
トワークです。AWSやGCPを使っている人にはなじみ深い用語だったはず
です。
　AWSの場合，日本の東京や大阪，アメリカの各地にデータセンターが構築
されます（これらをリージョンといいます）。たとえば，東京リージョンを選
択したとすると，その東京リージョンの中に，自分専用のネットワーク（VPC）
を作ることができます。プライベートIPアドレスを自由に割り当て，サーバ
を構築でき，必要に応じてインターネット上に公開することも可能です。

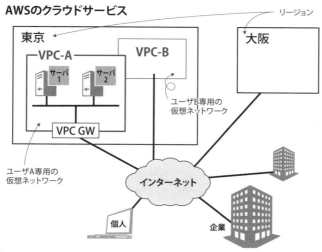

■VPCの例

(2) 本社と支社間は，広域イーサネットサービス網（以下，広域イーサ網
　　という）で接続している。

　広域イーサ網に関しては，午後Ⅰ問1で解説しています。その内容も確認
してください。

(3) PCからインターネットを経由して他のサイトにアクセスするために，
　　ファイアウォール（以下，FWという）のNAPT機能を利用する。
(4) PCからインターネットを経由してVPC内部にアクセスするために，
　　G社が提供している仮想的なIPsec VPNサーバ（以下，VPC GWという）
　　を利用する。

　クラウドサービスG社のVPNサーバと接続していますが，特別なことは
ありません。通常のインターネットVPNと同じです。

なぜ，物理的ではなく，仮想的なIPsec VPNサーバを
使うのですか？

　試験には関係ないので簡単にだけ。クラウドサービスでは，ユーザのニー
ズに応じて，Webサーバであったり，ストレージであったり，高度なルーティ
ングであったり，VPNだったり，いろいろな機能を提供します。そのため
にVPNなどの専用装置を置くのではなく，サーバ上で仮想的に各種機能を
提供します。そのほうがコスト面でも柔軟性の面でも優れます。

(5) FWとVPC GWの間にIPsecトンネルが設定されており，PCからVPC
　　へのアクセスは，FWとVPC GWの間に設定されたIPsecトンネルを
　　経由する。

　特筆すべきことはありません。ただ，このあとの図1と照らし合わせて，
概要だけは理解しておきましょう。

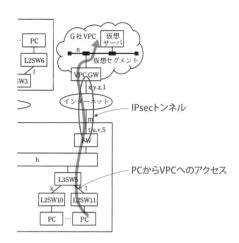

■PCからVPCへのアクセス

(6) 社内のネットワークの経路制御には，OSPFを利用しており，OSPF プロトコルを設定している機器は，ルータ，レイヤ3スイッチ（以下，L3SWという）及びFWである。

　今回はOSPFに関する出題が多くあります。どの機器でOSPFが動作するのか，図1を見ながら確認しておきましょう（次ページに記載）。L3SWが5台あるので，合計7台です。

(7) 本社のLANのOSPFエリアは0であり，支社1～3のLAN及び広域イーサ網のOSPFエリアは1である。

　OSPFでは，ネットワークを「エリア」と呼ぶ単位に分割します。目的は，詳細な経路情報をエリア内のみで共有することでルータの負荷を軽減することです。エリア番号0は，バックボーンエリアと呼ばれ，必ず存在しなければいけません。

(8) FWにはインターネットへの静的デフォルト経路を設定しており，①全社のOSPFエリアからインターネットへのアクセスを可能にするための設定が行われている。

OSPFに関して，このあとにも詳細な解説があります。まずは，ここまでに記載された内容をこのあとの問題文にある図1に追記して整理しました。

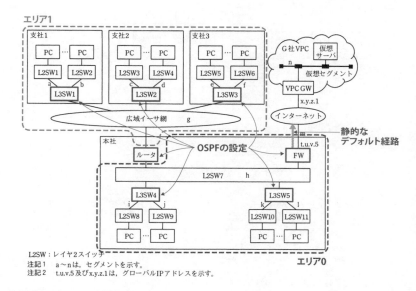

L2SW：レイヤ2スイッチ
注記1　a～nは，セグメントを示す。
注記2　t.u.v.5及びx.y.z.1は，グローバルIPアドレスを示す。

■ OSPFを設定している機器

　本試験でも，このように問題文の情報を図に落とし込んで，頭を整理しながら読みすすめることをお勧めします。

　下線①は，設問2で解説します。

D社の現行のネットワーク構成を図1に示す。

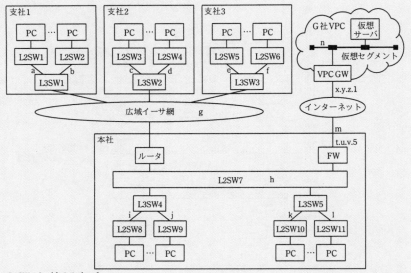

L2SW：レイヤ2スイッチ
注記1　a～nは，セグメントを示す。
注記2　t.u.v.5及びx.y.z.1は，グローバルIPアドレスを示す。

図1　D社の現行のネットワーク構成

　D社の現行のネットワークにおける各セグメントのIPアドレスを表1に示す。

表1　D社の現行のネットワークにおける各セグメントのIPアドレス

セグメント	IPアドレス	セグメント	IPアドレス
a	172.16.0.0/23	h	172.17.0.0/25
b	172.16.2.0/23	i	172.17.2.0/23
c	172.16.4.0/23	j	172.17.4.0/23
d	172.16.6.0/23	k	172.17.6.0/23
e	172.16.8.0/23	l	172.17.8.0/23
f	172.16.10.0/23	m	t.u.v.4/30
g	172.16.12.64/26	n	192.168.1.0/24

　ネットワーク構成図が記載されていますが，比較的単純な構成です。図1のa～nのセグメントが，表1の内容に対応しています。

Q. 理解を深めるために，これらのIPアドレスを図に書き入れよ。

A. 以下のようになります。172.16.0.0のセグメントを―― (図左上) に，172.17.0.0のセグメントを---- (図下部) にしました。

> 支社は172.16.0.0のセグメントで，本社は172.17.0.0のセグメントとしてまとまっていますね。

そうです。そこが一つのポイントで，たとえば，支社向けのルーティングは172.16.0.0/16に経路集約できます。

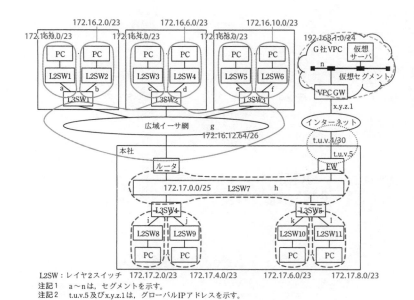

■ a〜nのセグメントのIPアドレス

ちなみに，皆さんはIPアドレスとサブネットの計算は得意でしょうか。

Q.
以下のIPアドレスの範囲を答えよ。

セグメント	IPアドレス	IPアドレスの範囲
a	172.16.0.0/23	
g	172.16.12.64/26	
h	172.17.0.0/25	
m	t.u.v.4/30	
n	192.168.1.0/24	

A.
正解は以下のとおりです。サブネットの計算問題は、午前問題でも出題されます。計算には慣れておきましょう。

セグメント	IPアドレス	IPアドレスの範囲
a	172.16.0.0/23	172.16.0.0 〜 172.16.1.255
g	172.16.12.64/26	172.16.12.64 〜 172.16.12.127
h	172.17.0.0/25	172.17.0.0 〜 172.17.0.127
m	t.u.v.4/30	t.u.v.4 〜 t.u.v.7
n	192.168.1.0/24	192.168.1.0 〜 192.168.1.255

G社は、クラウドサービス利用者のためにインターネットからアクセス可能なサービスポータルサイト（以下、サービスポータルという）を公開しており、クラウドサービス利用者はサービスポータルにアクセスすることによってVPC GWの設定ができる。

「クラウドサービス利用者」ですが、文字どおり、クラウドサービスを利用する人です。今回はD社だと考えてください。D社の顧客のことではありません。

D社では、VPC GWとFWに次の項目を設定している。
- VPC GW設定項目：VPC内仮想セグメントのアドレス（192.168.1.0/24）、IPsec VPN認証用の事前 a 、FWの外部アドレス（t.u.v.5）、D社内ネットワークアドレス（172.16.0.0/16、172.17.0.0/16）
- FW設定項目：VPC内仮想セグメントのアドレス（192.168.1.0/24）、IPsec VPN認証用の事前 a 、VPC GWの外部アドレス（x.y.z.1）、

D社内ネットワークアドレス（172.16.0.0/16, 172.17.0.0/16）

設定パラメータが並んでいると，読むのが嫌になります。

文字だけだと理解が難しいと思います。より整理するために，一般的な
IPsecのパラメータとしてまとめると，以下のようになります。その下の図
と合わせて確認してください。

■IPsecのパラメータシート（抜粋）

	拠点1（G社VPC）	拠点2（D社）
VPNを設定する機器	VPC GW	FW
接続先のIPアドレス	FWの外部アドレス（t.u.v.5）	VPC GWの外部アドレス（x.y.z.1）
認証方式	事前共有鍵	
IPsec VPN認証用の事前 a:共有鍵	xxxxx（文字列）	
ローカルサブネット	VPC内仮想セグメントのアドレス（192.168.1.0/24）	D社内ネットワークアドレス（172.16.0.0/16, 172.17.0.0/16）
リモートサブネット	D社内ネットワークアドレス（172.16.0.0/16, 172.17.0.0/16）	VPC内仮想セグメントのアドレス（192.168.1.0/24）

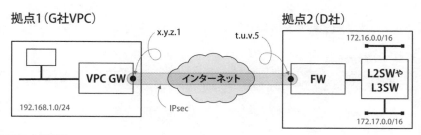

■IPsecの概略図

ちなみに，パラメータにある172.16.0.0/16はa～gの支社のセグメントを，
172.17.0.0/16はh～lの本社のセグメントをひとまとめにしています。
空欄aは設問1で解説します。

〔OSPFによる経路制御〕

OSPFは，リンクステート型のルーティングプロトコルである。OSPFルータは，隣接するルータ同士でリンクステートアドバタイズメント（以下，LSAという）と呼ばれる情報を交換することによって，ネットワーク内のリンク情報を集め，ネットワークトポロジのデータベースLSDB（Link State Database）を構築する。LSAには幾つかの種別があり，それぞれのTypeが定められている。例えば， b LSAと呼ばれるType1のLSAは，OSPFエリア内の b に関する情報であり，その情報には， c と呼ばれるメトリック値などが含まれている。また，Type2のLSAは，ネットワークLSAと呼ばれる。OSPFエリア内の各ルータは，集められたLSAの情報を基にして， d アルゴリズムを用いた最短経路計算を行って，ルーティングテーブルを動的に作成する。

OSPFの仕組みに関する詳細な説明が記載されています。

LSAなんて聞いたことがありませんし，さっぱりわかりません。

LSAに関しては，午後問題では過去に問われたことがありません。午前Ⅱの問題でわずかに出題された程度です（H24年度 午前Ⅱ問1，H23年度 午前Ⅱ問2など）。初めて見る用語に，本試験では戸惑ったかもしれません。

LSAにはType1〜11までがあります。ですが，すべてが使われるわけではありません。代表的な三つについて，以下の表に整理します。

■LSAの代表的なType

種別	名称	生成者	内容	目的
LSA Type1	ルータLSA	全ルータ	ルータ自身に関する情報（接続情報やコスト）	自身ルータのリンク情報を他のルータに伝達
LSA Type2	ネットワークLSA	DR（Designated Router：代表ルータ）	エリア内ルータの接続情報	エリア内の経路情報をエリア内のルータに伝達
LSA Type3	ネットワーク集約LSA	ABR（Area Border Router：各エリアの境界ルータ）	各エリアの経路情報	エリアごとの経路情報を他のエリアに伝達

この様子を図にしたのが以下です。ここに記載したように，**Type1が自分の情報を伝え，Type2が，Type1で得た情報をもとにLSDBを作成してエリア内に伝達，Type3がエリア外に伝える**と考えればいいでしょう。

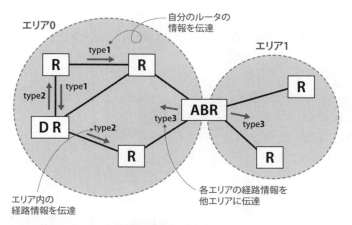

■ LSA Type1，Type2，Type3の情報伝達の内容

　説明しておいてなんですが，試験対策としてはそれほど真剣に覚える必要はありません。なんとなく理解している，または知らなくてもいいと思っています。

でも，これらの用語を知らないと解けないですよね？

　そうともいえません。LSAという用語を知らなくても，正解した人や合格者がいるはずです。詳しくは設問1で解説します。

　さらに，OSPFには，②複数の経路情報を一つに集約する機能（以下，経路集約機能という）がある。D社では，支社へのネットワーク経路を集約することを目的として，③ある特定のネットワーク機器で経路集約機能を設定している（以下，この集約設定を支社ネットワーク集約という）。支社ネットワーク集約がされた状態で，本社のL3SWの経路テーブルを見る

と，a〜gのそれぞれを宛先とする経路（以下，支社個別経路という）が一つに集約された，　　c　　/16を宛先とする経路が確認できる。

ここに記載されているとおり，複数の経路を一つに集約します。

「経路集約機能を設定」って，自動で集約してくれないのですか？

基本的には**手動**で設定する必要があります。経路集約によって経路が単純化されるので便利なのですが，このあとに述べるようなデメリットもあるからです。

空欄eは設問1で，下線②，③に関しては経路集約の目的なども含めて，設問3で解説します。

また，D社では，支社ネットワーク集約によって意図しない④<u>ルーティングループ</u>が発生してしまうことを防ぐための設定を行っているが，その設定の結果，表2に示すOSPF経路が生成され，ルーティングループが防止される。

表2　ルーティングループを防ぐOSPF経路

設定機器	宛先ネットワークアドレス	ネクストホップ
f	g	Null0

注記　Null0はパケットを捨てることを示す。

ルーティングループとは，ルーティングの不適切な設定により，パケットがたらいまわしにされてループすることです。単純なルーティングループの例を紹介します。

次ページのように，二つの拠点（10.1.1.0/24，10.1.2.0/24）と2台のルータ（R1，R2）があるとします。R1のデフォルトルートはR2，R2のデフォルトルートはR1に向いています。このとき，R1のネットワークのPCから5.5.5.5にpingを送信（次ページ図❶）したらどうなるでしょうか。R1のデフォルトルートはR2なので，パケットはR2に送られます（❷）。次に，R2ではどうなるでしょうか。R2のネットワークには5.5.5.5のセグメントは存在し

ません。よって，R2のルーティングテーブルを見て，デフォルトルートで
あるR1にパケットを送り返します（**❸**）。こうしてループが発生するのです。

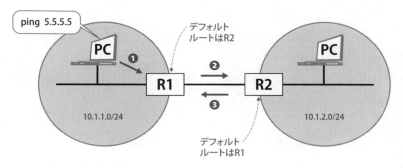

■ルーティングループの例

お客様からの問い合わせを「他の部署に聞いてください」
と，たらい回しにしているみたいですね。

例えが適切かはわかりませんが，似ているかもしれません。
さて，下線④や空欄は，設問3（3）（4）で解説します。

〔D社とE社のネットワーク統合の検討〕
　D社とE社のネットワーク統合を実現するために，情報システム部のF
さんが検討することになった。Fさんは，E社の現行のネットワークにつ
いての情報を集め，次のようにまとめた。

　E社の現行ネットワークの様子が，これ以降に詳しく記載されます（ただ，
このあとD社に統合されてしまいます）。これ以降の問題文には，解説のため，
❶～**❼**の番号を振りました。

・E社のオフィスは，本社1拠点だけである。（**❶**）
・E社の本社は，D社の支社1と同一ビル内の別フロアにオフィスを構え
　ている。（**❷**）
・E社の社内システム（以下，E社社内システムという）（**❸**）は，クラ

ウドサービス事業者であるH社のVPC内（❹）にある仮想サーバ上で
Webシステム（❺）として構築されている。
- E社のPCは，インターネットVPNを介して（❻），E社社内システム
にアクセスしている。
- E社のネットワークの経路制御はOSPFで行っており全体がOSPFエリ
ア0である。
- E社のネットワークのIPアドレスブロックは，172.18.0.0/16（❼）を
利用している。

皆さんも，この情報をもとに，E社の構成図を描いてみましょう。

Q. E社の現行ネットワーク構成図を，図1に付け足せ。

A. こんな感じです。先の問題文の❶～❼を図に書き入れています。

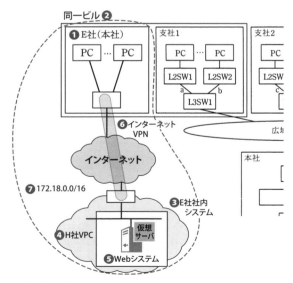

■図1にE社の現行ネットワーク構成図を追加

172.18.0.0/16 の範囲はどこまでですか？

　E社（本社）も，H社VPCもどちらも172.18.0.0/16だと想定されます。た
とえば，E社本社は172.18.1.0/24で，H社VPCが172.18.100.0/24などになっ
ていることでしょう。

　情報システム部は，Fさんの調査を基にして，E社のネットワークをD
社に統合するための次の方針を立てた。
（1）ネットワーク統合後の早急な業務の開始が必要なので，現行ネットワー
　　クからの構成変更は最小限とする。
（2）E社のネットワークとD社の支社1ネットワークを同一ビルのフロア
　　の間で接続する（以下，この接続をフロア間接続という）。
（3）フロア間接続のために，D社の支社1のL3SW1とE社のL3SW6の間
　　に新規サブネットを作成する。当該新規サブネット部分のアドレスは，
　　E社のIPアドレスブロックから新たに割り当てる。新規サブネット部
　　分のOSPFエリアは0とする。
（4）両社のOSPFを一つのルーティングドメインとする。
（5）H社VPC内の仮想サーバはG社VPCに移設し，統合後の全社から利
　　用する。
（6）E社がこれまで利用してきたインターネット接続回線及びH社VPCに
　　ついては契約を解除する。

　統合の内容が記載されています。このあと，統合後のネットワーク構成が
記載されますが，ここに記載されている内容を，図2に書き込みました（次
ページ）。

Fさんの考えた統合後のネットワーク構成を図2に示す。

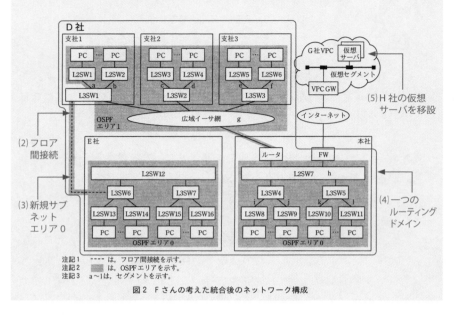

注記1　----　は，フロア間接続を示す。
注記2　▨　は，OSPFエリアを示す。
注記3　a〜1は，セグメントを示す。
図2　Fさんの考えた統合後のネットワーク構成

少し補足します。

（3）の「当該新規サブネット部分のアドレスは，E社のIPアドレスブロックから新たに割り当てる」の部分ですが，E社のIPアドレスブロックは，172.18.0.0/16でした。この中からたとえば，172.18.12.64/26などが割り当てられることでしょう。

（4）の「両社のOSPFを一つのルーティングドメインとする」の部分ですが，両社でOSPFの経路情報を交換するという意味です。

>>>
参考　ルーティングの設定

ルーティングの設定に関して，L3SW1の設定を見てみましょう（Ciscoルータの場合）。セグメントはp.113のものを使っています。試験には出ませんが，雰囲気を味わいつつ，理解を深めてください。

```
router ospf 100      ←OSPFの設定
 network 172.16.0.0 0.0.1.255 area 1   ←ルータが持つセグメントとエリア番号を記載する
 network 172.16.2.0 0.0.1.255 area 1
 network 172.16.12.64/26 0.0.0.63 area 1
 network 172.18.12.64/26 0.0.0.63 area 0
```

1行目は，OSPFを動作させるのに必要な設定です。数字（100）は，複数のOSPFプロセスを動かすときの識別番号ですが，気にしなくていいです。エリア番号とも関係ありません。
　　2行目以降は，ルータが持つネットワーク情報であり，ここに記載した経路を他のルータと交換します。エリア番号は，図2の情報から設定してあります。

　※0.0.1.255はサブネットマスクの255.255.254.0（プレフィックス表記だと/23）を意味します。これは，ワイルドカードマスクという表記方法なのですが，そういうものだと割り切って考えてください。

　Fさんは，両社間の接続について更に検討を行い，課題を次のとおりまとめた。
・フロア間を接続しただけでは，OSPFエリア0がOSPFエリア1によって二つに分断されたエリア構成となる。そのため，フロア間接続を行っても⑤E社のネットワークからの通信が到達できないD社内のネットワーク部分が生じ，E社からインターネットへのアクセスもできない。
・下線⑤の問題を解決するために，⑥NW機器のOSPF関連の追加の設定（以下，フロア間OSPF追加設定という）を行う必要がある。

　OSPFの設計ですが，エリア0は基本的に一つです。ところが，図2を見ると，ここに記載されているように，OSPFエリア0が分断されています。

　　　たしかに，OSPFエリア0（E社）－ OSPFエリア1（支社）－ OSPFエリア0（本社）　となっています。

　そうなると，OSPFによる経路交換が正常に行えず，下線⑤にあるように，一部で通信ができない不具合が生じます。
　下線⑤は設問4（1）で，下線⑥は設問4（2）で解説します。

・フロア間接続及びフロア間OSPF追加設定を行った場合，D社側のOSPFエリア0とE社側のOSPFエリア0は両方合わせて一つのOSPFエリア0となる。

下線⑤の問題を解説するために，分断されたエリア0間を，VPNのトンネルのようなもので接続（＝フロア間OSPF追加設定）して一つにします。これが問題文の「両方合わせて一つのOSPFエリア0」のことです。

　以下がイメージ図です。

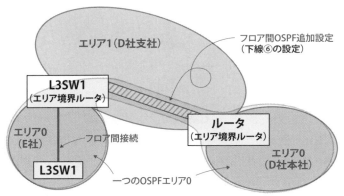

■一つのOSPFエリア0のイメージ

> このとき，フロア間OSPF追加設定を行う2台の機器はいずれもエリア境界ルータである。

　エリア境界ルータとは，その名のとおりエリアの境に設置されるルータです。上図からもわかるように，L3SW1は（E社側の）エリア0とエリア1の境界にあるので，エリア境界ルータです。同様に，ルータもエリア1と（本社側の）エリア0との境界にあるのでエリア境界ルータです。つまり，**エリア0とエリア1のエリア境界ルータは，ルータとL3SW1の二つ**です。この事実を踏まえて，次を読み進めてください。

> また，OSPFエリアの構成としては，OSPFエリア0とOSPFエリア1がこれらの2台のエリア境界ルータで並列に接続された形となる。

　下線⑥の追加設定によって，分断されたエリア0は一つのエリアとして統合されました。統合された結果，エリア0とエリア1は，2台のエリア境界ルータ（ルータとL3SW1）で接続された構成になります（先に述べたとおり）。

「並列に」ってどういう意味ですか？

　深い意味はありません。以下の図のように記載すると，並列っぽく見える
かと思います。

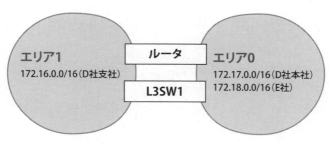

■2台のエリア境界ルータで並列に接続

　その結果，D社ネットワークで行われていた支社ネットワーク集約の効果
がなくなり，本社のOSPFエリア0のネットワーク内に支社個別経路が現
れてしまう。それを防ぐためには，⑦ネットワーク機器への追加の設定が
必要である。

　支社ネットワーク集約とは，問題文の「③ある特定のネットワーク機器で
経路集約機能を設定している」の部分です。下線⑦は，設問4（3）で解説
します。

・E社のネットワークセグメントから仮想サーバへのアクセスを可能とす
　るためには，FWとVPC GWに対してE社のアドレスを追加で設定する
　ことが必要である。

　設問には関係ありませんが，FWとVPC GWに追加設定が必要です。具体
的にはVPNの設定であり，p.115のIPsecのパラメータを見てもらうとわか
りやすいかと思います。ローカルサブネットとリモートサブネットのD社内

ネットワークアドレス（172.16.0.0/16, 172.17.0.0/16）に, E社のネットワーク（172.18.0.0/16）を追加します。

　これらの課題の対応で, 両社のネットワーク全体の経路制御が行えるようになることを報告したところ, 検討結果が承認され, ネットワーク統合プロジェクトリーダにFさんが任命された。

問題文の解説は以上です。難しかったですね。

設問の解説

設問1

本文中の　　a　　～　　e　　に入れる適切な字句を答えよ。

空欄a

問題文の該当部分は以下のとおりです。

> D社では，VPC GWとFWに次の項目を設定している。
> ・VPC GW設定項目：VPC内仮想セグメントのアドレス（192.168.1.0/24），
> 　IPsec VPN認証用の事前　　a　　，FWの外部アドレス（t.u.v.5），
> 　D社内ネットワークアドレス（172.16.0.0/16，172.17.0.0/16）
> ・FW設定項目：VPC内仮想セグメントのアドレス（192.168.1.0/24），
> 　IPsec VPN認証用の事前　　a　　，VPC GWの外部アドレス（x.y.z.1），
> 　D社内ネットワークアドレス（172.16.0.0/16，172.17.0.0/16）

　インターネットVPNの設定内容が問われています。正解は「（事前）共有鍵」です。インターネットは不特定多数の人が接続できるので，接続する人や機器を認証するために利用します。

解答例	共有鍵

　なお，事前共有鍵の代わりに，よりセキュリティが高い電子証明書を使うこともできます。また，通信相手のIPアドレス情報も認証に利用し，セキュリティを高めています。

空欄b，c，d

問題文の該当部分は以下のとおりです。

> LSAには幾つかの種別があり，それぞれのTypeが定められている。例えば，
> 　　b　　LSAと呼ばれるType1のLSAは，OSPFエリア内の　　b

に関する情報であり，その情報には，| c |と呼ばれるメトリック値などが含まれている。また，Type2のLSAは，ネットワークLSAと呼ばれる。OSPFエリア内の各ルータは，集められたLSAの情報を基にして，| d |アルゴリズムを用いた最短経路計算を行って，ルーティングテーブルを動的に作成する。

【空欄b】

LSAに関しては，問題文の解説で簡単に説明しました。正解は，「ルータ」です。ルータLSAという用語は，ほとんどの受験生（私の勝手な憶測だと90％以上）は知らなかったことでしょう。

そんなマニアックな問題を出すって，ひどいです。

たしかに難しい問題ですが，今回の問題は，正解の用語を知らなくても解けた可能性があります。なぜなら，「OSPFエリア内の| b |に関する情報」というヒントがあるからです。さらに，そのあとの「OSPFエリア内の各ルータ」という記載もあります。実は私もこの試験を受けていました。ルータLSAは知らなかったのですが，なんとなく「ルータ」だと想定して書いて正解しました。わからないなりにも答えを書くことが大事です。

【空欄c】

メトリックは，同じネットワークへの経路が複数ある場合に，最適な経路選択をするための指標です。RIPの場合はホップ数（ルータの数），OSPFの場合は<u>コスト</u>，BGPの場合はASパスやMEDなどと考えてください。

【空欄d】

これは難しかったと思います。OSPF（Open Shortest Path First）で使われるのは，Dijkstra氏が考案した「ダイクストラ」というアルゴリズムです。SPFアルゴリズムともいわれます。

個人的にはSPF（Shortest Path First）でも正解にしてほしいと思ってい

ます。SPFは，OSPFという用語に含まれていますが，フルスペルにあるように，最も短い（Shortest）経路（Path）を最優先（First）します。

　ただ，この試験は基本的に別解は存在しないので，ダイクストラ以外は不正解だったことでしょう。解けなくても仕方がない問題だと思います。

> **解答**　空欄b：**ルータ**　　空欄c：**コスト**　　空欄d：**ダイクストラ**

空欄e

問題文の該当部分は以下のとおりです。

> 支社ネットワーク集約がされた状態で，本社のL3SWの経路テーブルを
> 見ると，a〜gのそれぞれを宛先とする経路（以下，支社個別経路という）
> が一つに集約された，　　　e　　　/16を宛先とする経路が確認できる。

表1に，セグメントa〜gのIPアドレス範囲が記載されています。

セグメント	IPアドレス
a	172.16.0.0/23
b	172.16.2.0/23
c	172.16.4.0/23
d	172.16.6.0/23
e	172.16.8.0/23
f	172.16.10.0/23
g	172.16.12.64/26

■表1に示されたセグメントa〜gのIPアドレス範囲

　これらの経路を一つに集約します。問題文に「/16」という記述があるので，わかりやすかったと思います。

　参考までに，セグメントa〜gの経路を，2進数で表記すると次ページのようになります。16ビットまで共通する部分を探すと，172.16.0.0が正解であることがわかります。まあ，こんな図を書かずとも，直感で答えられたことでしょう。

■セグメントa〜gの経路を2進数で表記

		8ビット	16ビット	24ビット	32ビット
172.16.0.0/23	10101100	00010000	00000000	00000000
172.16.2.0/23	10101100	00010000	00000010	00000000
172.16.4.0/23	10101100	00010000	00000100	00000000
172.16.6.0/23	10101100	00010000	00000110	00000000
172.16.8.0/23	10101100	00010000	00001000	00000000
172.16.10.0/23	10101100	00010000	00001010	00000000
172.16.12.64/26	10101100	00010000	00001100	01000000

⇓ **172**　⇓ **16**　ここまで共通

解答　172.16.0.0

▶▶▶

参考　経路集約の設定例

　　経路集約の設定例を紹介します。その前に，経路集約をしない場合の
L3SW4のルーティングテーブルを見ましょう。

※ポイントだけに絞っています。

```
L3SW4>sh ip route
（略）
O*E2   0.0.0.0/0 [110/1] via 172.17.0.1, 01:41:04, FastEthernet0

O IA      172.16.0.0/23 [110/3] via 172.17.0.2, 00:00:04, FastEthernet0
O IA      172.16.2.0/23 [110/3] via 172.17.0.2, 00:00:09, FastEthernet0
O IA      172.16.4.0/23 [110/3] via 172.17.0.2, 00:00:09, FastEthernet0
O IA      172.16.6.0/23 [110/3] via 172.17.0.2, 00:00:09, FastEthernet0
O IA      172.16.8.0/23 [110/3] via 172.17.0.2, 00:00:09, FastEthernet0
O IA      172.16.10.0/23 [110/3] via 172.17.0.2, 00:00:09, FastEthernet0
O IA      172.16.12.64/26 [110/2] via 172.17.0.2, 00:00:09, FastEthernet0

C         172.17.0.0/25 is directly connected, FastEthernet0
C         172.17.2.0/23 is directly connected, Vlan10
C         172.17.4.0/23 is directly connected, Vlan20
（略）
```

集約されて
いない経路

※OはOSPFで受信した経路を意味するのですが，E2とかIAは無視してください。

　　このように，支社向けの経路がズラリと並んでいます。
　　ここで，本社のルータに経路集約の設定をします。

```
router ospf 100
 area 1 range 172.16.0.0 255.255.0.0    ←エリア1の経路情報を,
                                          172.16.0.0/16に集約
```

　では，経路集約した場合のL3SW4のルーティングテーブルを確認します。
経路が一つに集約されています。

```
L3SW4>sh ip route
 （略）
O*E2   0.0.0.0/0 [110/1] via 172.17.0.1, 01:37:50, FastEthernet0

O IA   172.16.0.0/16 [110/2] via 172.17.0.2, 00:10:08, FastEthernet0

C           172.17.0.0/25 is directly connected, FastEthernet0
C           172.17.2.0/23 is directly connected, Vlan10
C           172.17.4.0/23 is directly connected, Vlan20
 （略）
```

集約された
経路

設問2

　　本文中の下線①について，設定の内容を25字以内で述べよ。

問題文の該当部分は以下のとおりです。

(8) FWにはインターネットへの静的デフォルト経路を設定しており，<u>①全社のOSPFエリアからインターネットへのアクセスを可能にするための設定</u>が行われている。

　問題文に「FWにはインターネットへの静的デフォルト経路を設定」とあるので，FWのデフォールトルート（インターネット接続）はスタティックルートで静的に記載されています。

それがどうかしたのですか？

FWではOSPFとスタティックルートが<u>混在</u>しています。異なるルーティングプロトコルは基本的には互換性がありません。よって，このままだと，他のルータなどに，FWの静的デフォルト経路の情報（つまり，インターネット接続用のルート）がOSPFにて伝搬されません。だから，下線①にあるように，インターネットへのアクセスを可能にするための設定が必要です。

　ルーティングの復習も兼ねて，下線①の設定がされていない場合の，ルーティングテーブルがどうなっているかを考えましょう。

> **Q.** FWとL3SW5のルーティングテーブルはどうなっていると考えられるか。

A.

①FWのルーティングテーブル

　FWではL3SWやルータとはOSPFと経路交換をしています。加えて，問題文にあるように，スタティックルート（静的デフォルト経路）が設定されています。

経路選択	宛先ネットワーク	ネクストホップ
直接接続	t.u.v.4/30	直接接続
直接接続	172.17.0.0/25	直接接続
スタティック	0.0.0.0/0（静的デフォルト経路）	インターネット（プロバイダ）のルータのIPアドレス
OSPF	172.17.2.0/23	L3SW4
OSPF	172.17.4.0/23	L3SW4
OSPF	172.17.6.0/23	L3SW5
OSPF	172.17.8.0/23	L3SW5
OSPF	172.16.0.0/16（支社全般）	ルータ

②L3SW5のルーティングテーブル

　L3SW5では，直接接続しているネットワークの経路以外に，OSPFで取得した経路情報を持ちます。

経路選択	宛先ネットワーク	ネクストホップ
直接接続	172.17.6.0/23	直接接続
直接接続	172.17.8.0/23	直接接続
直接接続	172.17.0.0/25	直接接続
OSPF	172.17.2.0/23	L3SW4
OSPF	172.17.4.0/23	L3SW4
OSPF	172.16.0.0/16（支社全般）	ルータ

　しかし，L3SW5などのFW以外の機器は，インターネットへのルートであるデフォルトルート0.0.0.0/0の経路情報がありません。インターネット向けのデフォルトルートがわからないと，インターネットに接続できません。

> じゃあ，「スタティックルートを OSPF に再配信する」が正解ですね？

　考え方はそれであっています。過去には，BGPの経路情報をOSPFに再配信することが何度か問われています。今回も同じで，スタティックルートはOSPFでは配信されません。そこで，デフォルトルートをOSPFに再配信することが必要です。ただ，厳密にいうと，スタティックルートはOSPFで再配信できるのですが，デフォルトルートは対象外です。なので，解答例では「再配布」という言葉を使わずに「導入する」という言葉を使っています。

解答例　OSPFへデフォルトルートを導入する。（19字）

　参考までに，Ciscoの場合は，デフォルトルートの設定を以下のように設定します。

```
ip route 0.0.0.0 0.0.0.0 t.u.v.6 ←静的なデフォルトルートを，プロバイダのIPアドレスに設定
router ospf 100
 network 172.17.0.0 0.0.0.127 area 0    ←自分のネットワーク情報
 default-information originate  ←デフォルトルートをOSPFの経路情報に導入する設定
```

　デフォルトルートを作って，それをOSPFに導入（というか配布）しています。

第2章

過去問解説
令和3年度
午後Ⅰ

問2

問題

問題解説

設問解説

「OSPF へデフォルトルートを再配布する」と
書いてはダメですか？

　まあ，この動きを「再配布」と呼ぶのかという，言葉の問題です。「再配布」
でも正解になった気がします。

設問3

　　　〔OSPFによる経路制御〕について，（1）〜（4）に答えよ。
（1）本文中の下線②について，この機能を使って経路を集約する目的を25
　　字以内で述べよ。

問題文の該当部分は以下のとおりです。

　さらに，OSPFには，②複数の経路情報を一つに集約する機能（以下，経
　路集約機能という）がある。

　これは，単純な質問で，経路集約の目的が問われています。
　では，経路集約しないルーティングテーブルと，集約したルーティングテー
ブルがどうなるか，考えましょう。先ほどの参考解説（p.130）で説明した
実機設定の内容と同じですが，FWにおける支社向けの経路は以下のように
なります。

①経路集約しない場合

経路選択	宛先ネットワーク	ネクストホップ
OSPF	172.16.0.0/23	ルータ
OSPF	172.16.2.0/23	ルータ
OSPF	172.16.4.0/23	ルータ
OSPF	172.16.6.0/23	ルータ
OSPF	172.16.8.0/23	ルータ
OSPF	172.16.10.0/23	ルータ
OSPF	172.16.12.64/26	ルータ

②経路集約した場合

上記の経路は，ネクストホップがすべてルータです。よって，以下のように一つにまとめることができます。

経路選択	宛先ネットワーク	ネクストホップ
OSPF	172.16.0.0/16	ルータ

こうなると，何が利点でしょうか。それは，ルーティングテーブルサイズを小さくすることで，ルータの負荷を下げることができることです。ルータでは経路情報を1行ずつ確認します。また，経路情報がたくさんあると，経路計算に時間がかかります。その結果，経路の切り替わりに時間がかかり，通信の切断時間が長くなる恐れがあります。

> **解答例** ルーティングテーブルサイズを小さくする。（20字）

> 「ルータの負荷を下げるため」だと不正解ですか？

私の憶測でしかありませんが，正解になった気がします。

設問3

(2) 本文中の下線③について，経路集約を設定している機器を図1中の機器名で答えよ。

問題文の該当部分は以下のとおりです。

> D社では，支社へのネットワーク経路を集約することを目的として，③ある特定のネットワーク機器で経路集約機能を設定している（以下，この集約設定を支社ネットワーク集約という）。

この問題は，支社への経路を集約しているのはどの機器か，という問題です。まずは問題文を理解しましょう。「支社へのネットワーク経路」とありま

すが，172.16.0.0/23，172.16.2.0/23，172.16.4.0/23などの経路のことです。これらを172.16.0.0/16に集約します。

　設問文には，図1中の機器で答えよというヒントがあります。支社に向かう経路の装置で，なおかつL3デバイスです。すると，解答の候補は，L3SWか，ルータかFWくらいしかありません。

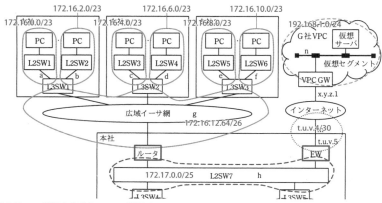

■支社への経路を集約している機器は？

　図を見て何となくわかると思いますが，本社の「ルータ」が支社への経路を集約します。

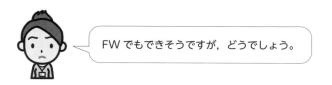

FWでもできそうですが，どうでしょう。

　経路の集約はABR（エリア境界ルータ）のみで行います。ABRではない本社の「FW」ではできません。それに，仮にできたとしても，FWは支社のサブネットの情報を直接知るのではなく，本社のルータ経由で知ります。であれば，FWではなくルータが集約するのが自然ですね。

解答	ルータ

第2章
過去問解説
令和3年度
午後Ⅰ
問2
問題
問題解説
設問解説

設問3

(3) 本文中の下線④について，ルーティングループが発生する可能性があるのは，どの機器とどの機器の間か。二つの機器を図1中の機器名で答えよ。

問題文の該当部分は以下のとおりです。

また，D社では，支社ネットワーク集約によって意図しない④ルーティングループが発生してしまうことを防ぐための設定を行っているが，その設定の結果，表2に示すOSPF経路が生成され，ルーティングループが防止される。

　ルーティングループは，ルーティングテーブルに矛盾というか，不適切な部分があると発生します。問題文で解説した例では，R1もR2も，デフォルトルートは相手のルータになっていました。これだと，存在しないネットワーク宛てのパケットは，相手のルータに送りあって，責任をなすりつけあっているようなものです。

　今回の正解を先に言ってしまうと，本社のルータとFWでルーティングループが発生します。

　ではまず，FWとルータのルーティングテーブルを考えましょう。皆さんもできれば自力で書いてください。

① FWのルーティングテーブル

経路選択	宛先ネットワーク	ネクストホップ
直接接続	t.u.v.4/30	直接接続
直接接続	172.17.0.0/25	直接接続
スタティック	0.0.0.0/0（デフォルトルート）	インターネット（プロバイダ）のルータのIPアドレス
OSPF	172.17.2.0/22（172.17.2.0/23と172.17.4.0/23）	L3SW4
OSPF	172.17.6.0/22（172.17.6.0/23と172.17.8.0/23）	L3SW5
OSPF	172.16.0.0/16（支社全般）	ルータ

②ルータのルーティングテーブル

経路選択	宛先ネットワーク	ネクストホップ
直接接続	172.16.12.64/26	直接接続
直接接続	172.17.0.0/25	直接接続
OSPF	0.0.0.0/0（デフォルトルート）	FW
OSPF	172.16.0.0/22（172.16.0.0/23と172.16.2.0/23）	L3SW1
OSPF	172.16.4.0/22（172.16.4.0/23と172.16.6.0/23）	L3SW2
OSPF	172.16.8.0/22（172.16.8.0/23と172.16.10.0/23）	L3SW3
OSPF	172.17.2.0/22（172.17.2.0/23と172.17.4.0/23）	L3SW4
OSPF	172.17.6.0/22（172.17.6.0/23と172.17.8.0/23）	L3SW5

　では，両者の中で，どこに矛盾というか，責任をなすりつけあう部分があるでしょうか。ヒントは，問題文にある「支社ネットワーク集約によって」の部分です。経路集約した中にあります。たとえば，172.16.200.X宛てのパケットを送ると，どうなるでしょうか。FWでは，172.16.0.0/16の経路が選択されてルータに送られます。一方のルータでは，デフォルトルートが選択されてFWに送られます。これでループが発生します。

解答	ルータ　と　FW　の間

　この点は，事前知識がある人はもちろん有利です。ですが，単に正解を出すだけであれば，知識がなくても正答できた可能性はあります。ルーティングする装置はルータかFWかL3SWだけですし，「支社ネットワーク集約によって」とあるので，経路集約した「ルータ」が答えの一つです。もう一つを選ぶのですが，「L3SW」にすると，5台もあって一つを選ぶには理由が必要です。一つしかないFWが正解だろうなと，あたりが付けられたことでしょう。

設問3

　(4)　表2中の　　f　　，　　g　　に入れる適切な字句を答えよ。

　問題文の該当部分は次のとおりです。

表2　ルーティングループを防ぐ OSPF 経路

設定機器	宛先ネットワークアドレス	ネクストホップ
f	g	Null0

注記　Null0 はパケットを捨てることを示す。

　ルーティングループの防ぎ方です。先に述べたような 172.16.200.X 宛ての
パケットがきたら，ルータか FW のどちらかでそのパケットを廃棄します。

　どちらでも廃棄できるのですが，設定が簡単になるのはルータ（空欄 g の
解答）です。ルータに設定すれば，以下の 1 行だけで済みます。

宛先ネットワークアドレス	ネクストホップ
172.16.0.0/16（空欄 g の解答）	Null0

> この場合，172.16.0.0/16 宛てのパケットを
> すべて廃棄してしまうのですか？

　いえいえ，そんなことはありません。ロングストマッチによって，経路情
報と宛先 IP アドレスの合致する部分が長い経路が優先されます。たとえば，
172.16.4.0/22 宛てのパケットを考えます。ルータの経路情報としては，以
下の三つが該当します。

■ 172.16.4.0/22 宛てのパケットの場合のルータの経路情報

経路選択	宛先ネットワーク	ネクストホップ
静的	172.16.0.0/16	Null0
OSPF	0.0.0.0/0（デフォルトルート）	FW
OSPF	172.16.4.0/22（172.16.4.0/23 と 172.16.6.0/23）	L3SW2

　この中で，172.16.4.0/22 の経路と合致する部分が一番長いのは，三つめ
の経路です。ロングストマッチによって，L3SW2 に転送されます。つまり，
廃棄されません。

第2章
令和3年度
過去問解説
午後Ⅰ
問2
問題
問題解説
設問解説

空欄 g のサブネットマスク（プレフィックス長）は
16 ビットが正解ですか？

　今回は問題文の下線④の直前に、「支社ネットワーク集約によって」とい
う記載があります。経路集約は 172.16.0.0/16（空欄e）なので、深く考えず
に/16としておけば、正解になりました。ちなみに、172.16.0.0/17ではダメ
です。172.16.128.0/17宛てのパケットが届くと、ルーティングループが発
生します。逆に、172.16.0.0/15などとプレフィックス長を短くした場合は、
正常に動作するでしょうが、本社のサブネットも含んでしまうので、不自然
です。

解答	空欄f：ルータ　　空欄g：172.16.0.0/16

FW にこれを設定してはいけませんか？

　表2のままではダメです。先の設問の解説に書いた、FWのルー
ティングテーブル（p.137）を見てください。以下のように、たとえば、
172.16.4.0/22宛てのパケットを考えると、ロンゲストマッチがうまく機能
しません。まったく同じ経路が2個できて、OSPFよりも静的経路が優先さ
れるので、172.16.0.0/16宛てのパケットは、Null0となってすべて削除され
ます。

■172.16.4.0/22宛てのパケットの場合、FWでは静的経路が優先される

経路選択	宛先ネットワーク	ネクストホップ
静的	172.16.0.0/16	Null0
スタティック	0.0.0.0/0（デフォルトルート）	インターネット（プロバイダ）の ルータのIPアドレス
OSPF	172.16.0.0/16（支社全般）	ルータ

　よって、FWに設定する場合、Null0の経路情報をより細かく設定する必
要があります。

〔D社とE社のネットワーク統合の検討〕について，(1) ～ (3)に答えよ。

(1) 本文中の下線⑤について，到達できないD社内ネットワーク部分を，図2中のa～lの記号で全て答えよ。

問題文の該当部分は以下のとおりです。

- フロア間を接続しただけでは，OSPFエリア0がOSPFエリア1によって二つに分断されたエリア構成となる。そのため，フロア間接続を行っても⑤E社のネットワークからの通信が到達できないD社内のネットワーク部分が生じ，E社からインターネットへのアクセスもできない。

さて，この問題は直感的にわかったと思います。

「OSPF エリア 0 が OSPF エリア 1 によって二つに分断され」とあるので，OSPF エリア 0 の部分に到達できませんよね。

はい。OSPFエリア1以外は通信はできません。また，「E社からインターネットへのアクセスもできない」とあるので，E社から本社（エリア0）への通信が正常に行えないと想像がついたと思います。解答ですが，「図2中のa～l」で選ぶので，本社のOSPFエリア0の部分であるh, i, j, k, lが正解です。

解答	h, i, j, k, l

では，なぜ通信ができなくなるのか，少し補足します。OSPFでは，非バックボーンエリアは必ずエリア0（バックボーンエリア）に接続します。なおかつ，エリア境界ルータである**ABRはエリア0から受信した経路情報を，他のエリアには広告しません**。なぜこのような仕様かというと，ルーティングテーブルループを回避するためです。

さて，上記の波線部分がポイントなのですが，少しわかりづらいので，次

の図で解説します。問題文のようにエリア0が左右に分断されています。

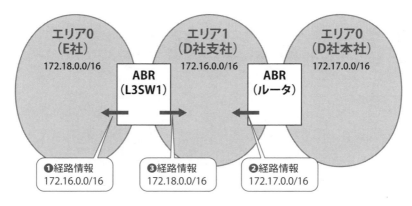

■**ABRはエリア0からの経路情報は他のエリアに広告しない**

❶の経路情報

ABRであるL3SW1は，エリア1の経路情報（172.16.0.0/16）だけを左側のエリア0（E社）に広告します。このとき，右側のABRであるルータにて，エリア0（D社本社）の経路情報（172.17.0.0/16）を受け取っています（❷）。ですが，これはエリア0の情報なので，広告しません（先の波線の内容）。

❸の経路情報

エリア0（E社）の経路情報（172.18.0.0/16）をエリア1に広告します。

これにより，左端にあるE社のOSPFエリア0に，本社のエリア0の経路情報（172.17.0.0/16）が送られません。つまり，E社からD社本社には通信ができないのです。

設問4

（2）本文中の下線⑥について，フロア間OSPF追加設定を行う必要がある二つの機器を答えよ。また，その設定内容を25字以内で述べよ。

先ほどの問題の続きです。問題文の該当部分は次のとおりです。

- 下線⑤の問題を解決するために，⑥NW機器のOSPF関連の追加の設定（以下，フロア間OSPF追加設定という）を行う必要がある。

　この設定内容は知識問題でしたので，難しかったと思います。ですが，二つの機器名は正答してほしい問題です。そもそも，OSPFが動作している機器はFWとルータとL3SWしかありません。また，今回はOSPFの二つのエリア0が分断されているので，追加設定を行うことでそれらを何らかの形で結べばいいということは，なんとなくわかったと思います。

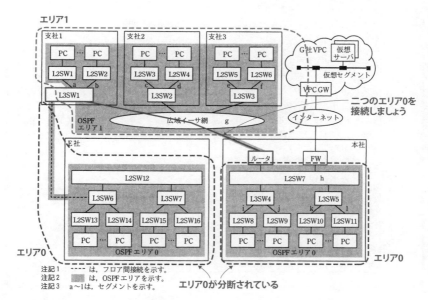

■分断されている二つのエリア0を接続する

　上の図を見ると「L3SW1」と「ルータ」を結べばいいことがわかります。これが解答となる「機器」です。

　では，具体的な設定内容は何でしょうか。正解は「仮想リンク（バーチャルリンク）」を設定することです。仮想リンクでは，分断された二つのエリアを仮想的につなぐ（リンクする）ことで，エリア分断による不具合を解決することができます。

参考　バーチャルリンクの設定

　　Ciscoにおけるバーチャルリンクの設定（抜粋）を紹介します。内容を理解する必要はなく，雰囲気をつかんでもらえば十分です。

　　設定にあるrouter-idは，OSPFにおけるルータを識別するIDです。最も大きいIPアドレスが自動で選ばれるのですが，リンクダウンした場合は除外されます。IDがコロコロ変わるのは望ましくないので,明示的に指定しています。

①L3SW1の設定

```
router ospf 100
 router-id 172.16.12.68   ←自身のルータ（L3SW1）を識別するID
 area 1 virtual-link 172.16.12.65   ←経由するエリア番号（今回は1）を設定し，
                                      バーチャルリンクを設定する対向ルータ
                                      のrouter-idを指定
 network 172.16.0.0 0.0.1.255 area 1   ←所属するネットワーク情報(以下同様)
 network 172.16.2.0 0.0.1.255 area 1
 network 172.16.12.64 0.0.0.63 area 1
 network 172.18.12.64 0.0.0.63 area 0
```

②ルータの設定

```
router ospf 100
 router-id 172.16.12.65   ←自身のルータを識別するID
 area 1 virtual-link 172.16.12.68   ←バーチャルリンクを設定する対抗L3SW1
                                      のrouter-idを指定
 network 172.12.12.64 0.0.0.63 area 1
 network 172.17.0.0 0.0.0.127 area 0
```

設問4

（3）本文中の下線⑦について，設定が必要なネットワーク機器を答えよ。
　　また，その設定内容を40字以内で述べよ。

問題文の該当部分は以下のとおりです。

　その結果，D社ネットワークで行われていた支社ネットワーク集約の効果
がなくなり，本社のOSPFエリア0のネットワーク内に支社個別経路が現

れてしまう。それを防ぐためには、⑦ネットワーク機器への追加の設定が必要である。

　設問4（2）で解説した仮想リンクを設定した結果、エリア0とエリア1が2台のエリア境界ルータ（ルータとL3SW1）で接続される構成になることは問題文で解説した（p.125）とおりです。

　また、設問3（2）で解説したように、ルータには支社ネットワークの経路情報を集約してエリア0に広告する設定をしていました。しかし、もう1台のエリア境界ルータであるL3SW1にはその設定はしていません。その結果、どのようなことが起きるのかを以下に示します。

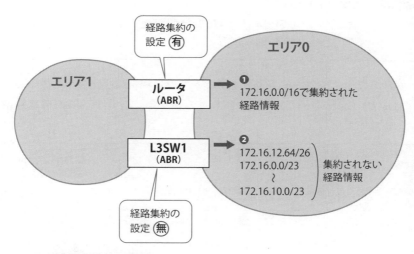

■ ルータとL3SW1の経路集約の設定

　L3SW1には、エリア1（支社ネットワーク）の経路情報を集約する設定はしていません。ですので、集約されていない個別の経路情報（172.16.12.64/26, 172.16.0.0/23, …, 172.16.10.0/23）がすべて広告されてしまいます（上図❷）。

L3SW1が気を利かせて、経路情報を送らないとか、そんなことはしてくれないのですかね？（まあ、無理か）

あくまでも装置ですから，決められた仕様と設定どおりに動きます。ABR
はエリアの経路情報を他のエリアに伝える役割を持っていますから，自分が
持つ経路情報をそのまま伝えます。

❶と❷の結果，エリア0内の機器（L3SW4，L3SW5，FW）に対して，❶
と❷の両方の経路情報が広告されてしまいます。このことが問題文で示され
た「本社のOSPFエリア0のネットワーク内に支社個別経路が現れてしまう」
ということです。

この事象を防ぐための設定ですが，L3SW1に下線③で行った設定を行い
ます。支社ネットワークへの個別経路を，172.16.0.0/16に集約します。

> **解答例**　・機器：L3SW1
> 　　　　・設定内容：OSPFエリア1の支社個別経路を172.16.0.0/16に集
> 　　　　　約する。（35字）

参考までに，L3SW1に解答例の設定をしない場合の経路情報の様子を紹
介します。Ciscoルータで実際に試してみました。以下はL3SW4の経路情
報の抜粋です。

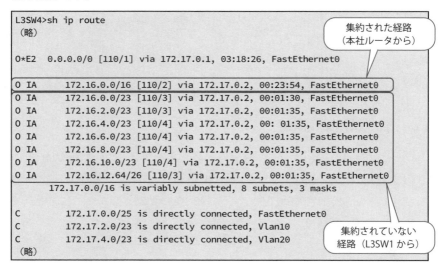

```
L3SW4>sh ip route
（略）

O*E2   0.0.0.0/0 [110/1] via 172.17.0.1, 03:18:26, FastEthernet0

O IA      172.16.0.0/16 [110/2] via 172.17.0.2, 00:23:54, FastEthernet0
O IA      172.16.0.0/23 [110/3] via 172.17.0.2, 00:01:30, FastEthernet0
O IA      172.16.2.0/23 [110/3] via 172.17.0.2, 00:01:35, FastEthernet0
O IA      172.16.4.0/23 [110/4] via 172.17.0.2, 00: 01:35, FastEthernet0
O IA      172.16.6.0/23 [110/4] via 172.17.0.2, 00:01:35, FastEthernet0
O IA      172.16.8.0/23 [110/4] via 172.17.0.2, 00:01:35, FastEthernet0
O IA      172.16.10.0/23 [110/4] via 172.17.0.2, 00:01:35, FastEthernet0
O IA      172.16.12.64/26 [110/3] via 172.17.0.2, 00:01:35, FastEthernet0
          172.17.0.0/16 is variably subnetted, 8 subnets, 3 masks

C         172.17.0.0/25 is directly connected, FastEthernet0
C         172.17.2.0/23 is directly connected, Vlan10
C         172.17.4.0/23 is directly connected, Vlan20
（略）
```

集約された経路
（本社ルータから）

集約されていない
経路（L3SW1から）

L3SW1に経路集約の設定をすると，次ページのように，スッキリした経
路情報になります。

```
L3SW4>sh ip route
 (略)
O*E2  0.0.0.0/0 [110/1] via 172.17.0.1, 03:21:15, FastEthernet0
O IA  172.16.0.0/16 [110/2] via 172.17.0.2, 00:26:43, FastEthernet0
        172.17.0.0/16 is variably subnetted, 8 subnets, 3 masks

C          172.17.0.0/25 is directly connected, FastEthernet0
C          172.17.2.0/23 is directly connected, Vlan10
C          172.17.4.0/23 is directly connected, Vlan20
 (略)
```

集約された経路だけが表示

設問			IPA の解答例・解答の要点	予想配点
設問 1		a	共有鍵	2
		b	ルータ	2
		c	コスト	2
		d	ダイクストラ	2
		e	172.16.0.0	2
設問 2			OSPF へデフォルトルートを導入する。	5
設問 3	(1)		ルーティングテーブルサイズを小さくする。	5
	(2)		ルータ	2
	(3)		ルータ と FW の間	3
	(4)	f	ルータ	2
		g	172.16.0.0/16	2
設問 4	(1)		h, i, j, k, l	4
	(2)	機器	① ・ルータ	2
			② ・L3SW1	2
		設定内容	OSPF 仮想リンクの接続設定を行う。	5
	(3)	機器	L3SW1	2
		設定内容	OSPF エリア 1 の支社個別経路を 172.16.0.0/16 に集約する。	6

※予想配点は著者による　　　　　　　　　　　　　　　　合計　50

IPA の出題趣旨

OSPFは，IPネットワークにおいて動的経路制御を行うためのルーティングプロトコルとして多く使われている。動的経路制御を利用した環境において安定したネットワーク運用を行うためには，ルーティングプロトコルを正しく理解することが重要である。また，近年において，クラウド内環境と企業内環境間をVPNで接続して，クラウド環境を自社内環境と同様に利用する形態もよく見られる。

本問では，OSPFプロトコルよるルーティング設計とIPsecトンネリングによるクラウド接続を題材に，ネットワーク設計と構築に必要な基本的スキルを問う。

IPA の採点講評

問2では，企業におけるネットワーク統合を題材に，OSPFを利用した経路制御の基本について出題した。全体として，正答率は低かった。

設問2は，正答率が低かった。OSPFでのデフォルト経路の取扱いは，企業内ネットワー

もっちさんの解答	正誤	予想採点
共有鍵	○	2
ルータ	○	2
コスト	○	2
ダイクストラ	○	2
172.16.0.0	○	2
D 社内ネットワークアドレスからの通信を許可する	×	0
経路情報数を削減し、ルータ等の負荷を軽減するため	○	5
ルータ	○	2
ルータ と FW の間	○	3
	×	0
	×	0
h, i, j, k, l	○	4
・ルータ	○	2
・L3SW6	×	0
OSPF エリア 0 で、バーチャルリンクの設定を行う	○	5
L3SW6	×	0
バーチャルリンクからルータ側に対し、支社個別経路を広告しないように設定する。	×	0
予想点合計		31

※実際は38点と予想（問1問2で69点）

クからインターネットを利用するような一般的なネットワーク構成において必要な基本事項なので，よく理解してほしい。

設問4(2)は，正答率が低かった。OSPF仮想リンクは，初期構築段階では想定外であったネットワーク統合を後から行う場合などに役立つもので，OSPFネットワーク設計の柔軟性を増すための有用な技術である。その動作原理や活用パターンについて是非理解してほしい。

設問4（3）は，正答率が低かった。特に，エリアボーダルータ（ABR）ではないルータを誤って解答する例が多く見られた。OSPFルータの種別とその見分け方，種別ごとの役割と動作を正しく理解した上で，本文中に示されたABRにおけるネットワーク集約に関する記述をきちんと読み取り，正答を導き出してほしい。

■出典
「令和3年度 春期 ネットワークスペシャリスト試験 解答例」
https://www.jitec.ipa.go.jp/1_04hanni_sukiru/mondai_kaitou_2021r03_1/2021r03h_nw_pm1_ans.pdf
「令和3年度 春期 ネットワークスペシャリスト試験 採点講評」
https://www.jitec.ipa.go.jp/1_04hanni_sukiru/mondai_kaitou_2021r03_1/2021r03h_nw_pm1_cmnt.pdf

　1999年5月，18歳の松坂投手はイチロー選手から3打席連続三振を奪い，「自信が確信に変わりました」という名ゼリフを残した。それとはまったくレベルが違う話で恐縮だが，私もこの年になって，少し確信めいたものに感じたことがある。それは，「点数のかさ上げ」である。もしくは，偏差値的な手法を取り入れているのかもしれない。

　私はこれまで，記述式の解答に関する「部分点」の存在を「ある」としてきた。IPAに直接聞いたわけではないので，憶測ではある。だが，文章で書かせる採点で，しかも1問の配点が6点や7点のものもある。部分点なしで，0か満点で評価するのは，受験生の実力を正しく判断できない気がする。

　それに，長年，私は情報処理技術者試験を研究をしてきて，精度の高い復元答案を合格者にもらってきた。合格者の復元答案は，『ネスペ26』から掲載し，私が予想配点を作り，それに基づいて採点した結果を書いている。

　その中で，解答例の通りに採点すると，合格発表時に知らされるスコア（得点）には，ほとんどの場合が到達しないのである。よって，部分点を考慮して（実際にはかなり甘めに）採点すると，スコアと合致するのである。

　復元答案をもらわなかった人においても，自己採点では6割にいかなかったので絶対落ちていると思ったら受かっていた，という声を何度も聞く。だから，部分点は確実に存在すると考えている。

　しかし，である。この2，3年であろうか。復元答案をどう採点しても，というか，どう甘く採点しても，発表されたスコア（点数）に届かないのである。

　たとえば，その方のスコアが65点だったとして，私が採点しても55点くらいにしかならない。記号で答えるところや単純に用語を答える問題であれば，部分点はない。なので，採点の調整はできない。調整できるのは記述部分だけであるが，「これ，絶対違っているよなー」と思う答案も正解にしないと，スコアが合わない。

　復元答案は皆さんが復元されているので，精度が低いかもしれない。そこで，今回，私も自ら受験し，自分で復元答案を作った。試験終了後，すぐに作成したので精度はかなり高い。

　解説書を偉そうに書いている立場でありながら，結構間違えたのでスコアは公表しないが，結果だけ見ると高得点だ。

　そこで思った。点数の「かさ上げ」があるのではないか。または，偏差値的な手法を用いているのではないか，ということだ。つまり，難易度が高ければ，実際の採点が仮に50点だったとしても，60点などに換算されるということである。

なぜ「かさ上げ」をするのか。理由の一つは，合格率を一定に保つためである。

しかし，これだけが目的であれば「かさ下げ」も存在するはずだ。しかし，過去にそれはなかったと思う。かさ上げの理由は，問題の難易度を下げすぎないためにあると思う。

この試験は国家試験であり，ネットワークスペシャリストは最難関の試験である。問題は難しく，学習するに値する試験である。私の先輩が合格したときは合格率が約

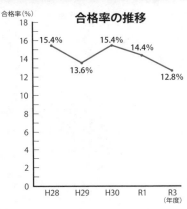

合格率の推移

合格率(%)

- 15.4% (H28)
- 13.6% (H29)
- 15.4% (H30)
- 14.4% (R1)
- 12.8% (R3)
（年度）

2％。私が最初に合格したときは合格率が約7％だった。受験生が毎年減ってる中で，合格率を10％強で安定させるためには，問題を簡単にするという方法を選ばず，点数のかさ上げで調整しているような気がする。

で，何を言いたいのか，であるが，これほどレベルが高い問題を勉強できるのは，ネットワークエンジニアとして非常に価値があるということだ。しかし，レベルが高いからといって，皆さんの手が届かないような試験ではない。過去問を解いてみて，「全然解けない。受からないからやめよう」と思うのではなく，ぜひとも挑戦してほしい。

それから，本試験においては，半分くらいがわからなくても，「部分点がある」「かさ上げがある」ことも期待して，最後まで粘り強く解いていただきたい。合格者からいただく合格体験談では「合格に最も大切なのなもの」として，「最後まであきらめないこと」とまるでスラムダンクの安西先生のような言葉が多く並ぶ。

最後は，「かさ上げ」があろうがなかろうが関係のない話になってしまったが，実際にこの超難関試験を受けてみると，意外に手の届く範囲の試験だったりするのである。

お客様対応

お客様は神様なのだが、対応に苦慮するときがある。

たとえば、仕様がまったく決まっていないのに、納期と金額だけが決まっている。しかも、仕様がないのに、「作って」と言われる（悲）。

お客様から無理難題

お客様は、ときに王様のように、わがままをおっしゃることがある。たとえば、「予算がないから費用を半額にしてほしい」「削除したデータを戻してくれ」「できないことはないよね」

令和3年度
午後Ⅰ 問3

問　　題
問題解説
設問解説

問題

問3 通信品質の確保に関する次の記述を読んで，設問1〜4に答えよ。

　Y社は，機械製品の輸入及び国内販売を行う社員数500名の商社であり，本社のほかに5か所の営業所（以下，本社及び営業所を拠点という）をもっている。このたび，Y社では，老朽化した電話設備を廃棄して，Z社の音声クラウドサービス（以下，電話サービスという）を利用することで，電話設備の維持管理コストの削減を図ることにした。情報システム部のX主任が，電話サービス導入作業を担当することになった。

〔現状の調査〕

　X主任は，既設の電話設備の内容について総務部の担当者から説明を受け，現在の全社のネットワーク構成をまとめた。Y社のネットワーク構成を，図1（次ページ）に示す。

　Y社のネットワークの使用方法を次に示す。
- 社員は，本社のDMZのプロキシサーバ経由でインターネットにアクセスするとともに，本社のサーバ室の複数のサーバを利用している。
- 拠点間の内線通話は，IP-GWを介して広域イーサ網経由で行っている。

〔電話サービス導入後のネットワーク構成〕

　次に，X主任は，電話サービスの仕様を基に，図2（次ページ）に示す，電話サービス導入後のネットワーク構成を設計した。

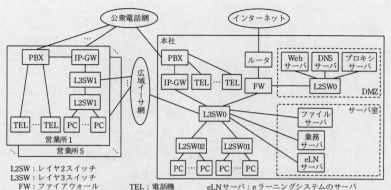

L2SW：レイヤ2スイッチ
L3SW：レイヤ3スイッチ
FW：ファイアウォール　　　　　TEL：電話機　　　　eLNサーバ：eラーニングシステムのサーバ
IP-GW：音声信号とIPパケットの変換装置　　　　広域イーサ網：広域イーサネットサービス網

注記1　本社のPBXには80回線の外線が収容され，各営業所のPBXには，それぞれ10回線の外線が収容されている。

注記2　本社のPBXから本社のIP-GWには100回線が接続され，各営業所のPBXから当該営業所のIP-GWには，それぞれ20回線が接続され，拠点間の内線通話に使用されている。

図1　Y社のネットワーク構成

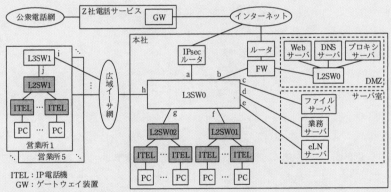

ITEL：IP電話機
GW：ゲートウェイ装置

注記1　網掛け部分は，PoE対応製品である。
注記2　L3SW0及びL3SW1のa〜jは，ポートを示す。

図2　電話サービス導入後のネットワーク構成

　図2中のaにはVLAN10，bにはVLAN15，c，d，eにはVLAN20，fにはVLAN100，gにはVLAN150，hにはVLAN25，iにはVLAN200，jにはVLAN210というVLANがそれぞれ設定されている。

　ITELは，PoEの受電機能をもつ製品を導入してITEL用の電源タップを不要にする。PCは，ITELのPC接続用のポートに接続する。<u>①営業所のL2SW及び本社のL2SW01とL2SW02は，PoEの給電機能をもつ製品に交</u>

換する。

　電話サービス導入後は，音声を全てIPパケット化し，データパケットと一緒にLAN上に流す。Y社が利用するVoIP（Voice over Internet Protocol）では，音声の符号化にG.729として標準化されたCS-ACELPが使用される。CS-ACELPのビットレートは，[a   ]kビット／秒であり，音声をIPパケット化してLAN上に流すと，イーサネットフレームヘッダのほかに，IP，[b   ]及びRTPヘッダが付加されるので，1回線当たり34.4kビット／秒の帯域が必要となる。しかし，全社員が同時に通話した場合でも，本社のLANの帯域には余裕があると考えた。

　電話サービスには，本社のIPsecルータ経由で接続する。電話サービスは，Y社から送信された外線通話の音声パケットをGWで受信し，セッション管理を行う。

　X主任は，図2の構成への変更作業完了後，電話サービスの運用テストを実施し，問題なく終了したので，電話サービスに切り替えた。

〔電話サービスで発生した問題と対策〕

　電話サービスへの切替後のあるとき，eLNサーバで提供する動画コンテンツの情報セキュリティ基礎コース（以下，S基礎コースという）を，3日間で全社員に受講させることが決まった。受講日は部署ごとに割り当てられた。

　受講開始日の昼過ぎ，本社や営業所の電話利用者から，通話が途切れるというクレームが発生した。X主任は，S基礎コースの受講を停止させて原因を調査した。調査の結果，eLNサーバからS基礎コースの動画パケットが大量に送信されたことが分かった。大量の動画パケットがL3SW0に入力されたことによって，L3SW0で音声パケットの遅延又は[c   ]が発生したことが原因であると推定できた。

　そこで，X主任は，本社のITEL，L3SW0，L2SW01及びL2SW02と，全営業所のITEL，L3SW及びL2SWに，音声パケットの転送を優先させる設定を行うことにした。例として，本社と営業所1に設定した優先制御の内容を次に示す。

（レイヤ2マーキングによる優先制御）

- ITEL，L2SW01，L2SW02及びL2SW1に，CoS（Class of Service）値を基にしたPQ（Priority Queuing）による優先制御を設定する。
- ITELにはVLAN機能があるので，音声フレームとPCが送受信するデータフレームを異なるVLANに所属させ，②ITELのアップリンクポートにタグVLANを設定する。
- L2SW01に接続するITELには，VLAN100とVLAN105を，L2SW02に接続するITELには，VLAN150とVLAN155を，L2SW1に接続するITELには，VLAN210とVLAN215を設定する。
- ITELは，音声フレームとデータフレームに異なるCoS値を，フレーム内のTCI（Tag Control Information）の上位3ビットにマーキングして出力する。
- ITELとL3SWに接続する，L2SW01，L2SW02及びL2SW1のポートには，それぞれキュー1とキュー2の二つの出力キューを作成し，キュー1を最優先キューとする。最優先の設定によって，キュー1のフレーム出力が優先され，キュー1にフレームがなくなるまでキュー2からフレームは出力されない。
- L2SW01，L2SW02及びL2SW1ではCoS値を基に，③音声フレームをキュー1，データフレームをキュー2に入れる。

（レイヤ3マーキングによる優先制御）

- L3SWに，Diffserv（Differentiated Services）による優先制御を設定する。
- 優先制御は，PQとWRR（Weighted Round Robin）を併用する。
- L3SWのf～jには，キュー1～キュー3の3種類の出力キューを作成し，キュー1はPQの最優先キューとし，キュー2とキュー3より優先させる。キュー2には重み比率75％，キュー3には重み比率25％のWRRを設定する。a～eの出力キューでは，優先制御は行わない。
- ┌─ ア ─┐から受信したフレームにはCoS値がマーキングされているので，CoS値に対応したDSCP（Diffserv Code Point）値を，IPヘッダの┌─ d ─┐フィールドをDSCPとして再定義した6ビットにマーキングする。
- ┌─ イ ─┐から受信したパケットは，音声パケット，eLNサーバのパケット（以下，eLNパケットという），その他のデータパケット（以下，Dパケットという）の3種類に分類し，対応するDSCP値をマーキングする。

- L3SWの内部のルータは，受信したパケットの出力ポートを経路表から決定し，DSCP値を基に，音声パケットをキュー1，④eLNパケットをキュー2，Dパケットをキュー3に入れる。

　上記の設定を行った後にS基礎コースの受講を再開したが，本社及び営業所の電話利用者からのクレームは発生しなかった。X主任は，優先制御の設定によって問題が解決できたと判断し，システムの運用を継続させた。

設問1　本文中の ┃　a　┃ ～ ┃　d　┃ に入れる適切な字句又は数値を答えよ。

設問2　〔現状の調査〕について，(1)，(2) に答えよ。
　(1)　図1において，音声信号がIPパケット化される通話はどのような通話か。本文中の字句を用いて答えよ。
　(2)　図1中のIP-GWは，音声パケットのジッタを吸収するためのバッファをもっている。しかし，バッファを大きくし過ぎるとスムーズな会話ができなくなる。その理由を，パケットという字句を用いて，20字以内で述べよ。

設問3　〔電話サービス導入後のネットワーク構成〕について，(1)，(2) に答えよ。
　(1)　図1中に示した現在の回線数を維持する場合，図2中のL3SW0のポートaから出力される音声パケットの通信量の最大値を，kビット／秒で答えよ。
　(2)　本文中の下線①のL2SWに，PoE未対応の機器を誤って接続した場合の状態について，PoEの機能に着目し，20字以内で述べよ。

設問4　〔電話サービスで発生した問題と対策〕について，(1) ～ (5) に答えよ。
　(1)　本文中の下線②について，レイヤ2のCoS値を基にした優先制御にはタグVLANが必要になる。その理由を，30字以内で述べよ。
　(2)　優先制御の設定後，L3SW0の内部のルータに新たに作成される

VLANインタフェースの数を答えよ。

(3) 本文中の下線③の処理が行われたとき，キュー1に音声フレーム
が残っていなくても，キュー1に入った音声フレームの出力が待
たされることがある。音声フレームの出力が待たされるのはどの
ような場合か。20字以内で答えよ。このとき，L2SWの内部処理
時間は無視できるものとする。

(4) 本文中の　ア　，　イ　に入れるポートを，図2中の
a～jの中から全て答えよ。

(5) 本文中の下線④について，eLNパケットをDパケットと異なる
キュー2に入れる目的を，35字以内で述べよ。

第2章

令和3年度

過去問解説

午後I

問3

問題

問題解説

設問解説

問3　通信品質の確保に関する次の記述を読んで，設問1～4に答えよ。

　Y社は，機械製品の輸入及び国内販売を行う社員数500名の商社であり，本社のほかに5か所の営業所（以下，本社及び営業所を拠点という）をもっている。このたび，Y社では，老朽化した電話設備を廃棄して，**Z社の音声クラウドサービス**（以下，電話サービスという）を利用することで，電話設備の維持管理コストの削減を図ることにした。情報システム部のX主任が，電話サービス導入作業を担当することになった。

　音声クラウドサービスは，公衆電話網との接続や内線機能など，PBXの機能をSaaS（Software as a Service）として提供するサービスのことです。クラウドPBXと呼ばれたり，以前はIPセントレックスと呼ばれることもありました。実際のサービスとしては，NTTコミュニケーションズのArcstar SmartPBXなどがあります。
　また，問題文には記載がありませんが，一般的には呼制御としてSIPプロトコルが利用されています。

　〔現状の調査〕
　X主任は，既設の電話設備の内容について総務部の担当者から説明を受け，現在の全社のネットワーク構成をまとめた。Y社のネットワーク構成を，図1に示す。

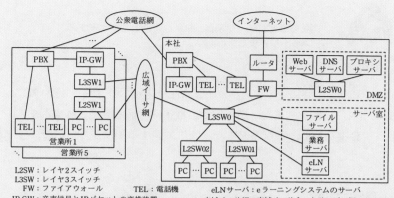

L2SW：レイヤ2スイッチ
L3SW：レイヤ3スイッチ
FW：ファイアウォール　　TEL：電話機　　eLNサーバ：eラーニングシステムのサーバ
IP-GW：音声信号とIPパケットの変換装置　　広域イーサ網：広域イーサネットサービス網

注記1　本社のPBXには80回線の外線が収容され，各営業所のPBXには，それぞれ10回線の外線が収容されている。

注記2　本社のPBXから本社のIP-GWには100回線が接続され，各営業所のPBXから当該営業所のIP-GWには，それぞれ20回線が接続され，拠点間の内線通話に使用されている。

図1　Y社のネットワーク構成

複雑な図ですね……

　はい，たくさんの機器があり，一見複雑に見えます。そこで，以下の図のように，音声系（実践──）とデータ系（点線----）に分けて考えましょう。

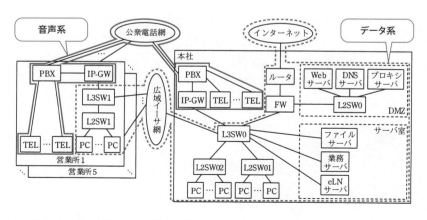

■ネットワーク構成を音声系とデータ系に分ける

なるほど。データ系は，FWを中心としたよくある
ネットワークですね。

はい。FWを中心にインターネット，DMZ，内部LAN（サーバ室やPCなど）
に分けられています。また，拠点間は広域イーサ網で接続されています。

図1で重要なのは，音声系です。設問に関連する箇所が多いので，丁寧に
見ていきましょう。

（1）回線について

本社や営業所のPBXは公衆電話網と接続されています。問題文には明記
されていませんが，アナログ電話回線やISDN回線が使われていることでしょ
う（ちなみに，これらの回線を「外線」と呼びます。対になる言葉は，社
内の電話線を使った「内線」です）。注記1のとおり，本社は公衆電話網と
PBXを接続する回線が80回線，各営業所では10回線ずつあります。この回
線数は，設問3（1）において，音声の通信量の算出に使います。

（2）機器について

続いて，接続されている機器を見ていきましょう。
①TEL
電話機です。このあとの図2では，ITEL（IP電話機）が登場します。よっ
て，この電話機はIP電話機ではない通常の電話機と考えてください。
②PBX
PBX（Private Branch eXchange）は，社内の電話機および電話会社と接
続して，外線との発着信や，社内での通話である内線通話を実現します。
IP電話には対応していないと考えてください。

IP電話に対応していないと言い切れますか？

はい。なぜなら，図1のIP-GWが，「音声信号とIPパケットの変換装置」とあるからです。IP電話（VoIP）に対応している電話機であれば，IP-GWを設置する必要はありません。

③IP-GW

　一般的にはVoIPゲートウェイと呼ばれる機器です。凡例にもあるとおり，PBXから受信した音声信号をIPパケットに変換したり，IPパケットを音声信号に変換してPBXに送信したりします。

> 営業所の場合，IP-GWからも公衆電話網に接続されているのはなぜですか？

　図がわかりにくいですね。よく見てください，公衆電話網とIP-GWは**接続されていません**。他の営業所と接続されていることを示す線です。

> 　Y社のネットワークの使用方法を次に示す。
> - 社員は，本社のDMZのプロキシサーバ経由でインターネットにアクセスするとともに，本社のサーバ室の複数のサーバを利用している。
> - 拠点間の内線通話は，IP-GWを介して広域イーサ網経由で行っている。

内線通話の通信経路に関する説明です。設問2（2）に関連します。

〔電話サービス導入後のネットワーク構成〕

　次に，X主任は，電話サービスの仕様を基に，図2に示す，電話サービス導入後のネットワーク構成を設計した。

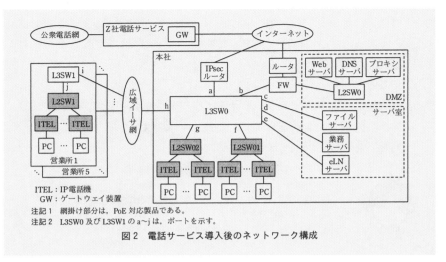

注記1　網掛け部分は，PoE 対応製品である。
注記2　L3SW0 及び L3SW1 の a～j は，ポートを示す。

ITEL：IP電話機
GW：ゲートウェイ装置

図2　電話サービス導入後のネットワーク構成

さらに複雑になりました。

　はい，音声クラウドサービスによって，音声がIP化されただけでなく，PBXやIP-GWも廃止されました。変更点はこのあとの問題文で解説します。

　図2中のaにはVLAN10，bにはVLAN15，c，d，eにはVLAN20，fにはVLAN100，gにはVLAN150，hにはVLAN25，iにはVLAN200，jにはVLAN210というVLANがそれぞれ設定されている。

　ポートには用途別にVLAN番号を割り当てます。この時点では，ポートa～jはすべてポートベースVLANです。

Q. 図2において，ポートa～jに関する部分のVLANおよびIPアドレス設計をせよ。IPアドレスも自ら考えよ。

A. 以下がその一例です。IPアドレスとして，192.168.x.0/24を使い，第3オクテットのxはVLAN番号としました。

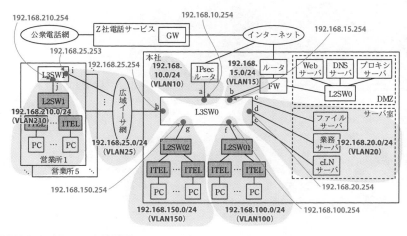

■ **VLANおよびIPアドレス設計例**

この後，音声の通信とデータ通信を分けて優先制御を行います。そのために，ポートgとポートfはトランク接続に変更され，音声用のVLANとデータ用のVLANを通過させています。この点は，設問4（4）に関連します。

> ITELは，**PoE**の受電機能をもつ製品を導入してITEL用の電源タップを不要にする。

PoE（Power over Ethernet）は，LANケーブルを通じて給電（電力供給）する仕組みです。IP電話機以外にも，無線LANのアクセスポイントを接続する際にも利用されます。PoEのメリットは，ITELの電源配線および電源コンセントそのものが不要になることです。

> PCは，ITELのPC接続用のポートに接続する。

ITEL（IP電話機）には，次ページで示すように，LANポート（アップリンクポート）の他に，PC接続用のポートがあります。

■IP電話機の背面のポート

そして，LANポートをL2SWと接続し，PCポートとPCを接続します。

PCはITEL経由でL2SWとつながっていますが，これで，正常な通信ができるのですか？

はい，ITELにはスイッチングハブが埋め込まれていると考えてください。イメージは以下のとおりです。

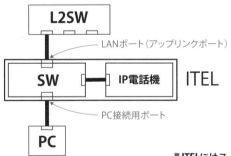

■ITELにはスイッチングハブが埋め込まれている

PCがITELを経由して通信するというよりは，ITELに内蔵されたスイッチングハブ経由で通信していると考えてください。

①営業所のL2SW及び本社のL2SW01とL2SW02は，PoEの給電機能をもつ製品に交換する。

今回，ITEL（IP電話機）はPoEで給電をします。PoEを使う場合には，給電機能を持つL2SWが必要です。

　下線①は，設問3（2）で解説します。

> 　電話サービス導入後は，音声を全てIPパケット化し，データパケットと一緒にLAN上に流す。Y社が利用するVoIP（Voice over Internet Protocol）では，音声の符号化にG.729として標準化されたCS-ACELPが使用される。

　音声の符号化とは，アナログ音声信号をディジタル信号に変換することです。圧縮方式や伝送レートなどの違いによって，いくつかの符号化方式があります。

> G.729とか，CS-ACELPとか，こういう数字や文字は嫌いなんですよ。

　G.729などの数字は覚えなくていいでしょう。一方，CS-ACELPの言葉は，午前問題でも出題されています。どういうものか，概要だけは理解しておきましょう。また，これらの音声符号化の規格に関しては，参考欄で解説します。

参考　音声の符号化

　まず，G.729という表記について解説します。音声に限ったことではありませんが，通信というのは，世界中の人と，異なるメーカーの装置間で行われます。通信のルールを「規格」として決めておかないと，正常に通信ができません。そこで，ITU-T（International Telecommunication Union Telecommunication Standardization Sector：電気通信標準化部門）という電気通信を標準化するための国連機関が，世界的な標準規格としての勧告（＝規格と考えてください）を出しています。音声に関しては，Gで始まる通番が割り当てられています。

　次ページに，符号化方式をいくつか整理します。

■符号化方式

符号化の方式	ITU-Tの勧告番号	伝送レート	圧縮	備考
PCM	G.711	64kbps	非圧縮	固定電話（アナログ電話）で利用
ADPCM	G.726	主に32kbps	差分圧縮	PHSで利用
CS-ACELP	G.729	8kbps	CELPという方式	携帯電話で利用

　代表的な符号化方式はG.711で，固定電話で利用されています。午前試験でも問われたことがあります。一方，G.729（CS-ACELP）は，波形を番号として管理し，送信側では波形の番号を送り，受信側ではその番号をもとに波形を復元します。実際の音声データではなく番号でやり取りするので，大幅にデータを圧縮できます。余談ですが，拙書『ネスペの基礎力』（技術評論社）のコラムで記載しましたが，このやり方を使えば，電話で「におい」も送れることでしょう。

　CS-ACELPのビットレートは，　　　a　　　kビット／秒であり，音声をIPパケット化してLAN上に流すと，イーサネットフレームヘッダのほかに，IP，　　　b　　　及びRTPヘッダが付加されるので，1回線当たり34.4kビット／秒の帯域が必要となる。しかし，全社員が同時に通話した場合でも，本社のLANの帯域には余裕があると考えた。

　空欄a，bは設問1で解説します。また，設問3（1）の計算では34.4kビットという値を使います。この計算結果から，「本社のLANの帯域には余裕がある」という事実も確認できます。

　　電話サービスには，本社のIPsecルータ経由で接続する。電話サービスは，Y社から送信された外線通話の音声パケットをGWで受信し，セッション管理を行う。

　電話サービスの経路などの説明です。図2と照らし合わせて確認しましょう。

「セッション管理」とありますが，なにか深い意味はありますか？

いえ，特にありません。電話サービスではSIP（Session Initiation Protocol：セッション開始プロトコル）で呼制御をしている（と想定できる）ので，事実に即して「セッション管理」と書いていたのでしょう。

ではここで，ネットワーク変更前と変更後にて，社外および内線通話の経路を整理しましょう。

Q. 変更前の構成において，1）社外との通話と，2）拠点間の内線通話，の通話経路を答えよ。

A. 以下の図のようになります。

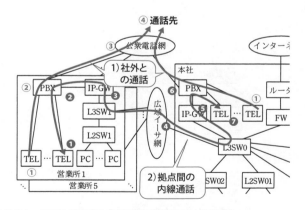

■社外との通話と拠点間の内線通話の通話経路（変更前）

1）社外との通話

本社や営業所の電話機（TEL）（上図①）から，PBX（②），公衆電話網（③）を経由して，通話先（社外の電話機）（④）と通話します。

2）拠点間の内線通話

問題文に，「拠点間の内線通話は，IP-GWを介して広域イーサ網経由で行っている」とあります。電話機（前ページ図❶）から発せられた通話は，PBX（❷），IP-GW（❸），広域イーサ網（❹），IP-GW（❺），PBX（❻）を経由して相手の電話機（❼）に着呼します。このとき，IP-GWは図1の凡例にあるように，「音声信号とIPパケットの変換」を行います。

> **Q.** 変更後の構成において，1）社外との通話と，2）拠点間の内線通話，の通話経路を答えよ。

A. 以下の図のようになります。

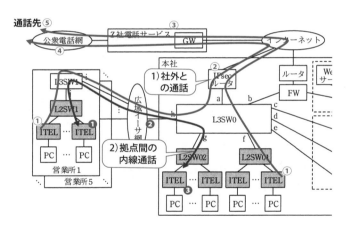

■ 社外との通話と拠点間の内線通話の通話経路（変更後）

1）社外との通話

本社や営業所の電話機（上図①）から，本社のIPsecルータ（②）を経由してZ社電話サービス（③），公衆電話網（④）を経由して通話先（⑤）と通話します。

2）拠点間の内線通話

内線通話は，本社や営業所の電話機（上図❶）から，広域イーサ網（❷）

を経由するなどして，相手の電話機（❸）と通話します。

内線通話の音声パケットはZ社電話サービスを
経由しないのですか？

　問題文に「電話サービスは，Y社から送信された外線通話の音声パケット
をGWで受信」と書いてあるので，内線通話は経由しないと考えられます。

　ここからは深入りした話なので，参考程度に考えてください。音声通話に
は，SIPによる呼制御データと，RTPによる音声データがあります。呼制御デー
タに関しては，内線通話であっても（SIPサービスを利用するために）Z社
電話サービスを通る可能性があります（問題文の「音声パケット」という
言葉には，「呼制御」パケットが含まれていない可能性があるからです）。も
ちろん，SIPサーバを経由せずに通話も可能なので，呼制御データもZ社電
話サービスに届かない可能性もあります。ですが，SIPサーバなしの通話は，
あまり一般的ではありません。
　設問3（1）では，GWに届く「音声パケット」の通信量を計算しますが，
呼制御がGWに届くかを悩む必要はありません。「外線通話の音声パケット
のみがGWを通る」という事実だけに着目し，呼制御に関しては考慮の対象
外として，外線通話の音声パケットだけを計算します。

　　X主任は，図2の構成への変更作業完了後，電話サービスの運用テスト
　を実施し，問題なく終了したので，電話サービスに切り替えた。

ここで一区切りです。ここまでの問題文で，設問3に答えることができます。
次からは優先制御の内容です。

〔電話サービスで発生した問題と対策〕
　電話サービスへの切替後のあるとき，eLNサーバで提供する動画コンテ
ンツの情報セキュリティ基礎コース（以下，S基礎コースという）を，3
日間で全社員に受講させることが決まった。受講日は部署ごとに割り当て

られた。

　受講開始日の昼過ぎ，本社や営業所の電話利用者から，通話が途切れるというクレームが発生した。X主任は，S基礎コースの受講を停止させて原因を調査した。調査の結果，eLNサーバからS基礎コースの動画パケットが大量に送信されたことが分かった。

　動画のパケットが増えることによって，通話が途切れました。今後はそうならないように，音声パケットの**優先制御**を行います。

　大量の動画パケットがL3SW0に入力されたことによって，L3SW0で音声パケットの遅延又は　　c　　が発生したことが原因であると推定できた。

　大量のパケットを受信したことで，L3SW0の処理能力を超えてしまいました。その結果，遅延や　c　が発生したのです。空欄cは設問で解説します。

　そこで，X主任は，本社のITEL，L3SW0，L2SW01及びL2SW02と，全営業所のITEL，L3SW及びL2SWに，音声パケットの転送を優先させる設定を行うことにした。

　音声を優先することで，音声の遅延などが発生しないようにします。

動画が優先されないと思うのですが，動画の通信品質は問題ないのですか？

　動画の視聴は双方向性が不要です。ですから，設問2（2）でも述べられている「バッファ」を大きめにすれば，遅延の影響を小さくできます。また，多少の欠落があっても，画像が少し乱れるくらいであれば，情報セキュリティ基礎コースの学習にも大きな影響はないことでしょう。

例として，本社と営業所1に設定した優先制御の内容を次に示す。

　ここから，優先制御に関する詳しい解説が始まります。1章で，優先制御に関して基礎解説をしています。その解説を読んで理解を深めることで，この問題も解きやすくなると思います。

　では，設問の解説に入りますが，まずは全体像を理解しましょう。基礎解説でも述べましたが，優先制御に関して，二つの観点があることを意識して読み進めてください。

①どのパケットを優先するか

　どのパケットを優先するかを判断できるように，優先したいパケット（やフレーム）に優先度の印（しるし）をつけます。L2レベルではイーサネットヘッダ（VLANタグ）のCoS値，L3レベルではIPヘッダのDSCP値を使います。

②優先されたパケットの処理順

　優先されたパケットは，どのような順番で処理されるのでしょうか。優先制御の方法としては，PQ（Priority Queueing：優先度付きキュー）やRR（Round Robin：ラウンドロビン），WRR（Weighted Round Robin：重み付きラウンドロビン）などがあります。

（レイヤ2マーキングによる優先制御）
・ ITEL，L2SW01，L2SW02及びL2SW1に，CoS（Class of Service）値を基にしたPQ（Priority Queuing）による優先制御を設定する。

　ここからは，優先制御の具体的な内容です。先に述べた「①どのパケットを優先するか」としてはCoS値を使い，「②優先されたパケットの処理順」に関してはPQ（Priority Queuing）を使います。PQとは，優先度の高いキューを優先的に処理します。

・ ITELにはVLAN機能があるので，音声フレームとPCが送受信するデータフレームを異なるVLANに所属させ，②ITELのアップリンクポートにタグVLANを設定する。

音声フレームとデータフレームを異なる VLAN に所属させて，音声フレームだけに CoS による優先度設定をします。

電話機に VLAN 機能ってどういうことですか？

先ほども述べましたが，ITEL の中に L2SW があると想定してください。その L2SW が，VLAN 機能を持っているのです。

では，L2SW01 に接続する ITEL を例に説明します。ITEL には，L2SW01 に接続する LAN ポート（アップリンクポート）と，PC 接続用のポートがあります。

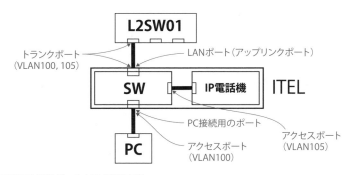

■ ITELの接続ポートとVLAN設定例

PC を VLAN100，ITEL を VLAN105 と仮に割り当てて解説します（もしかしたら逆かもしれませんが，どちらでも OK）。

PC は，VLAN タグを付与せずにフレームを送信します。ITEL は，PC が送信したフレームに VLAN タグ（VLAN-ID：100）を付与して，L2SW01 に送信します。また，ITEL の通信（音声フレームや呼制御フレーム）は VLAN タグ（VLAN-ID：105）を付与して L2SW01 に送信します。この動作や設定が

下線②「ITELのアップリンクポートにタグVLANを設定する」です。

ITELとPCをそれぞれL2SW01と接続して
しまえばいいのでは？

　それでもいいのですが，L2SW01のポート数が2倍必要です。また，PC
とITELは一人に1台ずつ配置されていると仮定すると，すぐ近くにあります。
L2SW01から行うのに比べて，すっきり配線できる可能性が高まります。

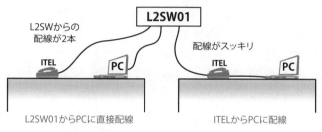

L2SWからの
配線が2本

L2SW01

配線がスッキリ

ITEL　PC

ITEL　PC

L2SW01からPCに直接配線

ITELからPCに配線

■ITELを介するほうがすっきり配線できる

- ITELは，音声フレームとデータフレームに異なるCoS値を，フレーム
  内のTCI（Tag Control Information）の上位3ビットにマーキングして
  出力する。

　音声フレームを優先するために，CoS値の優先度を高く設定します。なお，
CoS値をマーキングするのはITELだけです。他の機器（L2SWなど）がCoS
値をマーキングすることはありません。この点は，設問4（4）に関連します。

- ITELとL3SWに接続する，L2SW01，L2SW02及びL2SW1のポートには，
  それぞれキュー1とキュー2の二つの出力キューを作成し，キュー1を
  最優先キューとする。最優先の設定によって，キュー1のフレーム出力
  が優先され，キュー1にフレームがなくなるまでキュー2からフレーム
  は出力されない。
- L2SW01，L2SW02及びL2SW1ではCoS値を基に，③音声フレームを

キュー1，データフレームをキュー2に入れる。

　少し前の問題文で示されたPQ（Priority Queue）の具体的な動作です。「キュー（queue）」は，「処理待ちの列」くらいに考えてください。余談ですが，午前問題で「スタック」という言葉と対比して出てきましたよね。

「キュー1とキュー2の二つの出力キューを作成」とありますが，自動作成ですか？ それとも手動で作成しますか？

　手動です。L2SWに，キュー1とキュー2の二つの出力キューを事前に設定しておきます。
　では，この問題文の流れを以下の図で解説します。
　まず，L2SWのポートに音声およびデータのフレームが届いたとします（下図❶）。CoS値を見て，キュー1かキュー2に振り分けます（❷）。キューに入ったフレームは，順次フレームの処理が行われます（❸）。どんな処理かというと，宛先MACアドレスを見て適切なポートから出力するなどの処理です。このとき，キュー1のフレームが優先的に処理されます。

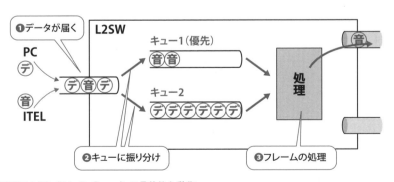

■L2SWでのPQ（Priority Queue）の具体的な動作

（レイヤ3マーキングによる優先制御）
• L3SWに，Diffserv（Differentiated Services）による優先制御を設定する。

次は，レイヤ3でのQoSの仕組みです。DSCP値を使ってトラフィックを
クラス分けし，クラスごとに決めた優先度に従ってパケットを処理します。

ちょ，ちょっと待ってください。先ほどCoSで音声フレーム
の優先制御をしたはずです。これ以上何をするのですか？

先ほどの優先制御はL2SW，つまりレイヤ2での優先制御でした。今度は
L3SWでレイヤ3の優先制御を行います。なぜレイヤ3でも優先制御が必要
かというと，CoS値による優先制御は同一セグメント内（L2SWで接続され
た範囲）のみ有効だからです。つまりL3SW（ルータ）でパケットが転送さ
れたあとは，優先制御の情報がなくなってしまいます。

- 優先制御は，PQと WRR（Weighted Round Robin） を併用する。
- L3SWのf〜jには，キュー1〜キュー3の3種類の出力キューを作成し，
  キュー1はPQの最優先キューとし，キュー2とキュー3より優先させる。
  キュー2には重み比率75％，キュー3には重み比率25％のWRRを設定する。

WRRは，キューに重みを設定（Weighted）し，その重みで順（Round
Robin）に送信する方式です。今回は動画パケットをキュー2に，その他のデー
タパケットをキュー3に入れます。そして，75％：25％（＝3：1）なので，キュー
2から3個，キュー3から1個の割合でパケットを送信します。

a〜eの出力キューでは，優先制御は行わない。

なぜ優先制御を行わないのですか？

a〜eのポートから出力されるパケットは，それぞれのポートから出力さ
れるパケットが1種類だけです。aは音声パケット，bとcとdはその他のデー
タパケット，eは動画に関連するパケットが出力されます。1種類しかなけ

れば，優先はできませんよね。

　結果的に，本社のL3SW0の場合，優先制御を行うのはh, g, fの3ポートです。たとえばポートgにおいて，動画データ（下図❷）やその他データ（❸）よりも，音声データ（❶）を優先的に転送します。

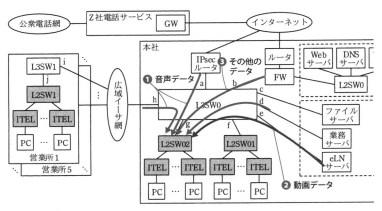

■ **ポートgを通るデータ**

・　| ア |から受信したフレームにはCoS値がマーキングされているので，CoS値に対応したDSCP（Diffserv Code Point）値を，IPヘッダの| d |フィールドをDSCPとして再定義した6ビットにマーキングする。

　DSCPとは，IPヘッダの中にある優先度を示す値です。このときの流れを，本社のITELから営業所への音声フレームを例に解説します（図では下から上へフレームが流れます）。

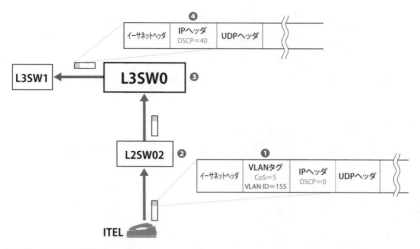

■ 本社のITELから営業所への音声フレームの例

ITELが送信する音声フレームのCoS値として，5が設定されているとします（上図❶）。このフレームはL2SW02を経由して（❷）L3SW0が受信します（❸）。ところが，VLANタグの情報は，L3デバイスであるL3SW0を通過すると消えます（❹）。

そこで，受信したフレームのCoS値5に対応する値を，IPヘッダ内のDSCPに設定します（❹）。DSCP値を設定するのは，L3SW0です。

> **参考 CoS 値と DSCP 値の対応**
>
> Cisco社のCatalystの場合，マッピングの設定値は「show mls qos maps cos-dscp」で確認できます。デフォルトでは，以下のようにCoS値5のフレームに対してDSCP値40を割当てます。
>
> ```
> L3SW0#show mls qos maps cos-dscp
>   Cos-dscp map:
>       cos:  0  1  2  3  4│5  6  7
>   ─────────────────────────────────
>      dscp:  0  8 16 24 32│40 48 56
> ```

空欄ア，空欄dは設問で解説します。

・　　イ　　から受信したパケットは，音声パケット，eLNサーバのパ

ケット（以下，eLNパケットという），その他のデータパケット（以下，Dパケットという）の3種類に分類し，対応するDSCP値をマーキングする。

これまでの整理として，パケットの種類とキュー，優先制御の方法を表に整理します。

■パケットの種類とキュー，優先制御の方法

パケットの種類	キュー	優先制御
音声パケット	キュー1	PQの最優先
eLNパケット	キュー2	WRRの重み比率75%
その他のデータパケット	キュー3	WRRの重み比率25%

空欄イは設問4（4）で解説します。

- L3SWの内部のルータは，受信したパケットの出力ポートを経路表から決定し，DSCP値を基に，音声パケットをキュー1，④eLNパケットをキュー2，Dパケットをキュー3に入れる。

「経路表」って？

ルーティングテーブルのことです。設問には関係ないので簡単にだけ解説します。経路表（ルーティングテーブル）をもとに，出力ポートを決めます。これはルーティングの当たり前の動作です。そして，出力ポート単位でキューが作成されているので，DSCP値をもとに，キューに振り分けます。

また，eLNパケットとDパケットのキューを分けた理由が，設問4（5）で問われます。

　上記の設定を行った後にS基礎コースの受講を再開したが，本社及び営業所の電話利用者からのクレームは発生しなかった。X主任は，優先制御の設定によって問題が解決できたと判断し，システムの運用を継続させた。

これで問題文の解説は終わりです。お疲れさまでした。

設問の解説

設問1

本文中の　　a　　～　　d　　に入れる適切な字句又は数値を答えよ。

空欄a, b

問題文の該当部分を再掲します。

> Y社が利用するVoIP（Voice over Internet Protocol）では，音声の符号化にG.729として標準化されたCS-ACELPが使用される。CS-ACELPのビットレートは，　　a　　kビット／秒であり，音声をIPパケット化してLAN上に流すと，イーサネットフレームヘッダのほかに，IP，　　b　　及びRTPヘッダが付加されるので，1回線当たり34.4kビット／秒の帯域が必要となる。

　空欄aではCS-ACELP（G.729）のビットレート，空欄bでは付加されるプロトコルの名称が問われています。どちらも知識問題です。

【空欄a】

　問題文には，ヘッダが付加されたあとの帯域が34.4kビット／秒とあるので，それ以下の値になることは推測できたと思います。また，古い過去問（H24年度NW試験 午後Ⅱ 問3）では，「CS-ACELP（G.729）による8kビット／秒の音声符号化を行うVoIPゲートウェイ装置」とありました。CS-ACELP（G.729）のビットレートは8kビット／秒です。

　とはいえ，ビットレートを覚えている受験生は少なかったことでしょう。試験センターの採点講評にも，「正答率が低かった」とあります。

【空欄b】

　問題文には，「イーサネットフレームヘッダのほかに，IP，　　b　　及びRTPヘッダ」とあります。これを見ると，ヘッダを順番に並べていると

第2章

過去問解説

令和3年度 午後Ⅰ

問3

問題

問題解説

設問解説

考えられます。

イーサネットフレームヘッダが L2 ヘッダ，IP ヘッダが
L3 ヘッダですよね？

　そのとおりです。よって，空欄bにはレイヤ4のヘッダが入ります。レイヤ4のプロトコルはTCPかUDPしかないので，正解はこのどちらかです。基礎知識として，RTPはUDPで動作することを覚えていた人も多かったことでしょう。

解答	空欄a：8　　空欄b：UDP

参考　RTP のパケット

　音声や映像などで利用するRTP（Real time Transport Protocol）のパケット構造を記載します。図の上部が一般的なUDPのデータです。下部は，同じくUDPですが，RTPヘッダが含まれた音声データです。音声データの場合，RTPヘッダが付与されます。

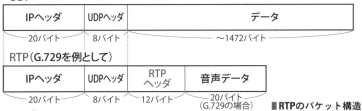

■RTPのパケット構造

音声データはヘッダばかりですね。

　そうなんです。20バイトの音声データ（G.729ペイロード）に対し，ヘッダが40バイト（IPヘッダ20バイト，UDPヘッダ8バイト，RTPヘッダ12バイト）もあります。なので，G.729の符号化ビットレートはたったの8kビット／秒なのに，他のオーバーヘッド要因も加わり，実際に流れるビットレートは34.4kビット／秒と，4倍以上になってしまいます。

続いて，以下はWiresharkにてRTPをキャプチャした様子です。設問を解くためというよりは，イメージを膨らませるために，ぜひとも見てください。

　CoS値（PRI）は5（❶），DSCPは10進表記で40（0xa0の先頭6ビット）（❷）になっていることが確認できます。また，RTPヘッダには，パケットの順序制御として，順番どおりに並べ替えるために使われるシーケンス番号（Sequence number）（❸）や，ジッタを調整するためのタイムスタンプ（Timestamp）（❹）があります。タイムスタンプに関しては，設問2（2）に関連します。

　RTPペイロード（❺）は，符号化（つまりアナログ信号をディジタルデータに変換）された実際の音声データです。

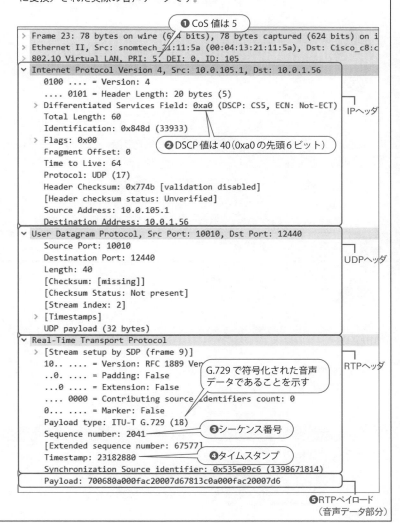

❶CoS値は5

```
> Frame 23: 78 bytes on wire (624 bits), 78 bytes captured (624 bits) on i
> Ethernet II, Src: snomtech_21:11:5a (00:04:13:21:11:5a), Dst: Cisco_c8:c
> 802.1Q Virtual LAN, PRI: 5, DEI: 0, ID: 105
∨ Internet Protocol Version 4, Src: 10.0.105.1, Dst: 10.0.1.56
    0100 .... = Version: 4
    .... 0101 = Header Length: 20 bytes (5)
  > Differentiated Services Field: 0xa0 (DSCP: CS5, ECN: Not-ECT)
    Total Length: 60
    Identification: 0x848d (33933)
  > Flags: 0x00
    Fragment Offset: 0
    Time to Live: 64
    Protocol: UDP (17)
    Header Checksum: 0x774b [validation disabled]
    [Header checksum status: Unverified]
    Source Address: 10.0.105.1
    Destination Address: 10.0.1.56
∨ User Datagram Protocol, Src Port: 10010, Dst Port: 12440
    Source Port: 10010
    Destination Port: 12440
    Length: 40
    [Checksum: [missing]]
    [Checksum Status: Not present]
    [Stream index: 2]
  > [Timestamps]
    UDP payload (32 bytes)
∨ Real-Time Transport Protocol
  > [Stream setup by SDP (frame 9)]
    10.. .... = Version: RFC 1889 Ver
    ..0. .... = Padding: False
    ...0 .... = Extension: False
    .... 0000 = Contributing source identifiers count: 0
    0... .... = Marker: False
    Payload type: ITU-T G.729 (18)
    Sequence number: 2041
    [Extended sequence number: 67577]
    Timestamp: 23182880
    Synchronization Source identifier: 0x535e09c6 (1398671814)
    Payload: 700680a000fac20007d67813c0a000fac20007d6
```

IPヘッダ

❷DSCP値は40（0xa0の先頭6ビット）

UDPヘッダ

RTPヘッダ

G.729で符号化された音声データであることを示す

❸シーケンス番号

❹タイムスタンプ

❺RTPペイロード（音声データ部分）

問題文の該当部分を再掲します。

> 大量の動画パケットがL3SW0に入力されたことによって，L3SW0で音声
> パケットの遅延又は　　c　　が発生したことが原因であると推定できた。

この一文は，通話が途切れた原因の説明です。

> ということは，「パケットロス」とか「廃棄」とか，
> そんなマイナスな言葉が入りますか？

　はい，そうです。ネットワーク機器がパケットを受信すると，機器内のバッファに格納し，MACアドレスを付け替えて転送するなどの処理をし，そして，ポートからパケットを出力します。この処理に時間がかかると，バッファでパケットを保管します。しかし，通信量があまりに多いと，バッファの空きがなくなり，バッファ内のパケットを破棄してしまいます。

解答	廃棄　又は　ドロップ　又は　損失

> 「パケットロス」でも正解ですか？

　空欄にその言葉を入れると，「音声パケットのパケットロス」になり，冗長ですね。損失（＝ロス）のほうが適切でしょう。

問題文の該当部分を再掲します。

> IPヘッダの　　d　　フィールドをDSCPとして再定義した6ビットにマーキングする。

空欄dはDSCPに関する知識問題で，正解は「ToS」です。基礎解説でも説明しましたが，かつては，パケットの優先度を管理するために，IPヘッダの一部として，ToS（Type of Service）フィールド（1バイト）が規定されていました。これを拡張するために再定義したのがDSフィールド（1バイト）です。再定義によって，ToSフィールドの8ビットは，DSCP（DiffServ Code Point）（上位6ビット）と，ECN（下位2ビット）からなるDSフィールドになりました。

解答 ToS

設問2

　　　〔現状の調査〕について，(1)，(2)に答えよ。
(1) 図1において，音声信号がIPパケット化される通話はどのような通話か。本文中の字句を用いて答えよ。

　この設問は，「どのような通話か」という，やや漠然とした問いです。ですが，それほど難しい問題ではありません。「通話」とあるので，図1において，TEL（電話機）に着目しましょう。
　以下は，問題文の解説でも記載しましたが，通話経路を表したものです。
　さて，1）と2）のどちらがIPパケット化される通信でしょうか？

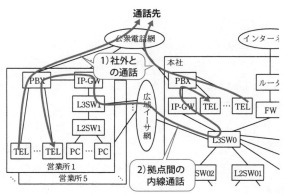

■図1における通話経路

たしか PBX は IP 電話に対応していなかったですよね？

　そうです。よって，1）のTEL→PBX→公衆電話網とつながる通話の音声信号は，IPパケット化されません。音声信号がIPパケット化されるのは，2）のIP-GWを経由する拠点間の内線通話です。

　図1の凡例に，IP-GWの説明として「音声信号とIPパケットの変換装置」とあり，問題文に，「拠点間の内線通話は，IP-GWを介して（略）行っている」とある点がヒントです。

解答例 拠点間の内線通話

　答案の書き方ですが，設問には「本文中の字句を用いて」とあります。なので，本文中の言葉を探して答えるようにしましょう。実際，問題文や図1の注記には「拠点間の内線通話」という字句がズバリ存在します。

設問2

　（2）図1中のIP-GWは，音声パケットのジッタを吸収するためのバッファをもっている。しかし，バッファを大きくし過ぎるとスムーズな会話ができなくなる。その理由を，パケットという字句を用いて，20字以内で述べよ。

　ジッタとは，パケットの到着間隔のゆらぎのことです。仮に，「こんにちは」と発した音声が遅延したとしても，遅延が一定であれば，「こんにちは」と聞き取れることでしょう。しかし，遅延がバラバラであれば，「こ　　ん　に　　ち　は」などと伝わり，聞きづらくなります。

　そこで，IP-GWでは，ジッタを吸収するためのバッファを持ちます。

　RTPのパケットには，「タイムスタンプ」情報があります。わかりやすくするために簡略化して解説しますが，たとえば，「こ」の音が12時00分00.000秒に作成・送信され，続いて「ん」が同じく00.001秒，「に」が00.002秒，「ち」が00.003秒，「は」が00.004秒に作成・送信されたとしま

す（下図❶）。これが，受信側では，遅延によってバラバラに届いたとします（❷）。極端な例でいうと，「こ」の音を12時00分01.000秒に受信し，続く「ん」が2秒遅れて02.001秒，「に」が5秒遅れて05.002秒に受信したとします。この場合，最初の「こ」をすぐに音声化せずに，バッファに蓄積します（❸）。そして，タイムスタンプ情報をもとに揺らぎがなくなるように送信します（❹）。たとえば，最初の「こ」を5秒遅れにして，続く言葉の間隔を調整して音声化すれば，「こんにちは」の声は途切れることなくスムーズに聞こえます。

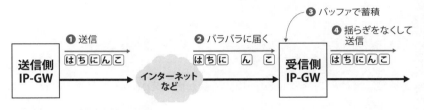

❸ バッファで蓄積

❹ 揺らぎをなくして送信

❶ 送信　送信側 IP-GW　インターネットなど　❷ バラバラに届く　受信側 IP-GW

■バッファで到着間隔の揺らぎを吸収

第2章
過去問解説
令和3年度
午後Ⅰ
問3
問題
問題解説
設問解説

バッファを大きくすれば，音声の揺らぎを吸収し，「途切れにくい」音声になります。しかし，バッファに貯めこみ過ぎてしまうと，受信側では音声が遅延して聞こえます。これが「会話」ではなく，インターネットラジオのような一方向通話であれば，遅延が大きくても問題にはなりません。1分遅れようが2分遅れようが，聞くのが遅れるだけです。しかし，「会話」の場合は双方向ですから，仮に1分も遅延したら，スムーズな会話ができなくなります。

> **解答例** パケットの音声化遅延が大きくなるから（18字）

答案の書き方ですが，「遅延が大きくなる」という趣旨が書かれていれば，正解になったことでしょう。

設問3

〔電話サービス導入後のネットワーク構成〕について，(1)，(2) に答えよ。
(1) 図1中に示した現在の回線数を維持する場合，図2中のL3SW0のポー

　まず，ポートaからどんなパケットが流れるかを確認しましょう。L3SW0のポートaを見ると，IPsecルータに接続しています。問題文に「電話サービスには，本社のIPsecルータ経由で接続する。電話サービスは，Y社から送信された外線通話の音声パケットをGWで受信」とあります。よって,ポートaからは外線通話の音声パケットが出力されます。

　正解を導くには，外線通話の回線数を求め，1回線あたりの通信量（34.4kビット／秒）を掛け算すれば，通信量の最大値を求めることができます。

　図1の注記1には，計算の根拠となる数字が記載されています。

注記1　本社のPBXには80回線の外線が収容され，各営業所のPBXには，それぞれ10回線の外線が収容されている。

この回線数を，図2を簡略化した図に当てはめたのが下図です。

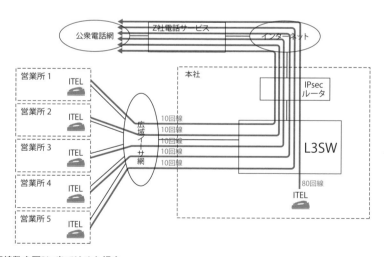

■ 回線数を図2に当てはめた場合

　外線の回線数の合計は，本社80回線と営業所各10回線×5拠点の合計130回線です。この回線数に，1通話あたりの必要帯域である34.4kビット

／秒をかけると，4,472kビット／秒となります。これが，L3SW0のポート
aから出力される音声パケットの通信量の最大値です。

| 解答 | 4,472（kビット／秒） |

　余談ですが，問題文に，「全社員が同時に通話した場合でも，本社のLAN
の帯域には余裕がある」とありましたね。上記の4,472kビット/秒というのは，
約4.5Mbpsです。LANの帯域は1Gbps（=1000Mbps）が主流なので，かな
り余裕があることがわかります。

設問3

　(2)　本文中の下線①のL2SWに，PoE未対応の機器を誤って接続した場
　　　合の状態について，PoEの機能に着目し，20字以内で述べよ。

　問題文には，「①営業所のL2SW及び本社のL2SW01とL2SW02は，PoE
の給電機能を持つ製品に交換する」とあります。
　設問で問われているのは，PoE未対応のPCなどを接続した場合に，L2SW
から給電されて電気的に故障しないか？　ということです。もちろん，製品
にはそうはならない仕組みが備わっています。具体的には，L2SWはポート
に機器が接続されたときに，機器が壊れない程度の電圧をかけて，電流値
や抵抗値から，機器がPoE受電の対応機器か否かを判断します。その結果，
PoE対応機器であれば給電をしますが，未対応機器であれば給電をしません。
　長々と解説をしましたが，解答は20字しか書けません。問題文の言葉を
使ってシンプルに答えましょう。

　「PoE受電対応機器であれば給電を始める」でどうでしょう？

　設問で問われているのは，「PoE未対応の機器を誤って接続した場合」で
す。その答案だと，PoE対応の機器を接続したときを答えているので，設問
の意図に沿っていません。「PoE未対応であればL2SWからの給電を行わない」
という内容を20字以内にまとめます。

設問4

〔電話サービスで発生した問題と対策〕について，(1) ～ (5) に答えよ。

(1) 本文中の下線②について，レイヤ2のCoS値を基にした優先制御に
はタグVLANが必要になる。その理由を，30字以内で述べよ。

問題文の該当箇所は，以下のとおりです。

• ITELにはVLAN機能があるので，音声フレームとPCが送受信するデー
タフレームを異なるVLANに所属させ，②ITELのアップリンクポート
にタグVLANを設定する。

> タグVLANは，ITELに加えてPCを接続するために
> 利用するのでは？

　それもありますが，それだけではありません。タグVLANを使わないと優
先制御のためのCoS値を設定できないからです。基礎解説でも記載しまし
たが，タグVLANのフレーム構造を再掲します。タグVLANのフィールドの
中にCoS値が含まれています。

タグVLANのフレーム

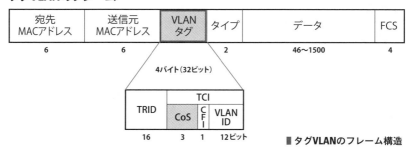

■ **タグVLANのフレーム構造**

フレーム中のタグ情報内の優先ビットを使用するから（24字）

「VLANタグ中にCoS値のフィールドがあるから」などと書いても正解になったことでしょう。

> 余談ですが，CoS を使わずに，VLAN番号をもとに優先順位付けはできないのですか？

L3SW0では，VLAN番号で音声フレームかデータフレームかを判断できます。なので，CoSをわざわざ設定しなくてもいいのでは？ という質問ですね。たしかにそのとおりで，スイッチの機種によっては対応できるものがあります。ですが，あまり一般的ではありません。

設問4

（2）優先制御の設定後，L3SW0の内部のルータに新たに作成されるVLANインタフェースの数を答えよ。

これは難しいというか，意図がよくわからなかった設問だと思います。採点講評には，「正答率が低かった。L3SW0の内部ルータに生成されるVLANインタフェースは，L3SW0の物理ポートに設定されるVLANと論理的に接続される構成になることをよく理解してほしい」とあります。

では，解説に入りますが，VLANインタフェースという言葉を「VLAN」と置き換えて考えましょう。そして，「優先制御の実行により，L3SW0に新しいVLANはいくつ作成されますか？」という設問だと考えてください。

> そう考えるとシンプルな問題ですね。

はい。あとは，問題文に記載された，割り当てるVLANに関する情報をも

とに，正解を導きます。

この中で，L3SW0に関連して新規に追加するVLANは，VLAN105とVLAN155の二つです。

解答	2

参考までに，L3SW0のVLANが，優先制御の設定前と後でどうなるかを以下に示します。

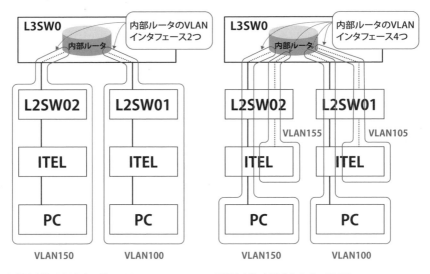

■ 優先制御を設定する前のVLAN　　　　■ 優先制御を設定した後のVLAN

第2章
過去問解説
令和3年度
午後Ⅰ
問3
問題
問題解説
設問解説

(3) 本文中の下線③の処理が行われたとき，キュー1に音声フレームが残っていなくても，キュー1に入った音声フレームの出力が待たされることがある。音声フレームの出力が待たされるのはどのような場合か。20字以内で答えよ。このとき，L2SWの内部処理時間は無視できるものとする。

問題文には，「③音声フレームをキュー1，データフレームをキュー2に入れる」とあります。

音声フレームが優先されるはずなのに，キュー1に入った音声フレームがすぐに送信されずに待たされることがあります。それはどんな場合でしょうか。

さっぱりわかりません。

ですよね。これは難しかったというか，ヒントがなくて答えが思い浮かばなかったと思います。解答例を見ると，答えはとても単純です。キュー2にあるデータフレームが出力中の場合に，音声フレームが待たされます。というのも，送信中のデータフレームを途中で止めてしまうと，エラーとなり，最初から送信のやり直しになるからです。

| 解答例 | **データフレームが出力中の場合**（14字） |

データフレームが出力中って，一つのパケットのことですか？ それともTCPコネクションなどの一連のパケットのことですか？

1フレーム（≒1パケット）のことです。余談ですが，今ではLAN内は1Gbpsが当たり前です。1フレームは1500バイト程度で，仮にもっと大きなジャンボフレームであったとしても，このように「待たされること」をあ

まり気にする必要はないと思います。

（4）本文中の ┃ ア ┃ ， ┃ イ ┃ に入れるポートを，図2中のa～j の中から全て答えよ。

空欄ア

問題文には，「┃ ア ┃から受信したフレームにはCoS値がマーキングされている」とあります。L3SWのポートの中で，どのポートから受信したフレームにCoS値がマーキングされているのでしょうか。

CoS値を付与するのはITELでしたよね？

はい，そうです。ということはL2SWから受信するフレームにCoS値が付与されています。図2で確認するとITELが送信したフレームは，L2SW1，L2SW02，L2SW01を経由してポートj，g，fで受信します。空欄アにはj，g，fが入ります。

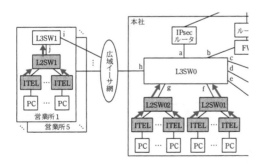

■**ITELが送信したフレームを受信するポート**

解答 j，g，f

空欄イ

問題文の該当部分を再掲します。

> ・ ┃　イ　┃ から受信したパケットは，音声パケット，eLNサーバのパ
> ケット（以下，eLNパケットという），その他のデータパケット（以下，
> Dパケットという）の3種類に分類し，対応するDSCP値をマーキングする。

空欄イに入れるポートを答えます。

> どういう観点で考えればいいのでしょうか。

　空欄アの行と空欄イの行はつながっています。空欄アのポートは，CoS値
をもとにマーキングし，空欄イのポートは，入力ポートによってデータを3
分類してDSCP値をマーキングします。なので，空欄アのj, g, fは除外で
きます。

　正解を含みますが，問題文とポートおよび，DSCP値のマーキングを整理
すると以下のとおりです。

■問題文とポート、DSCP値のマーキングの対応

問題文	ポート	DSCP値のマーキング
┃ ア ┃ の1行	j, g, f	あり（CoS値をもとにマーキング）
┃ イ ┃ の1行	a, b, c, d, e	あり（ポートをもとにマーキング）
記載なし	h, i	なし

解答例 a, b, c, d, e

　参考として，空欄イのポートがどのようなパケットを受信するかを次ペー
ジの図に示します。

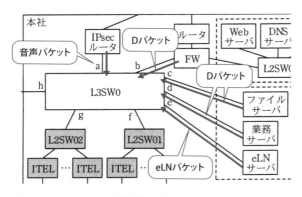

■ ポートa, b, c, d, eが受信するパケット

L3SW1 のポート i, L3SW0 のポート h は
なぜ対象外なのでしょうか？

　ポートhが受信するパケット（音声パケット，eLNパケット，Dパケット）
には，L3SW1ですでにDSCP値がマーキングされているからです。L3SW1
のポートiも同様です。

設問4

　（5）本文中の下線④について，eLNパケットをDパケットと異なるキュー
　　　2に入れる目的を，35字以内で述べよ。

　問題文には，「音声パケットをキュー1，④eLNパケットをキュー2，Dパ
ケットをキュー3に入れる」とあります。

　Dパケットは，たとえばメールやWeb，ファイルサーバなどのパケット
です。eLNパケットは，情報セキュリティ受講のための動画パケットです。
eLNパケットをキュー2に入れ，Dパケットをキュー3に入れ，重み比率を
75％：25％にします。その目的が問われています。

私，Youtubeなどで動画が途切れるとイライラするんです。
だから，ファイルサーバなどのDパケットよりも優先にした
んだと思います。

そういう憶測が思いつきますが，そのように答えても正解にはなりません（あたり前ですが）。

　この設問は，何を答えたらいいのかがわかりにくい問題でした。とはいえ，ネットワークスペシャリストの試験では，このような出題は毎回あります。このとき大事なのは，憶測や飛躍した答えを書かないことです。たとえば，「ファイルサーバよりも動画のほうが優先」というのは，問題文に書かれていない，憶測です。

じゃあ，どうすればいいのでしょうか。

　問題文の事実をもとに，飛躍せずに答えます。キュー2とキュー3でどちらが大事なデータかは記載がありません。ですが，「キュー2には重み比率75％，キュー3には重み比率25％のWRRを設定する」ことは，記載されている事実です。これにより，少なくとも，キュー3に大量のトラフィックが届いたとしても，キュー2のデータは影響を小さくできます。PQではないので，影響を完全にゼロにすることはできません。できるのは，「影響を小さくすること」です。

　答案の書き方ですが，「目的が」問われているので，文末を「ため」でまとめると，解答例のようになります。

解答例 **Dパケットによる eLN パケット転送への影響を少なくするため**（29字）

　答えにくい設問でした。

設問			IPA の解答例・解答の要点	予想配点
設問 1	a		**8**	2
	b		**UDP**	2
	c		**廃棄** 又は **ドロップ** 又は **損失**	2
	d		**ToS**	2
設問 2	(1)		**拠点間の内線通話**	4
	(2)		**パケットの音声化遅延が大きくなるから**	4
設問 3	(1)		**4,472**	5
	(2)		**L2SW からの給電は行われない。**	4
設問 4	(1)		**フレーム中のタグ情報内の優先ビットを使用するから**	5
	(2)		**2**	3
	(3)		**データフレームが出力中の場合**	4
	(4)	ア	**f, g, j**	4
		イ	**a, b, c, d, e**	4
	(5)		**D バケットによる eLN パケット転送への影響を少なくするため**	5
			合計	50

※予想配点は著者による

　音声をVoIP技術によってIPパケット化し，PBXを廃止する事例は多い。VoIPでは，音声符号化方式に低ビットレートのCS-ACELPなどが利用される。音声パケットに遅延や廃棄が発生すると，音声品質が低下するので，既設のLANで音声パケットを送受信する場合は，遅延や廃棄を避ける対策が必要となることがある。

　本問では，音声クラウドサービスを利用して，音声パケットを既設のLANに流す事例を取り上げた。VoIP導入によって発生した通話の不具合を，レイヤ2及びレイヤ3での優先制御によって改善する対策を題材にして，ネットワークの設計，構築，運用に携わる受験者が修得した技術と経験が，実務で活用できる水準かどうかを問う。

　問3では，音声クラウドサービスの利用を題材に，レイヤ2及びレイヤ3での優先制御について出題した。全体として，正答率は平均的であった。

　設問1は，(a) の正答率が低かった。CS-ACELPは，VoIPで広く利用されている音

もっちさんの解答	正誤	予想採点
8	○	2
UDP	○	2
破棄	○	2
ToS	○	2
拠点間の内線通話	○	4
パケットの遅延が大きくなるから	○	4
2752	×	0
給電を停止し、通話できない。	×	0
音声フレームとデータフレームを同一ポートから出力するため	×	0
3	×	0
出力先の回線が、輻輳している場合	×	0
f, g, h, i, j	×	0
a, b, c, d, e	○	4
D パケットの転送量が急増した時に、eLN パケットの転送遅延を防ぐため	○	5

予想点合計 25

※実際は31点と予想（問1問2で69点）

声符号化技術なので，よく理解してほしい。

　設問3は，（2）の正答率が高かったが，（1）の正答率が低かった。図2中のL3SW0のaポートから出力されるのは外線通話パケットであることから，本文中に記述された情報を基に，全社の外線数が130回線，1回線当たりの必要帯域が34.4kビット／秒という通信量の最大値を導き出してほしい。

　設問4（1）の正答率は，平均的であった。レイヤ2の優先制御に利用されるCoS値がフレーム中のVLANタグ内のTCIに設定されることから，タグVLANが必須になることを，よく理解してほしい。（2）は，正答率が低かった。L3SW0の内部ルータに生成されるVLANインタフェースは，L3SW0の物理ポートに設定されるVLANと論理的に接続される構成になることをよく理解してほしい。

■出典
「令和3年度 春期 ネットワークスペシャリスト試験 解答例」
https://www.jitec.ipa.go.jp/1_04hanni_sukiru/mondai_kaitou_2021r03_1/2021r03h_nw_pm1_ans.pdf
「令和3年度 春期 ネットワークスペシャリスト試験 採点講評」
https://www.jitec.ipa.go.jp/1_04hanni_sukiru/mondai_kaitou_2021r03_1/2021r03h_nw_pm1_cmnt.pdf

　エーピーコミュニケーションズさんが主催する「インフラエンジニアBooks」というイベント（https://infra-eng-books.connpass.com/）がある。このイベントは，ネットワークを含むインフラ向けエンジニアが読む書籍の著者をゲストに呼んで，「自ら著書について語る」というものだ。

　このイベントの紹介ページに「コミュニティ立ちあげの想い」の記載がある。

> これほど投資対効果があるものはありません。著者の方がたくさんの時間を費やして経験・習得した内容を，数時間でインプットできる「本」は，色々なことを学びたいエンジニアにとって強力な味方になります。

　たしかにそのとおりだ。私も，紙媒体の技術書を買うタイプである。もちろん，本を買わなくてもネットにも充実した情報がある。だが，私にとって，本は，その分野の「全体像」を把握するのに便利なのだ。加えて，（私も自分で本を書くときに苦労をしているのだが）情報の正確さや，わかりやすさに関しても本は優れている。

　さて，2021年8月に，このイベントでの登壇の機会をいただき，私の本の紹介だけでなく，裏話とまではいかないが，いろいろな話をさせてもらった。たとえば，タイトルは誰が決めるか，印税，本を作るプロセスなど，あまり公にはなっていない話である。

　タイトルでいうと，ネスペに関しては私の意見も参考にしてもらってはいるが，基本的には出版社がすべて決める。『ネスペR1』の読み方に関しては，私は「アールワン」を主張したが，本の登録としては「れいわいち」が正式らしい。試験の実施年度の元号（令和3年度など）の頭文字 "R" は，"Reiwa"（れいわ）を示すものであることがパッとわかる「読み」を入れたほうがよいのではという意図らしい。ただ，実際にどう読むかは，「ご自由に」とのことであった。

　印税の話は，ネットでも情報はあるのだが，著者が直接しゃべるのは新鮮だったようである。私が本を出したということを伝え聞いた知人も，内容や出版経緯などよりも「いくら儲かるのか」，その点を目を輝かせて聞いてくる（笑）。

　出版社によって印税率や，刷り部数か実売数のどちらで計算するか，電子の場合はどうかなどの違いはある。だが，収入に関しては，細かい計算よりも，どれだけ売れたかが圧倒的に大事である。

　私の本は，売れている部類に入るらしいが，本を書く時間の労力を考えると，まっ

たく割りに合わない（本当に売れている人は除外）。本なんか書かずに，その辺で
アルバイトをしたほうが，よっぽどいい気がする。本を書く時間に加え，知識や
技術習得の時間を考慮したら，ビックリするような安い時給になるだろう。

　イベントにて，司会の永江さんから，「本を書くのは楽しいですか？」という質
問があった。
　「しんどいときが多い，でも，読者の方に喜んでもらえると，本を書いてよかっ
たなーと思います。」そんな模範解答をしたと思う。でも，これは事実であり，こ
の「ネスペ」シリーズも，多くの方から「今年は出ますか？」「合格しました！」
などの期待や喜びの声をいただけて，それが私の背中を押しているのである。こ
の場を借りでお礼を申し上げます。
　私の本を読んでいただき，本当にありがとうございます。

※ちなみに，本書『ネスペR3』に関しても，2022年2月に，「インフラエンジニ
ア Books」さんで登壇させていただく予定です。

営業担当との対応

SEの仕事は開発をするだけでなく、工数の見積もりも行う。正確な工数を見積もるのだが、営業担当の偉い人の、鶴の一声で開発工数（人件費）を大幅に減らされることがある。

これを、営業部の間では「戦略的価格」というらしい。「どこがやねん！」って思いませんか？

工数、物品費、保守費etc.
会社の利益を考えれば原価は…

この値段が妥当！

十カ月円

見積り高いな〜

よし、二千万円引いて提示する！

さらっと

一週間かかったのにたった一分で…

嘘偽りの報告書を書かされる

お客様のミスでトラブルになることもたまにある。お客様の責任者から報告書を求められるのであるが、事実は書けない。お客様の非難になるからだ。だから、嘘を書くのである。

「お客様の指示でメールサーバーを止めずに切り替えた」が…まずいな

君の独断でやったことにしよう

ビク！

私ですか！？

正直にお客様と書いて下さいよ！

そうしたらもっと大変なことになる

nespeR3

第3章

過去問解説

令和3年度
午後 Ⅱ

【得点アップポイント 2】
答案の書き方

　第2章の扉裏では，答えを間違える3つの理由を述べました。ここでは，「③文章力が不足」について述べます。答えはわかっているのに，自分で書いた文章が解答例と違うということがよくありませんか？

　答案を書くときに大事なのは，まず，設問で「何」が問われているのかを明確にすることです。理由を問われているのか，目的なのか，利点なのか，事象なのか。

　これが違っていたら正解になることはありません。テクニック的には，問われていることと解答の文末を合わせるといいでしょう。たとえば，「理由」を問われていたら「〜から」，「目的」が問われたら「〜ため」，「事象」を聞かれたら「〜となる事象」という言葉をつけるか，その言葉につながる文章で締めくくるのです。

　それ以外には，問題文のヒントを使うこと，設問で問われていることについて問題文の言葉をなるべくそのまま使って書くこと，飛躍した文章を書かないことなどが大事です。

nespeR3 **3.1**

令和3年度

午後Ⅱ 問1

問　　題
問題解説
設問解説

問題

問1　社内システムの更改に関する次の記述を読んで，設問1〜6に答えよ。

　G社は，都内に本社を構える従業員600名の建設会社である。G社の従業員は，情報システム部が管理する社内システムを業務に利用している。情報システム部は，残り1年でリース期間の満了を迎える，サーバ，ネットワーク機器及びPCの更改を検討している。

〔社内システムの概要〕
　G社の社内システムの構成を図1に示す。

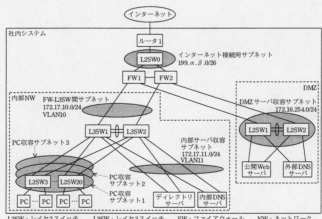

L2SW：レイヤ2スイッチ　　　L3SW：レイヤ3スイッチ　　　FW：ファイアウォール　　　NW：ネットワーク

⎓ ：リンクアグリゲーションを用いて接続している回線

注記1　199.α.β.0/26は，グローバルIPアドレスを示す。
注記2　PC収容サブネット1のIPアドレスブロックは172.17.101.0/24，VLAN IDは101である。
注記3　PC収容サブネット2のIPアドレスブロックは172.17.102.0/24，VLAN IDは102である。
注記4　PC収容サブネット3のIPアドレスブロックは172.17.103.0/24，VLAN IDは103である。
注記5　L2SW3〜L2SW20は，PC収容サブネット1〜PC収容サブネット3を構成している。

図1　G社の社内システムの構成（抜粋）

G社の社内システムの概要は，次のとおりである。

- 外部DNSサーバは，DMZのドメインに関するゾーンファイルを管理する権威サーバであり，インターネットから受信する名前解決要求に応答する。

- 内部DNSサーバは，社内システムのドメインに関するゾーンファイルを管理する権威サーバであり，PC及びサーバから送信された名前解決要求に応答する。

- 内部DNSサーバは，DNS　　　a　　　であり，PC及びサーバから送信された社外のドメインに関する名前解決要求を，ISPが提供するフルサービスリゾルバに転送する。

- 全てのサーバに二つのNICを実装し，アクティブ／スタンバイのチーミングを設定している。

- L3SW1及びL3SW2でVRRPを構成し，L3SW1の　　b　　を大きく設定して，マスタルータにしている。

- L3SW1とL3SW2間のポートを，VLAN10，VLAN11及びVLAN101〜VLAN103を通すトランクポートにしている。

- L2SW3〜L2SW20とL3SW間のポートをVLAN101〜VLAN103を通すトランクポートにしている。

- 内部NWのスイッチは，IEEE 802.1Dで規定されているSTP（Spanning Tree Protocol）を用いて，経路を冗長化している。

- 内部DNSサーバはDHCPサーバ機能をもち，PCに割り当てるIPアドレス，サブネットマスク，デフォルトゲートウェイのIPアドレス，及び①名前解決要求先のIPアドレスの情報を，PCに通知している。

- FW1及びFW2は，アクティブ／スタンバイのクラスタ構成である。

- FW1及びFW2に静的NATを設定し，インターネットから受信したパケットの宛先IPアドレスを，公開Webサーバ及び外部DNSサーバのプライベートIPアドレスに変換している。

- FW1及びFW2にNAPTを設定し，サーバ及びPCからインターネット向けに送信されるパケットの送信元IPアドレス及び送信元ポート番号を，それぞれ変換している。

G社のサーバ及びPCの設定を表1に，G社のネットワーク機器に設定す

第3章

過去問解説

令和3年度

午後II

問1

問題

問題解説

設問解説

る静的経路情報を表2に，それぞれ示す。

表1　G社のサーバ及びPCの設定（抜粋）

| 機器名 | IPアドレスの割当範囲 | デフォルトゲートウェイ | | 所属 |
		機器名	IPアドレス	VLAN
公開Webサーバ	172.16.254.10 ～ 172.16.254.100	FW1，FW2	172.16.254.1 [1)]	なし
外部DNSサーバ				
ディレクトリサーバ	172.17.11.10 ～ 172.17.11.100	L3SW1，L3SW2	172.17.11.1 [2)]	11
内部DNSサーバ				
PC	172.17.101.10 ～ 172.17.101.254	L3SW1，L3SW2	172.17.101.1 [2)]	101
	172.17.102.10 ～ 172.17.102.254	L3SW1，L3SW2	172.17.102.1 [2)]	102
	172.17.103.10 ～ 172.17.103.254	L3SW1，L3SW2	172.17.103.1 [2)]	103

注 [1)]　FW1とFW2が共有する仮想IPアドレスである。
　 [2)]　L3SW1とL3SW2が共有する仮想IPアドレスである。

表2　G社のネットワーク機器に設定する静的経路情報（抜粋）

| 機器名 | 宛先ネットワークアドレス | サブネットマスク | ネクストホップ | |
			機器名	IPアドレス
FW1，FW2	172.17.11.0	255.255.255.0	L3SW1，L3SW2	172.17.10.4 [1)]
	172.17.101.0	255.255.255.0	L3SW1，L3SW2	172.17.10.4 [1)]
	172.17.102.0	255.255.255.0	L3SW1，L3SW2	172.17.10.4 [1)]
	172.17.103.0	255.255.255.0	L3SW1，L3SW2	172.17.10.4 [1)]
	0.0.0.0	0.0.0.0	ルータ1	199.α.β.1
L3SW1，L3SW2	0.0.0.0	0.0.0.0	FW1，FW2	172.17.10.1 [2)]

注 [1)]　L3SW1とL3SW2が共有する仮想IPアドレスである。
　 [2)]　FW1とFW2が共有する仮想IPアドレスである。

　情報システム部のJ主任が社内システムの更改と移行を担当することになった。更改と移行に当たって，上司であるM課長から指示された内容は，次のとおりである。

（1）内部NWを見直して，障害発生時の業務への影響の更なる低減を図ること

（2）業務への影響を極力少なくした移行計画を立案すること

〔現行の内部NW調査〕

　J主任は，まず，現行の内部NWの設計について再確認した。内部NWのスイッチは，一つのツリー型トポロジをSTPによって構成し，全てのVLANのループを防止している。②L3SW1に最も小さいブリッジプライオリティ値を，L3SW2に2番目に小さいブリッジプライオリティ値を設定し，L3SW1をルートブリッジにしている。

ルートブリッジに選出されたL3SW1は，STPによって構成されるツリー型トポロジの最上位のスイッチである。L3SW1はパスコストを0に設定したBPDU（Bridge Protocol Data Unit）を，接続先機器に送信する。BPDUを受信したL3SW2及びL2SW3～L2SW20（以下，L3SW2及びL2SW3～L2SW20を非ルートブリッジという）は，設定されたパスコストを加算したBPDUを，受信したポート以外のポートから送信する。非ルートブリッジのL3SW及びL2SWの全てのポートのパスコストに，同じ値を設定している。

　STPを設定したスイッチは，各ポートに，ルートポート，指定ポート及び非指定ポートのいずれかの役割を決定する。ルートブリッジであるL3SW1では，全てのポートが　　c　　ポートとなる。非ルートブリッジでは，パスコストやブリッジプライオリティ値に基づきポートの役割を決定する。例えば，L2SW3において，L3SW2に接続するポートは，　　d　　ポートである。

　STPのネットワークでトポロジの変更が必要になると，スイッチはポートの状態遷移を開始し，　　e　　テーブルをクリアする。

　ポートをフォワーディングの状態にするときの，スイッチが行うポートの状態遷移は，次のとおりである。

（1）リスニングの状態に遷移させる。

（2）転送遅延に設定した待ち時間が経過したら，ラーニングの状態に遷移させる。

（3）転送遅延に設定した待ち時間が経過したら，フォワーディングの状態に遷移させる。

　J主任は，内部NWのSTPを用いているネットワークに障害が発生したときの復旧を早くするために，IEEE 802.1D-2004で規定されているRSTP（Rapid Spanning Tree Protocol）を用いる方式と，スイッチのスタック機能を用いる方式を検討することにした。

〔RSTPを用いる方式〕

　J主任は，トポロジの再構成に掛かる時間を短縮したプロトコルであるRSTPについて調査した。RSTPでは，STPの非指定ポートの代わりに，

代替ポートとバックアップポートの二つの役割が追加されている。RSTP
で追加されたポートの役割を，表3に示す。

表3　RSTPで追加されたポートの役割

役割	説明
代替ポート	通常，ディスカーディングの状態であり，ルートポートのダウンを検知したら，すぐにルートポートになり，フォワーディングの状態になるポート
バックアップポート	通常，ディスカーディングの状態であり，指定ポートのダウンを検知したら，すぐに指定ポートになり，フォワーディングの状態になるポート

注記　ディスカーディングの状態は，MACアドレスを学習せず，フレームを破棄する。

　RSTPでは，プロポーザルフラグをセットしたBPDU（以下，プロポー
ザルという）及びアグリーメントフラグをセットしたBPDU（以下，アグ
リーメントという）を使って，ポートの役割決定と状態遷移を行う。
　調査のために，J主任が作成したRSTPのネットワーク図を図2に示す。

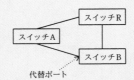

代替ポート

注記1　全てのスイッチにRSTPを用いる。
注記2　スイッチRがルートブリッジである。
図2　J主任が作成したRSTPのネットワーク図

　スイッチAにおいて，スイッチRに接続するポートのダウンを検知した
ときに，スイッチAとスイッチBが行うポートの状態遷移は，次のとおり
である。
（1）スイッチAは，トポロジチェンジフラグをセットしたBPDUをスイッ
　　　チBに送信する。
（2）スイッチBは，スイッチAにプロポーザルを送信する。
（3）スイッチAは，受信したプロポーザル内のブリッジプライオリティ
　　　値やパスコストと，自身がもつブリッジプライオリティ値やパスコ
　　　ストを比較する。比較結果から，スイッチAは，スイッチBがRSTP
　　　によって構成されるトポロジにおいて　　　f　　　であると判定し，
　　　スイッチBにアグリーメントを送信し，指定ポートをルートポート
　　　にする。

（4）アグリーメントを受信したスイッチBは，代替ポートを指定ポートとして，フォワーディングの状態に遷移させる。

　J主任は，調査結果から，STPをRSTPに変更することで，③内部NWに障害が発生したときの，トポロジの再構成に掛かる時間を短縮できることを確認した。

〔スイッチのスタック機能を用いる方式〕
　次に，J主任は，ベンダから紹介された，新たな機器が実装するスタック機能を用いる方式を検討した。新たな機器を用いた社内システム（以下，新社内システムという）の内部NWに関して，J主任が検討した内容は次のとおりである。

- 新L3SW1と新L3SW2をスタック用ケーブルで接続し，1台の論理スイッチ（以下，スタックL3SWという）として動作させる。
- スタックL3SWと新L2SW3〜新L2SW20の間を，リンクアグリゲーションを用いて接続する。
- 新ディレクトリサーバ及び新内部DNSサーバに実装される二つのNICに，アクティブ／アクティブのチーミングを設定し，スタックL3SWに接続する。

　検討の内容を基に，J主任は，スタック機能を用いることで，障害発生時の復旧を早く行えるだけでなく，④スイッチの情報収集や構成管理などの維持管理に係る運用負荷の軽減や，⑤回線帯域の有効利用を期待できると考えた。

〔新社内システムの構成設計〕
　J主任は，スイッチのスタック機能を用いる方式を採用し，STP及びRSTPを用いない構成にすることにした。J主任が設計した新社内システムの構成を，図3に示す。

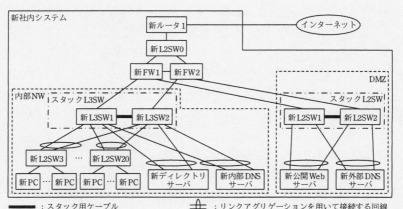

```
：スタック用ケーブル        ：リンクアグリゲーションを用いて接続する回線
```

注記　スタックL2SWは，新L2SW1と新L2SW2をスタック用ケーブルで接続した1台の論理スイッチである。

図3　新社内システムの構成（抜粋）

〔新社内システムへの移行の検討〕

　J主任は，現行の社内システムから新社内システムへの移行に当たって，五つの作業ステップを設けることにした。移行における作業ステップを表4に，ステップ1完了時のネットワーク構成を図4に示す。ステップ1では，現行の社内システムと新社内システムの共存環境を構築する。

表4　移行における作業ステップ（抜粋）

作業ステップ	作業期間	説明
ステップ1	1か月	・図4中の新社内システムを構築し，現行の社内システムと接続する。
ステップ2	1か月	・⑥現行のディレクトリサーバから新ディレクトリサーバへデータを移行する。 ・⑦現行の社内システムに接続されたPCから，新公開Webサーバの動作確認を行う。
ステップ3	1日	・現行の社内システムから，新社内システムに切り替える。（表8参照）
ステップ4	1か月	・新社内システムの安定稼働を確認し，新サーバに不具合が見つかった場合には，速やかに現行のサーバに切り戻す。
ステップ5	1日	・現行の社内システムを切り離す。

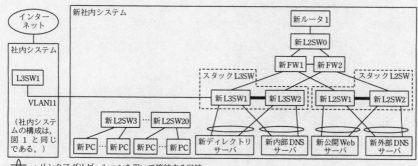

━━ : リンクアグリゲーションを用いて接続する回線

注記1　新 L2SW3〜新 L2SW20 と新 L3SW1, 新 L3SW2 間は接続されていない。
注記2　スタック L3SW には, VLAN101〜VLAN103 に関する設定を行わない。

図4　ステップ1完了時のネットワーク構成（抜粋）

　ステップ1完了時のネットワーク構成の概要は, 次のとおりである。

- 新ディレクトリサーバ及び新内部DNSサーバに, 172.17.11.0/24のIPアドレスブロックから未使用のIPアドレスを割り当てる。
- ⑧新公開Webサーバ及び新外部DNSサーバには, 172.16.254.0/24のIPアドレスブロックから未使用のIPアドレスを割り当てる。
- 現行のL3SW1と新L3SW1間を接続し, 接続ポートをVLAN11のアクセスポートにする。
- スタックL3SWのVLAN11のVLANインタフェースに, 未使用のIPアドレスである172.17.11.101を, 一時的に割り当てる。
- 全ての新サーバについて, デフォルトゲートウェイのIPアドレスは, 現行のサーバと同じIPアドレスにする。
- 新社内システムのインターネット接続用サブネットには, 現行の社内システムと同じグローバルIPアドレスを使うので, 新外部DNSサーバのゾーンファイルに, 現行の外部DNSサーバと同じゾーン情報を登録する。
- 現行の内部DNSサーバ及び新内部DNSサーバのゾーンファイルに, 新サーバに関するゾーン情報を登録する。
- 新FW1及び新FW2は, アクティブ／スタンバイのクラスタ構成にする。
- 新FW1及び新FW2には, インターネットから受信したパケットの宛先IPアドレスを, 新公開Webサーバ及び新外部DNSサーバのプライベートIPアドレスに変換する静的NATを設定する。

- 新FW1及び新FW2にNAPTを設定する。
- 新サーバの設定を表5に，新FW及びスタックL3SWに設定する静的経路情報を表6に，FW及びL3SWに追加する静的経路情報を表7に示す。

表5　新サーバの設定（抜粋）

機器名	IPアドレスの割当範囲	デフォルトゲートウェイ		所属VLAN
		機器名	IPアドレス	
新公開Webサーバ	（設問のため省略）	新FW1，新FW2	172.16.254.1[1]	なし
新外部DNSサーバ				
新ディレクトリサーバ	（省略）	L3SW1，L3SW2	172.17.11.1[2]	11
新内部DNSサーバ				

注[1]　新FW1と新FW2が共有する仮想IPアドレスである。
　[2]　L3SW1とL3SW2が共有する仮想IPアドレスである。

表6　新FW及びスタックL3SWに設定する静的経路情報（抜粋）

機器名	宛先ネットワークアドレス	サブネットマスク	ネクストホップ	
			機器名	IPアドレス
新FW1，新FW2	172.17.11.0	255.255.255.0	スタックL3SW	172.17.10.4
	172.17.101.0	255.255.255.0	スタックL3SW	172.17.10.4
	172.17.102.0	255.255.255.0	スタックL3SW	172.17.10.4
	172.17.103.0	255.255.255.0	スタックL3SW	172.17.10.4
	0.0.0.0	0.0.0.0	スタックL3SW	172.17.10.4
スタックL3SW	172.16.254.128	255.255.255.128	新FW1，新FW2	172.17.10.1[1]
	0.0.0.0	0.0.0.0	L3SW1，L3SW2	172.17.11.1[2]

注[1]　新FW1と新FW2が共有する仮想IPアドレスである。
　[2]　L3SW1とL3SW2が共有する仮想IPアドレスである。

表7　FW及びL3SWに追加する静的経路情報（抜粋）

機器名	宛先ネットワークアドレス	サブネットマスク	ネクストホップ	
			機器名	IPアドレス
FW1，FW2	172.16.254.128	255.255.255.128	L3SW1，L3SW2	172.17.10.4[1]
L3SW1，L3SW2	172.16.254.128	255.255.255.128	スタックL3SW	172.17.11.101

注[1]　L3SW1とL3SW2が共有する仮想IPアドレスである。

　次に，J主任は，ステップ3の現行の社内システムから新社内システムへの切替作業について検討した。J主任が作成したステップ3の作業手順を，表8に示す。

表8 ステップ3の作業手順（抜粋）

作業名	手順
インターネット接続回線の切替作業	・現行のルータ1に接続されているインターネット接続回線を，新ルータ1に接続する。
DMZのネットワーク構成変更作業	・新FW1及び新FW2に設定されているデフォルトルートのネクストホップを，新ルータ1のIPアドレスに変更する。 ・⑨現行のFW1とL2SW1間，及び現行のFW2とL2SW2間を接続しているLANケーブルを抜く。 ・⑩ステップ4で，新サーバに不具合が見つかったときの切戻しに掛かる作業量を減らすために，現行のL2SW1と新L2SW1間を接続する。 ・⑪インターネットから新公開Webサーバに接続できることを確認する。
内部NWのネットワーク構成変更作業	・現行のL3SW1及びL3SW2のVLANインタフェースに設定されている全てのIPアドレス，並びに静的経路情報を削除する。 ・スタックL3SWのVLAN11のVLANインタフェースに設定されているIPアドレスを， g に変更する。 ・スタックL3SWに設定されているデフォルトルートのネクストホップを新FW1と新FW2が共有する仮想IPアドレスに変更する。 ・スタックL3SWに設定されている宛先ネットワークアドレスが172.16.254.128/25の静的経路情報を削除する。
ディレクトリサーバの切替作業	・新ディレクトリサーバをマスタとして稼働させる。
DHCPサーバの切替作業	・現行の内部DNSサーバのDHCPサーバ機能を停止する。 ・新内部DNSサーバのDHCPサーバ機能を開始する。 ・⑫スタックL3SWにDHCPリレーエージェントを設定する。
新PCの接続作業	・スタックL3SWに，VLAN101～VLAN103のVLANインタフェースを作成し，IPアドレスを設定する。 ・新L2SW3～新L2SW20と新L3SW1，新L3SW2に，VLAN101～VLAN103を通すトランクポートを設定し，接続する。 ・新PCから新ディレクトリサーバに接続できることを確認する。

J主任が作成した移行計画はM課長に承認され，J主任は更改の準備に着手した。

設問1 〔社内システムの概要〕について，(1)，(2)に答えよ。

(1) 本文中の   a   ，   b   に入れる適切な字句を答えよ。

(2) 本文中の下線①の名前解決要求先を，図1中の機器名で答えよ。

設問2 〔現行の内部NW調査〕について，(1)，(2)に答えよ。

(1) 本文中の下線②の設定を行わず，内部NWのL2SW及びL3SWに同じブリッジプライオリティ値を設定した場合に，L2SW及びL3SWはブリッジIDの何を比較してルートブリッジを決定するか。適切な字句を答えよ。また，L2SW3がルートブリッジに選

出された場合に，L3SW1とL3SW2がVRRPの情報を交換できなくなるサブネットを，図1中のサブネット名を用いて全て答えよ。

(2) 本文中の　　c　　～　　e　　に入れる適切な字句を答えよ。

設問3　〔RSTPを用いる方式〕について，(1)，(2) に答えよ。

(1) 本文中の　　f　　に入れる適切な字句を答えよ。

(2) 本文中の下線③について，トポロジの再構成に掛かる時間を短縮できる理由を二つ挙げ，それぞれ30字以内で述べよ。

設問4　〔スイッチのスタック機能を用いる方式〕について，(1)，(2) に答えよ。

(1) 本文中の下線④について，運用負荷を軽減できる理由を，30字以内で述べよ。

(2) 本文中の下線⑤について，内部NWで，スタックL3SW～新L2SW以外に回線帯域を有効利用できるようになる区間が二つある。二つの区間のうち一つの区間を，図3中の字句を用いて答えよ。

設問5　図3の構成について，STP及びRSTPを不要にしている技術を二つ答えよ。また，STP及びRSTPが不要になる理由を，15字以内で述べよ。

設問6　〔新社内システムへの移行の検討〕について，(1) ～ (8) に答えよ。

(1) 表4中の下線⑥によって発生する現行のディレクトリサーバから新ディレクトリサーバ宛ての通信について，現行のL3SW1とスタックL3SW間を流れるイーサネットフレームをキャプチャしたときに確認できる送信元MACアドレス及び宛先MACアドレスをもつ機器をそれぞれ答えよ。

(2) 表4中の下線⑦によって発生する現行のPCから新公開Webサーバ宛ての通信について，現行のL3SW1とスタックL3SW間を流れるイーサネットフレームをキャプチャしたときに確認できる送信元MACアドレス及び宛先MACアドレスをもつ機器をそれぞれ答えよ。

(3) 本文中の下線⑧について，新公開Webサーバに割り当てること
ができるIPアドレスの範囲を，表1及び表5〜7の設定内容を踏
まえて答えよ。

(4) 表8中の下線⑨を行わないときに発生する問題を，30字以内で述
べよ。

(5) 表8中の下線⑩の作業後に，新公開Webサーバに不具合が見つか
り，現行の公開Webサーバに切り替えるときには，新FW1及び
新FW2の設定を変更する。変更内容を，70字以内で述べよ。また，
インターネットから現行の公開Webサーバに接続するときに経
由する機器名を，【転送経路】の表記法に従い，経由する順に全
て列挙せよ。

【転送経路】

インターネット → ┃ 経由する順に全て列挙 ┃ → 公開Webサーバ

(6) 表8中の下線⑪によって発生する通信について，新FWの通信ロ
グで確認できる通信を二つ答えよ。ここで，新公開Webサーバ
に接続するためのIPアドレスは，接続元が利用するフルサービ
スリゾルバのキャッシュに記録されていないものとする。

(7) 表8中の ┃ g ┃ に入れる適切なIPアドレスを答えよ。

(8) 表8中の下線⑫について，スタックL3SWは，PCから受信した
DHCPDISCOVERメッセージのgiaddrフィールドに，受信した
インタフェースのIPアドレスを設定して，新内部DNSサーバに
転送する。DHCPサーバ機能を提供している新内部DNSサーバは，
giaddrフィールドの値を何のために使用するか。60字以内で述べ
よ。

IPAの出題趣旨には、「多くの企業のネットワークに利用されているRSTP、スタック機能を題材に、受験者が修得した技術と総験が、ネットワーク設計、構築、移行の実務で活用できる水準かどうかを問う」とありました。採点講評には、「全体として、正答率は低かった」とあります。しかし、技術的には、レイヤ2レイヤ3のネットワークの基本的なことが問われました。多くの受験生にとっては取り組みやすく感じたのか、問1を選択した人が多かったようです。

問1　社内システムの更改に関する次の記述を読んで、設問1〜6に答えよ。

　G社は、都内に本社を構える従業員600名の建設会社である。G社の従業員は、情報システム部が管理する社内システムを業務に利用している。情報システム部は、残り1年でリース期間の満了を迎える、サーバ、ネットワーク機器及びPCの更改を検討している。

　G社の概要などが記載されています。特筆すべきところはありません。リース満了に伴い、PCも含めて、機器を新しくします。

〔社内システムの概要〕
　G社の社内システムの構成を図1に示す。

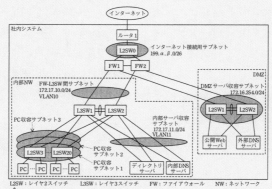

L2SW：レイヤ2スイッチ　　L3SW：レイヤ3スイッチ　　FW：ファイアウォール　　NW：ネットワーク
╪ ：リンクアグリゲーションを用いて接続している回線
注記1　199.α.β.0/26は、グローバルIPアドレスを示す。
注記2　PC収容サブネット1のIPアドレスブロックは172.17.101.0/24、VLAN ID は 101 である。
注記3　PC収容サブネット2のIPアドレスブロックは172.17.102.0/24、VLAN ID は 102 である。
注記4　PC収容サブネット3のIPアドレスブロックは172.17.103.0/24、VLAN ID は 103 である。
注記5　L2SW3〜L2SW20は、PC収容サブネット1〜PC収容サブネット3を構成している。
図1　G社の社内システムの構成（抜粋）

システム構成（＝ネットワーク構成図）です。今回も丁寧に確認しましょう。

注記がたくさんありますし，結構複雑です。

そうですね。だからこそ，整理しながら理解する必要があります。毎回お伝えしていますが，まずはFWに着目しましょう。FWにて，ネットワークがインターネット，DMZ，内部LANの三つに分離されているので，それぞれを順番に見ていくことをお勧めします。

①インターネット

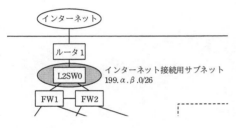

まずはインターネットです。冗長化されたFWから，L2SW0とルータ1を経由してインターネットに接続しています。また，注記1にあるように199.α.β.0/26はグローバルIPアドレスです。

FW から直接インターネットに接続することもできますよね？

もちろんできます。ですが，今回の構成ではFWを冗長化しているので，ルータ1は必要です。なぜなら，インターネット回線は1本ですが，FWは2個あるので，中継する装置が必要だからです。一方，L2SW0ですが，最近のルータには，L2SWの機能が搭載されているものも多いので，なくてもいいと思います。

②DMZ

DMZには，WebサーバとDNSサーバの二つの公開サーバが配置されています。過去の問題ですと，メールサーバやリバースプロキシサーバなどが

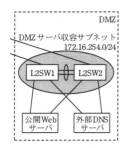

DMZに配置されることがありますが，今回はありません。

また，欄外注記にあるようにL2SW1とL2SW2は，リンクアグリゲーションによって冗長化されています。

> サーバとL2SW，FWとL2SWの間も2本線の接続です。ここもリンクアグリゲーションですか。

このあとに詳しく解説がありますが，冗長化の復習を兼ねて，考えてみましょう。

Q. 図1の構成図における冗長化技術を，一般論から想像して答えよ。また，冗長化している機器がA-A（Active-Active）かA-S（Active-Standby）かも答えよ。

冗長化の場所	冗長化技術	A-AかA-Sか
L2SW間	リンクアグリゲーション	
サーバとL2SW間		
FWとL2SW間		

A. 正解は以下のとおりです。ただし，あくまでも一般的な設計の場合ですので，FWの冗長化がActive-Activeに変わるなどの可能性はあります。

冗長化の場所	冗長化技術	A-AかA-Sか
L2SW間	リンクアグリゲーション	A-A
サーバとL2SW間	チーミング	A-S（一般的に。問題文の前半はこの構成） A-A（問題文の後半はこの構成。）
FWとL2SW間	FWの冗長化技術	A-S（一般的に）

詳細は，このあとの問題文の解説で述べます。

③内部LAN

最後に内部LANです。

内部LANだけ切りとると、意外にシンプルですね。

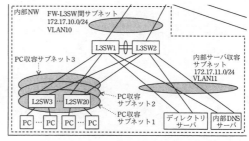

はい、そう思います。今回のように、整理しながら分けて読めば、心理的な負担も減ると思います。

では、内容を確認しましょう。まず、DMZではL2SWだけを使っていましたが、内部LANではL3SWを使います。内部LANには複数のサブネットがあるからです。

L2SWとL3SWを結ぶケーブルの冗長化は、リンクアグリゲーションですか？

いえ、図にはリンクアグリゲーションの印が付与されていないので、違います。このあとの問題文に出てきますが、STPを使います。なお、L3SWをスタック接続して仮想的に1台にすれば、リンクアグリゲーションで構成することは可能です。実際、このあとの問題文でその構成に修正します。

また、注記2〜4には、サブネットとVLANが記載されています。この情報を図1に書き込んでおくと、このあとの問題文や設問を読むときに便利です。

G社の社内システムの概要は、次のとおりである。
- 外部DNSサーバは、DMZのドメインに関するゾーンファイルを管理する権威サーバであり、インターネットから受信する名前解決要求に応答する。
- 内部DNSサーバは、社内システムのドメインに関するゾーンファイルを管理する権威サーバであり、PC及びサーバから送信された名前解決要求に応答する。

- 内部DNSサーバは，DNS <u>   a   </u> であり，PC及びサーバから送信された社外のドメインに関する名前解決要求を，ISPが提供するフルサービスリゾルバに転送する。

　ここからは，先のネットワーク構成図に関する詳細な解説です。図1と照らし合わせて確認しましょう。ここでは，DNSに関する記載があります。空欄aは，設問1（1）で解説します。

- 全てのサーバに二つのNICを実装し，アクティブ／スタンバイのチーミングを設定している。

　すでに述べましたが，サーバではチーミングの設定をしています。スイッチ間の冗長化はリンクアグリゲーション，サーバのNICの冗長化はチーミング，と覚えておくといいでしょう。

なぜ二つの技術があるのですか？ どちらか一つでもいいと思います。

　たしかに，どちらもLANケーブルを冗長化するという点では同じです。ただ，スイッチのポートとサーバのNICでは，MACアドレスを持つかどうか，という違いがあります。スイッチは，一つひとつのポートにMACアドレスを持ちません。一方，サーバのNICは，それぞれにMACアドレスを持ちます。冗長化する2枚のNICにおいて，物理NICのMACアドレスをそのまま使うのか，仮想MACアドレスを使うのかなども含めて考慮する必要があります。よって，スイッチのポートの冗長化とサーバのNICの冗長化は，基本的には異なる技術になるのです。

- L3SW1及びL3SW2でVRRPを構成し，L3SW1の <u>   b   </u> を大きく設定して，マスタルータにしている。
- L3SW1とL3SW2間のポートを，VLAN10，VLAN11及びVLAN101～VLAN103を通すトランクポートにしている。

L3SWではVRRPによる冗長化を行っています。では, 理解を深めるために, 図1の内部LANにおいて, IPアドレスやVRRPの設計をしましょう。単純化して, FW-L3SW-内部サーバに限定して考えます。

> **Q.** FW-L3SW-内部サーバのIPアドレス設計をせよ。特にVRRPに関しては, 設定情報も記載することと, IPアドレス情報は, このあとの表1を参考にすること。

> **A.** 以下がその一例です。

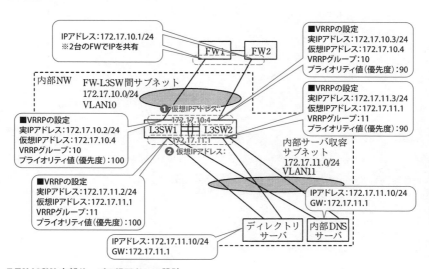

■FW-L3SW-内部サーバのIPアドレス設計

　少し補足します。サブネットは大きく分けて二つあり, FW-L3SW間 (172.17.10.0/24) と内部サーバ収容サブネット (172.17.11.0/24) です。
（※厳密には, L3SW1とL3SW2には, PC収容サブネットのVLANも存在しますが, ここでは考慮しないものとします。）

　L3SWにおいては, 以下の二つのサブネットのそれぞれでVRRPを設定する必要があります。

❶L3SWにおける**FW側（172.17.10.0/24）**のサブネット

L3SW1に実IPアドレスとして172.17.10.2，L3SW2に実IPアドレスとして172.17.10.3を割り当てます（筆者がIPアドレスを決定）。両者の仮想IPアドレスとして172.17.10.4を割り当てます（表2より）。また，VRRPを設定する場合は，どちらも同じグループ10とし，優先度が高いL3SW1を100,L3SW2を90にします（筆者がパラメータを決定）。

FWに関しては，2台のFWが172.17.10.1というIPアドレスを共有します（表1より）。

❷L3SWにおける内部サーバ側（**172.17.11.0/24**）のサブネット

上記の**❶**と考え方は同じです。**❶**とグループを分けるために，VRRPグループを11にしています（筆者がパラメータを決定）。

- L2SW3～L2SW20とL3SW間のポートをVLAN101～VLAN103を通すトランクポートにしている。

次に，PC収容サブネットを題材に，サブネットおよびVLAN設計を考えましょう。単純にするため，VLANは101と102に限定します。

Q. PC収容サブネット（PC～L3SW）における，サブネットおよびVLAN設計をせよ。IPアドレスを割り当て，VLANにはポートVLANかタグVLANのどちらかであるかを明記すること。

A. 解答例は以下のとおりです。トランクポートとあるので，一つのL2SW（たとえばL2SW3）には，異なるVLANのPCが接続されていることでしょう。また，PCのIPアドレスは，表1をもとに，172.17.101.10～11，172.17.102.10～11を割り当てました。

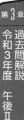

172.17.101.1(VLAN101)
172.17.102.1(VLAN102)

L3SW1 L3SW2

PC収容サブネット3

タグVLAN

VLAN101と
VLAN102が混在

PC収容
サブネット2

ポートVLAN

L2SW3 L2SW20

PC収容
サブネット1

PC ··· PC PC ··· PC

172.17.101.10/24   172.17.101.11/24   **172.17.102.11/24**
    172.17.102.10/24

172.17.101.0/24   172.17.102.0/24
（VLAN101）   （VLAN102）

■ **PC収容サブネット（PC～L3SW）におけるサブネットおよびVLAN設計の例**

- 内部NWのスイッチは，IEEE 802.1Dで規定されている STP（Spanning Tree Protocol） を用いて，経路を冗長化している。

　VRRPやOSPFはレイヤ3レベルの冗長化技術です。一方，STPやリンクアグリゲーションはレイヤ2レベルの冗長化技術であり，両方を組み合わせることもあります。STPに関しては，1章に基礎解説としてまとめています。

- 内部DNSサーバは DHCPサーバ機能 をもち，PCに割り当てるIPアドレス，サブネットマスク，デフォルトゲートウェイのIPアドレス，及び①名前解決要求先のIPアドレスの情報を，PCに通知している。

　内部DNSサーバのDHCPサーバ機能についてです。下線①は設問1（2）で解説します。

- FW1及びFW2は，アクティブ／スタンバイのクラスタ構成である。

　FW1およびFW2は，クラスタ構成のよるアクティブ／スタンバイの構成になっています。クラスタの本来の意味は「（ブドウなどの）房」です。ブドウの粒が集まって一房のブドウになるように，FWが複数集まって一つのFWとして機能します。ただ，「クラスタ」という言葉自体はそれほど重要

ではありません。FWの独自機能で冗長化をしていると考えましょう。

VRRP を使って FW を冗長化してはダメですか？

　たしかに，VRRPはルータなどのL3装置を冗長化することができます。ですが，FWの冗長化には向いていません。というのも，FWはセッションを管理しています。特に，ステートフルインスペクション機能により，行きのパケットに対する戻りのパケットを許可するなど，少し複雑な仕組みもあります。VRRPで切り替わった場合には，これらの情報が引き継がれず，通信が切断されます。そうならないように，独自の（ここでいうクラスタ）機能で冗長化します。

- FW1及びFW2に静的NATを設定し，インターネットから受信したパケットの宛先IPアドレスを，公開Webサーバ及び外部DNSサーバのプライベートIPアドレスに変換している。
- FW1及びFW2にNAPTを設定し，サーバ及びPCからインターネット向けに送信されるパケットの送信元IPアドレス及び送信元ポート番号を，それぞれ変換している。

　設問には関係ありませんが，NAT技術の復習のため，NATテーブルを書いてみましょう。

Q. 上記のNATテーブル，NAPTテーブルを記載せよ

A.

①NAT（Network Address Translation）テーブル

　ポイントだけに絞っていますが，次のようになります。IPアドレスは，問

題文の情報を参考に，筆者が適当に割り当てています。宛先IPアドレスに関して，**静的**NATなので，1対1で固定的に変換します。

変換前	変換後	備考
199.α.β.21	172.16.254.80	公開Webサーバ
199.α.β.22	172.16.254.53	外部DNSサーバ

（※なお，**動的**NATの場合は，1対1には固定されません。たとえば，172.16.254.21〜23までのIPのどれかを動的に割り当てることをイメージしてください。）

② NAPT（Network Address Port Translation）テーブル

こちらもポイントだけに絞っていますが，送信元のIPアドレスと**ポート番号**を変換します。IPアドレスとポート番号は，問題文の情報を参考に，筆者が適当に割り当てています。上記①のNATテーブルとの違いは，ポート番号の情報を含めるかどうかです。

変換前		変換後	
IPアドレス	ポート番号	IPアドレス	ポート番号
172.17.101.11	50001	199.α.β.20	10001
172.17.101.12	50002	199.α.β.20	10002

G社の**サーバ及びPCの設定**を表1に，G社のネットワーク機器に設定する**静的経路情報**を表2に，それぞれ示す。

表1　G社のサーバ及びPCの設定（抜粋）

機器名	IPアドレスの割当範囲	デフォルトゲートウェイ		所属VLAN
		機器名	IPアドレス	
公開Webサーバ 外部DNSサーバ	172.16.254.10〜 172.16.254.100	FW1，FW2	172.16.254.1 [1]	なし
ディレクトリサーバ 内部DNSサーバ	172.17.11.10〜 172.17.11.100	L3SW1，L3SW2	172.17.11.1 [2]	11
PC	172.17.101.10〜 172.17.101.254	L3SW1，L3SW2	172.17.101.1 [2]	101
	172.17.102.10〜 172.17.102.254	L3SW1，L3SW2	172.17.102.1 [2]	102
	172.17.103.10〜 172.17.103.254	L3SW1，L3SW2	172.17.103.1 [2]	103

注 [1]　FW1とFW2が共有する仮想IPアドレスである。
　 [2]　L3SW1とL3SW2が共有する仮想IPアドレスである。

IPアドレス，デフォルトゲートウェイ，VLANの情報です。注²⁾ にありますが，172.17.101.1 は，L3SW1 と L3SW2 の VLAN101 における VRRP の仮想IP アドレスです。同様に，FW1 と FW2 でも 172.16.254.1 という IP アドレスを共有します。

表2　G社のネットワーク機器に設定する静的経路情報（抜粋）

機器名	宛先ネットワークアドレス	サブネットマスク	ネクストホップ	
			機器名	IPアドレス
FW1，FW2	172.17.11.0	255.255.255.0	L3SW1，L3SW2	172.17.10.4¹⁾
	172.17.101.0	255.255.255.0	L3SW1，L3SW2	172.17.10.4¹⁾
	172.17.102.0	255.255.255.0	L3SW1，L3SW2	172.17.10.4¹⁾
	172.17.103.0	255.255.255.0	L3SW1，L3SW2	172.17.10.4¹⁾
	0.0.0.0	0.0.0.0	ルータ1	199.α.β.1
L3SW1，L3SW2	0.0.0.0	0.0.0.0	FW1，FW2	172.17.10.1²⁾

注 1)　L3SW1 と L3SW2 が共有する仮想 IP アドレスである。
　　2)　FW1 と FW2 が共有する仮想 IP アドレスである。

次は静的経路情報（つまりスタティックルート）です。時間があれば，1行ずつ内容を確認していくと理解が深まると思います。

　情報システム部のJ主任が社内システムの更改と移行を担当することになった。更改と移行に当たって，上司であるM課長から指示された内容は，次のとおりである。
（1）内部NWを見直して，障害発生時の業務への影響の更なる低減を図ること
（2）業務への影響を極力少なくした移行計画を立案すること

（1）と（2）で記載された内容が，このあとの問題文で詳細に説明されます。

〔現行の内部NW調査〕
　J主任は，まず，現行の内部NWの設計について再確認した。内部NWのスイッチは，一つのツリー型トポロジをSTPによって構成し，全てのVLANのループを防止している。②L3SW1に最も小さいブリッジプライオリティ値を，L3SW2に2番目に小さいブリッジプライオリティ値を設定し，L3SW1をルートブリッジにしている。

ここからは，STPの内容です。STPおよびRSTPに関する用語や仕組みについては，1章の基礎解説にまとめました。そちらを読んで理解を深めていただくことをお勧めします。ここでは，基礎解説を読んだ前提で説明を進めます。

　ブリッジプライオリティ値は，このあとの非指定ポートなどを選定する際に必要な情報です。

　また，下線②は，設問2（1）で解説します。

　ルートブリッジに選出されたL3SW1は，STPによって構成されるツリー型トポロジの最上位のスイッチである。L3SW1はパスコストを0に設定したBPDU（Bridge Protocol Data Unit）を，接続先機器に送信する。BPDUを受信したL3SW2及びL2SW3～L2SW20（以下，L3SW2及びL2SW3～L2SW20を非ルートブリッジという）は，設定されたパスコストを加算したBPDUを，受信したポート以外のポートから送信する。非ルートブリッジのL3SW及びL2SWの全てのポートのパスコストに，同じ値を設定している。

　パスコストの説明です。こちらも，基礎解説を参考にしてください。

　STPを設定したスイッチは，各ポートに，ルートポート，指定ポート及び非指定ポートのいずれかの役割を決定する。ルートブリッジであるL3SW1では，全てのポートが　　c　　ポートとなる。非ルートブリッジでは，パスコストやブリッジプライオリティ値に基づきポートの役割を決定する。例えば，L2SW3において，L3SW2に接続するポートは，　　d　　ポートである。

　STPのネットワークでトポロジの変更が必要になると，スイッチはポートの状態遷移を開始し，　　e　　テーブルをクリアする。

　ポートの役割についてなどが述べられています。空欄c～eは，設問2（2）で解説します。

　ポートをフォワーディングの状態にするときの，スイッチが行うポート

の状態遷移は，次のとおりである。
（1）リスニングの状態に遷移させる。
（2）転送遅延に設定した待ち時間が経過したら，ラーニングの状態に遷移させる。
（3）転送遅延に設定した待ち時間が経過したら，フォワーディングの状態に遷移させる。

　J主任は，内部NWのSTPを用いているネットワークに障害が発生したときの復旧を早くするために，IEEE 802.1D-2004で規定されているRSTP（Rapid Spanning Tree Protocol）を用いる方式と，スイッチのスタック機能を用いる方式を検討することにした。

　ポートの状態遷移についてです。STPでは経路の切り替わりに50秒ほどかかるため，高速な切り替えが可能なRSTPを検討します。

〔RSTPを用いる方式〕
　J主任は，トポロジの再構成に掛かる時間を短縮したプロトコルであるRSTPについて調査した。RSTPでは，STPの非指定ポートの代わりに，代替ポートとバックアップポートの二つの役割が追加されている。RSTPで追加されたポートの役割を，表3に示す。

表3　RSTPで追加されたポートの役割

役割	説明
代替ポート	通常，ディスカーディングの状態であり，ルートポートのダウンを検知したら，すぐにルートポートになり，フォワーディングの状態になるポート
バックアップポート	通常，ディスカーディングの状態であり，指定ポートのダウンを検知したら，すぐに指定ポートになり，フォワーディングの状態になるポート
注記　ディスカーディングの状態は，MACアドレスを学習せず，フレームを破棄する。	

　RSTPの説明です。表3にある代替ポートの説明を確認しておきましょう。「ルートポートのダウンを検知したら，すぐにルートポート」になります。その結果，転送遅延タイマによる待ち時間なしで，ディスカーディングの状態からフォワーディングの状態になります。これが，高速な切り替わりができる要因です。この点は，設問3（2）に関連します。
　注記に「ディスカーディングの状態は，MACアドレスを学習せず」とあ

ります。これは，STPのブロッキングやリスニングの状態でも同じであり，
特筆すべき内容ではありません。

RSTPでは，プロポーザルフラグをセットしたBPDU（以下，プロポー
ザルという）及びアグリーメントフラグをセットしたBPDU（以下，アグ
リーメントという）を使って，ポートの役割決定と状態遷移を行う。
　調査のために，J主任が作成したRSTPのネットワーク図を図2に示す。

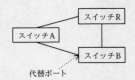

注記1　全てのスイッチにRSTPを用いる。
注記2　スイッチRがルートブリッジである。

図2　J主任が作成したRSTPのネットワーク図

スイッチAにおいて，スイッチRに接続するポートのダウンを検知した
ときに，スイッチAとスイッチBが行うポートの状態遷移は，次のとおり
である。

（1）スイッチAは，トポロジチェンジフラグをセットしたBPDUをスイッ
　　チBに送信する。

（2）スイッチBは，スイッチAにプロポーザルを送信する。

（3）スイッチAは，受信したプロポーザル内のブリッジプライオリティ
　　値やパスコストと，自身がもつブリッジプライオリティ値やパスコ
　　ストを比較する。比較結果から，スイッチAは，スイッチBがRSTP
　　によって構成されるトポロジにおいて　　f　　であると判定し，
　　スイッチBにアグリーメントを送信し，指定ポートをルートポート
　　にする。

（4）アグリーメントを受信したスイッチBは，代替ポートを指定ポート
　　として，フォワーディングの状態に遷移させる。

　J主任は，調査結果から，STPをRSTPに変更することで，③内部NW
に障害が発生したときの，トポロジの再構成に掛かる時間を短縮できるこ
とを確認した。

ここにあるRSTPの動作に関しても，基礎解説で説明しました（p.34）。空欄fは設問3（1），下線③は設問3（2）で解説します。

　ここまでの問題文で，設問3までを解くことができます。これ以降は新しい内容になるので，ここで勉強の一区切りとしてもいいでしょう。

　〔スイッチのスタック機能を用いる方式〕
　次に，J主任は，ベンダから紹介された，新たな機器が実装するスタック機能を用いる方式を検討した。新たな機器を用いた社内システム（以下，新社内システムという）の内部NWに関して，J主任が検討した内容は次のとおりである。

　スタック（stack）という言葉は，「積み重ねる」という意味です。スイッチングハブの「スタック」とは，2台以上のスイッチングハブを積み重ねて，仮想的にあたかも1台のスイッチングハブであるかのように動作させる技術です。（※余談ですが，HP社から分社したHPEなどのスイッチではIRF（Intelligent Resilient Framework）といったりします。）

・新L3SW1と新L3SW2をスタック用ケーブルで接続し，1台の論理スイッチ（以下，スタックL3SWという）として動作させる。

論理的に1台に見せるだけなら，VRRPによる
冗長化でも同じでは？

　いえ，それが結構違います。VRRPって，2台のルータ（またはL3SW）で，IPアドレスはいくつありましたか？ Configはいくつありましたか？

Q. ルータをVRRPで冗長化する場合と，スタックで冗長化する場合の違いを述べよ。

A. スタック接続すると，「論理的」に１台となるのですが，「物理的」に１台のスイッチと考えてもいいと思います。というのも，IPアドレスも２台で一つ，Configも２台で一つです（この点が，設問4（1）を解くヒントです）。

一方，下左図がVRRPによってL3SWを論理的に１台に見せる場合です。L3SW#1と#2でそれぞれIPアドレスを持ち，加えて，仮想IPアドレスも持ちます。もちろん，二つのスイッチでConfigは別です。

また，下右図にあるように，スタックを構成するときは，他のL2SWとリンクアグリゲーションでケーブルも冗長化することが多くあります（このあとの問題文でもそうします）。

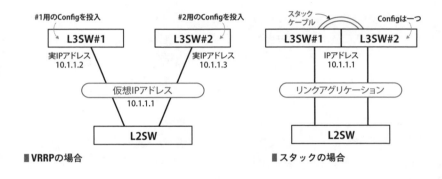

■VRRPの場合　　　　■スタックの場合

- スタックL3SWと新L2SW3〜新L2SW20の間を，リンクアグリゲーションを用いて接続する。
- 新ディレクトリサーバ及び新内部DNSサーバに実装される二つのNICに，アクティブ／アクティブのチーミングを設定し，スタックL3SWに接続する。

STPを使って冗長化する場合と，スタックを使って冗長化する場合の違いを次ページの図に示します。

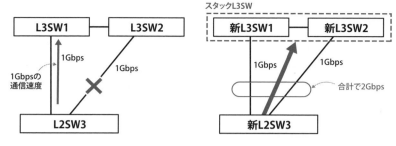

■STPを使って冗長化　　　　　　　　　■スタックを使って冗長化

　上図を見てもらえばわかりますが，STPでは，（回線帯域が1Gbpsと仮定すると）どの経路も1Gbpsの速度しか出ません。それが，スタック接続してリンクアグリゲーションを組めば，回線を2本束ねることで2Gbpsの通信が可能になります。この点は，このあとに記載がある「⑤回線帯域の有効利用」の内容です。

> 　検討の内容を基に，J主任は，スタック機能を用いることで，障害発生時の復旧を早く行えるだけでなく，④スイッチの情報収集や構成管理などの維持管理に係る運用負荷の軽減や，⑤回線帯域の有効利用を期待できると考えた。

　詳しくは設問で解説しますが，スタック機能で冗長化することは，STPによる冗長化に比べて，たくさんの利点があります。

> だったら，冗長化はすべてスタックにすればいいのでは？

　ただ，残念ながらスタックに対応しているのは，比較的大きな機種に限定されます。廉価版のL2SWやL3SWの場合，多くがスタックには対応していません。

〔新社内システムの構成設計〕

J主任は，スイッチのスタック機能を用いる方式を採用し，STP及び RSTPを用いない構成にすることにした。J主任が設計した新社内システムの構成を，図3に示す。

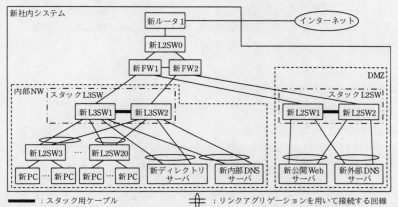

図3 新社内システムの構成（抜粋）

新社内システムの構成図です。スタックを利用して，STPを用いない構成にしました。

一点，設問には関係ない余談です。筆者のネットワーク設計時のポリシーでもあるのですが，ループ対策として，スイッチにおけるSTPの設定を残すべきと考えています。

でも，図3にはループは存在しませんよ。

たしかにそうです。ですが，人間はミスを犯す生き物です。ケーブルを間違って接続することもあり，その際にループを作ってしまう可能性があるのです。そのとき，STPが無効になっていると，そのループによって通信ができなくなってしまいます。

STPを残すなら，切り替わり時間が遅いし，帯域の有効利用もできませんね。

　そんなことはありません。STPを残したとしても，冗長化技術はスタックかつリンクアグリゲーションを使えばいいのです。であれば，切り替わり時間は瞬時ですし，回線帯域も有効利用できます。

〔新社内システムへの移行の検討〕
　J主任は，現行の社内システムから新社内システムへの移行に当たって，五つの作業ステップを設けることにした。移行における作業ステップを表4に，ステップ1完了時のネットワーク構成を図4に示す。ステップ1では，現行の社内システムと新社内システムの共存環境を構築する。

表4　移行における作業ステップ（抜粋）

作業ステップ	作業期間	説明
ステップ1	1か月	・図4中の新社内システムを構築し，現行の社内システムと接続する。
ステップ2	1か月	・⑥現行のディレクトリサーバから新ディレクトリサーバへデータを移行する。 ・⑦現行の社内システムに接続されたPCから，新公開Webサーバの動作確認を行う。
ステップ3	1日	・現行の社内システムから，新社内システムに切り替える。（表8参照）
ステップ4	1か月	・新社内システムの安定稼働を確認し，新サーバに不具合が見つかった場合には，速やかに現行のサーバに切り戻す。
ステップ5	1日	・現行の社内システムを切り離す。

　ここからは移行についてです。この試験の移行の問題は難易度が高いことが多いのですが，今回はとても単純です。上記の内容をしっかりと読んで，内容を理解しましょう。

たしかに，ステップ5までありますが，ステップ3で一旦，切替えが完了しますね。

　そうなんです。ステップ4は安定稼働の確認で，ステップ5は現行システムを切り離すだけです。特に難しいことはありません。

表4で着目すべきところは，ステップ5で現行の社内システムを切り離しますが，それまでは新旧のシステムが混在するという点です。この間は，**IPアドレスの重複を避ける**必要があります。

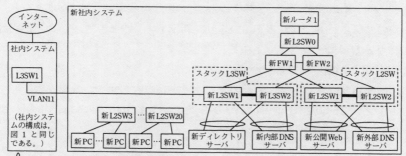

図4　ステップ1完了時のネットワーク構成（抜粋）

ステップ1完了時のネットワーク構成の概要は，次のとおりである。

- 新ディレクトリサーバ及び新内部DNSサーバに，172.17.11.0/24のIPアドレスブロックから未使用のIPアドレスを割り当てる。
- ⑧新公開Webサーバ及び新外部DNSサーバには，172.16.254.0/24のIPアドレスブロックから未使用のIPアドレスを割り当てる。

下線⑧は，読んでいるだけでは理解が難しいと思います。採点講評にも，「設問6（1）～（5）は，正答率がやや低かった」とあります。図にIPアドレスを書き込むなどして整理しながら読み進めましょう。そうすると，違和感に気づくと思います。詳しくは設問6（3）で解説します。

- 現行のL3SW1と新L3SW1間を接続し，接続ポートをVLAN11のアクセスポートにする。
- スタックL3SWのVLAN11のVLANインタフェースに，未使用のIPアドレスである172.17.11.101を，一時的に割り当てる。
- 全ての新サーバについて，デフォルトゲートウェイのIPアドレスは，現行のサーバと同じIPアドレスにする。

では，ここまでで，内部サーバ収容サブネットとDMZサーバ収容サブネットがどのようになるか，整理します。

　ポイントは以下のとおりです。

①内部サーバ収容サブネット（下図のグレーの網の箇所）

　L3W1と新L3SW1を接続することで，現行（＝旧）と新サブネットが**一つのサブネット**になります。つまり，新旧ディレクトリサーバと新旧内部DNSサーバは同一サブネット内に存在します。

②DMZサーバ収容サブネット（下図の色網の箇所）

　現行と新サブネットで，**別々のサブネットが存在**します。なおかつ，どちらも172.16.254.0/24であり，FWのIPアドレス172.16.254.1は，重複しています。

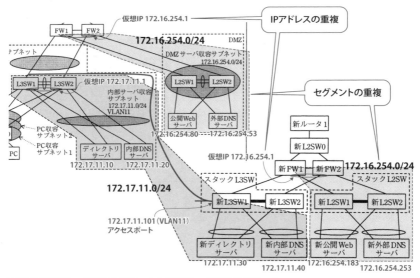

■ **新旧の内部サーバ収容サブネットとDMZサーバ収容サブネット**

- 新社内システムのインターネット接続用サブネットには，現行の社内システムと同じグローバルIPアドレスを使うので，新外部DNSサーバのゾーンファイルに，現行の外部DNSサーバと同じゾーン情報を登録する。
- 現行の内部DNSサーバ及び新内部DNSサーバのゾーンファイルに，新サーバに関するゾーン情報を登録する。

DNSのゾーンファイルに関してです。上記に記載があるとおりですが、外部DNSサーバに関しては、グローバルIPアドレスが設定されています。

外部DNSサーバの設定は、以下のようになります。

■外部DNSサーバの設定

```
$ORIGIN   example.com.              ←ドメインはexample.com
          IN NS ns.example.com.     ←外部DNSサーバはns.example.com
ns    IN A 199.α.β.22               ←外部DNSサーバ
www   IN A 199.α.β.21               ←公開Webサーバ
```

※外部DNSサーバは、冗長化のために2台設置する必要がありますが、問題文に記載がないので、一つとします。また、SOAレコードは省略しました。

新旧で公開Webサーバや外部DNSサーバのプライベートIPアドレスは変わりますが、NAT設定の変更で対応します。

一方の内部DNSサーバですが、外部DNSサーバと同じドメインを使うと少し説明が長くなりますので、内部専用のドメインを使っていると仮定します。以下のように、新内部DNSサーバでは、新サーバに関するゾーン情報を記載します(旧サーバの情報を記載する必要はないので、記載していません)。

■内部DNSサーバの設定

```
$ORIGIN   example.local.               ←ドメインはexample.local
          IN NS ns.example.local.      ←内部DNSサーバはns.example.local
ns    IN A 172.17.11.40                ←新内部DNSサーバ
dir   IN A 172.17.11.30                ←新ディレクトリサーバ
```

- 新FW1及び新FW2は、アクティブ/スタンバイのクラスタ構成にする。
- 新FW1及び新FW2には、インターネットから受信したパケットの宛先IPアドレスを、新公開Webサーバ及び新外部DNSサーバのプライベートIPアドレスに変換する静的NATを設定する。
- 新FW1及び新FW2にNAPTを設定する。

この内容は、旧FWと同じです。

- 新サーバの設定を表5に、新FW及びスタックL3SWに設定する静的経路情報を表6に、FW及びL3SWに追加する静的経路情報を表7に示す。

表 5　新サーバの設定（抜粋）

機器名	IPアドレスの割当範囲	デフォルトゲートウェイ		所属VLAN
		機器名	IPアドレス	
新公開Webサーバ	（設問のため省略）	新FW1, 新FW2	172.16.254.1[1]	なし
新外部DNSサーバ				
新ディレクトリサーバ	（省略）	L3SW1, L3SW2	172.17.11.1[2]	11
新内部DNSサーバ				

注[1]　新FW1と新FW2が共有する仮想IPアドレスである。
　[2]　L3SW1とL3SW2が共有する仮想IPアドレスである。

　この内容を，表1と対比させてみましょう。内容が基本的には同じである
ことがわかります。また，IPアドレスの割り当て範囲に関しては，「省略」
とあります。この点は，設問6（3）で解説します。

表 6　新FW及びスタックL3SWに設定する静的経路情報（抜粋）

機器名	宛先ネットワークアドレス	サブネットマスク	ネクストホップ	
			機器名	IPアドレス
新FW1, 新FW2	172.17.11.0	255.255.255.0	スタックL3SW	172.17.10.4
	172.17.101.0	255.255.255.0	スタックL3SW	172.17.10.4
	172.17.102.0	255.255.255.0	スタックL3SW	172.17.10.4
	172.17.103.0	255.255.255.0	スタックL3SW	172.17.10.4
	0.0.0.0	0.0.0.0	スタックL3SW	172.17.10.4
スタックL3SW	172.16.254.128	255.255.255.128	新FW1, 新FW2	172.17.10.1[1]
	0.0.0.0	0.0.0.0	L3SW1, L3SW2	172.17.11.1[2]

注[1]　新FW1と新FW2が共有する仮想IPアドレスである。
　[2]　L3SW1とL3SW2が共有する仮想IPアドレスである。

表 7　FW及びL3SWに追加する静的経路情報（抜粋）

機器名	宛先ネットワークアドレス	サブネットマスク	ネクストホップ	
			機器名	IPアドレス
FW1, FW2	172.16.254.128	255.255.255.128	L3SW1, L3SW2	172.17.10.4[1]
L3SW1, L3SW2	172.16.254.128	255.255.255.128	スタックL3SW	172.17.11.101

注[1]　L3SW1とL3SW2が共有する仮想IPアドレスである。

　今度は静的経路情報です。

もう，これ以上，頭の中に入りません。

　表がたくさんあって，嫌になりますね。本試験では，これらの表を最初か
らしっかり読む必要はありません。どんなことが書かれてあるかを簡単に確
認し，設問を解くときに改めて確認すれば十分です。

お疲れのところですが，1点だけ。表6のスタックL3SWの経路情報の一つめに，172.16.254.128の経路があり，ここだけサブネットマスクが255.255.255.128と25ビットマスクです。同じ情報が，表7にもあります。この情報は，設問6（3）で使います。

次に，J主任は，ステップ3の現行の社内システムから新社内システムへの切替作業について検討した。J主任が作成したステップ3の作業手順を，表8に示す。

最後の最後で，一番大きな表が登場しました。疲れますので，内容を分けて見ていきましょう。まずは作業の一つめと二つめです。問題文に，**A～D**の番号を付与しました。そのあとの図と照らし合わせて，どんな作業をしているのか確認してください。

表8　ステップ3の作業手順（抜粋）

作業名	手順	
インターネット接続回線の切替作業	・現行のルータ1に接続されているインターネット接続回線を，新ルータ1に接続する。	A
DMZのネットワーク構成変更作業	・新FW1及び新FW2に設定されているデフォルトルートのネクストホップを，新ルータ1のIPアドレスに変更する。	B
	・⑨現行のFW1とL2SW1間，及び現行のFW2とL2SW2間を接続しているLANケーブルを抜く。	C
	・⑩ステップ4で，新サーバに不具合が見つかったときの切戻しに掛かる作業量を減らすために，現行のL2SW1と新L2SW1間を接続する。	D
	・⑪インターネットから新公開Webサーバに接続できることを確認する。	

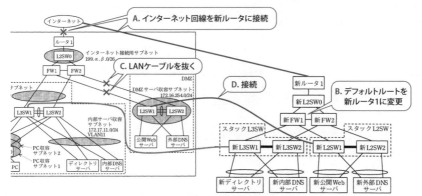

■社内システムから新社内システムへの切替作業（表8のA～Dとの対応）

参考ですが，内容のBに関して，ステップ3の前までは，デフォルトルートがスタックL3SWに向いていました。

内部 NW のネットワーク構成変更作業	・現行の L3SW1 及び L3SW2 の VLAN インタフェースに設定されている全ての IP アドレス，並びに静的経路情報を削除する。 ・スタック L3SW の VLAN11 の VLAN インタフェースに設定されている IP アドレスを，[g] に変更する。 ・スタック L3SW に設定されているデフォルトルートのネクストホップを新 FW1 と新 FW2 が共有する仮想 IP アドレスに変更する。 ・スタック L3SW に設定されている宛先ネットワークアドレスが 172.16.254.128/25 の静的経路情報を削除する。

続いて，内部NWのネットワーク構成の変更です。簡単に言うと，現行のL3SWの設定を削除して，新L3SWにその役割を引き継ぎます。

現行の L3SW や PC はどうなるんでしたっけ？

使いません。問題文の冒頭に，「残り1年でリース期間の満了を迎える，サーバ，**ネットワーク機器及びPCの更改**を検討」とあります。また，表4のステップ5にあるように「現行の社内システムを切り離」します。

空欄gは，設問6（7）で解説します。

ディレクトリサーバの切替作業	・新ディレクトリサーバをマスタとして稼働させる。

ディレクトリサーバとDHCPサーバに関してです。ディレクトリサーバはWindowsのActive DirectoryやLinuxなどで構築されるLDAPサーバをイメージしてください。ディレクトリサーバは，明示的なマスタ／スレーブの設定がないものもありますが，今回はマスタかどうかの設定があったのでしょう。または，「データを移行」とあるので，新旧ともマスタとして準備していたのかもしれません。詳細は不明ですが，新ディレクトリサーバをマスタとします。

DHCP サーバの切替作業	・現行の内部 DNS サーバの DHCP サーバ機能を停止する。 ・新内部 DNS サーバの DHCP サーバ機能を開始する。 ・⑫スタック L3SW に DHCP リレーエージェントを設定する。

　ディレクトリサーバと同様に, 新内部DNSサーバに切り替えて, DHCPサーバ機能も開始します。

　DHCPリレーエージェントですが, なぜ今回は設定が必要なのですか?

　今回だけでなく, 現行のL3SWでも設定されていました。このあと, 新PCを接続するために, この時点で設定をしたようです。もちろん, 事前に設定しておいてもよかったと思います。

新 PC の接続作業	・スタック L3SW に, VLAN101〜VLAN103 の VLAN インタフェースを作成し, IP アドレスを設定する。 ・新 L2SW3〜新 L2SW20 と新 L3SW1, 新 L3SW2 に, VLAN101〜VLAN103 を通すトランクポートを設定し, 接続する。 ・新 PC から新ディレクトリサーバに接続できることを確認する。

　　J主任が作成した移行計画はM課長に承認され, J主任は更改の準備に着手した。

　最後は, 新PCの接続です。いろいろ書いてありますが, 内容は単純です。現行のL2SWやL3SWと同様に, VLANの設定を行います。
　長文, お疲れさまでした。

設問の解説

〔社内システムの概要〕について，(1)，(2) に答えよ。

(1) 本文中の　　a　　，　　b　　に入れる適切な字句を答えよ。

空欄a

問題文の該当部分は以下のとおりです。

- 内部DNSサーバは，DNS　　a　　であり，PC及びサーバから送信された社外のドメインに関する名前解決要求を，ISPが提供するフルサービスリゾルバに転送する。

この問題のヒントは，「名前解決要求を」「フルサービスリゾルバに転送する」という機能です。名前解決を依頼するサーバなので，「キャッシュDNSサーバ」か「DNSフォワーダ」です。

「DNS」が先頭に付くので，「キャッシュDNSサーバ」ではないですね。

はい，そういう解き方もあると思います。今回は，「転送」というキーワードが入っているので，「フォワーダ」が正解です。キャッシュDNSサーバ（フルサービスリゾルバ）は，反復問い合わせをして自ら名前解決をします。一方のフォワーダは，自ら名前解決をせず，<u>転送</u>します。転送先のDNSサーバ（今回はISPのフルサービスリゾルバ）から戻ってきた結果を，PCに返します。

解答	フォワーダ

Q. DNSの機能に関して，「DNS」という言葉が入った基本的なキーワードを，思いつく限り述べよ。

A. 基礎知識の復習も兼ねて，ご自身で考えてみてください。同時に，それらの機能や意味を整理するのも勉強になります。

正解例としては，プライマリ（マスタ）DNSサーバ，セカンダリ（スレーブ）DNSサーバ，外部DNSサーバ，内部DNSサーバ，キャッシュDNSサーバ（フルリゾルバ），コンテンツDNSサーバ，DNSクライアント（スタブリゾルバ），DNSSEC，DNSラウンドロビンなどがあります。

また，機能ではなく，セキュリティの攻撃まで広げると，DNSキャッシュポイズニング，DNSリフレクタ攻撃などもあります。

空欄b

問題文の該当部分は以下のとおりです。

- L3SW1及びL3SW2でVRRPを構成し，L3SW1の ┃ b ┃ を大きく設定して，マスタルータにしている。

VRRPの設定内容が問われています。VRRPにおいて，マスタルータにするには，プライオリティ値（優先度）を大きくします。問題文で説明したVRRPの設計内容も参考にしてください。

> **解答** プライオリティ値

「優先度」では不正解ですか？

正確なことはわかりませんが，今回は不正解だったような気がします。というのも，STPに関して，ブリッジの優先度を「プライオリティ値」と表現しているからです。

設問1

(2) 本文中の下線①の名前解決要求先を，図1中の機器名で答えよ。

問題文の該当部分は以下のとおりです。

- 内部DNSサーバはDHCPサーバ機能をもち，PCに割り当てるIPアドレス，サブネットマスク，デフォルトゲートウェイのIPアドレス，及び①名前解決要求先のIPアドレスの情報を，PCに通知している。

「名前解決要求先」という独特な表現を使っていますが，「名前解決」を「要求する先」なので，DNSサーバです。

さて，DNSサーバには，内部DNSサーバと外部DNSサーバなど，複数あります。どのDNSサーバかも含めて答えます。

ヒントは，問題文の「**内部DNSサーバ**は，社内システムのドメインに関するゾーンファイルを管理する権威サーバであり，**PC及びサーバから送信された名前解決要求に応答**する」の部分です。今回はPCに割り当てるDNSサーバが問われているので，内部DNSサーバが正解です。

解答 内部DNSサーバ

設問2

〔現行の内部NW調査〕について，(1)，(2)に答えよ。

(1) 本文中の下線②の設定を行わず，内部NWのL2SW及びL3SWに同じブリッジプライオリティ値を設定した場合に，L2SW及びL3SWはブリッジIDの何を比較してルートブリッジを決定するか。適切な字句を答えよ。また，L2SW3がルートブリッジに選出された場合に，

> L3SW1とL3SW2がVRRPの情報を交換できなくなるサブネットを，図1中のサブネット名を用いて全て答えよ。

【設問前半】

問題文には「②L3SW1に最も小さいブリッジプライオリティ値を，L3SW2に2番目に小さいブリッジプライオリティ値を設定」とあります。

この設問は，ルートブリッジの決め方に関する知識問題です。ルートブリッジの選定に関しては，H20年度の午前問題や，H25年度 午後Ⅱ 問1などでも問われました。

さて正解ですが，ブリッジIDは，**プライオリティ値**とスイッチの**MACアドレス**を組み合わせた値です。もし，プライオリティが同一の場合，MACアドレスが最小のスイッチがルートブリッジになります。

解答	MACアドレス

【設問後半】

L2SW3がルートブリッジになると，STPによって，あるポートがブロッキングになります。その結果，そのサブネットでは通信ができません。よって，この設問の答えを導きだすには，どこがブロッキングポート（＝非指定ポート）なのかを考えます。

> スイッチのMACアドレス情報などがないので，ブロッキングポートがどこなのか，正確にはわからないと思います。

確かにそうですが，L3SW1とL3SW2を接続するリンクのどちらかがブロックされます。細かい計算をしてもらってもいいですが，基礎解説（p.29）で述べたように，ルートブリッジから最も遠いところがブロックされると考えてもいいでしょう。

STPってVLAN単位で計算されますよね？ であれば，たとえば，FW-L3SW間サブネットでは，違うところがブロックされるのでは？

　STPは，**VLANごとではなく**，全VLANで一つのSTPを構成します。VLANごとにSTPを構成する標準技術はMSTPです。なお，PVST（PerVLAN SpaningTree）というVLANごとにSTPを構成するCisco独自技術もあります。Ciscoはデフォルトではで PVSTが動いているので，「STPはVLANごとに構成」と勘違いしてしまったかもしれません。

　以下の図を見てください。すでにお伝えしたように，L3SW1とL3SW2を接続するリンクがブロックされます。これは，VLANに関係なくブロックされるので，VLAN10（FW-L3SW間サブネット）とVLAN11（内部サーバ収容サブネット）のVRRP Helloは通りません。

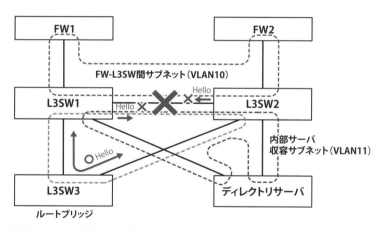

■L3SW1とL3SW2がVRRPの情報を交換できなくなるサブネット

| 解答例 | FW-L3SW間サブネット，内部サーバ収容サブネット |

（2）本文中の　　c　　～　　e　　に入れる適切な字句を答えよ。

　空欄cと空欄dですが，問題文には「STPを設定したスイッチは，各ポートに，ルートポート，指定ポート及び非指定ポートのいずれかの役割」とあります。よって，ここに記載された言葉を使って答えます。間違っても，「非指定」ポートを「ブロッキング」ポートなどと答えないようにしましょう。

空欄c

　問題文には，「ルートブリッジであるL3SW1では，全てのポートが　　c　　ポートとなる」とあります。これは知識問題で，空欄cには「指定」が入ります。

解答	指定

> 3択なので，わからなかったらヤマ勘ですね。

　はい，ヤマ勘も大事です。また，STPの基礎知識があれば，三つのうちどれかがブロッキングポートだということは知っているはずです。名前から，非指定ポートがブロッキングポートだと判断できるでしょう。ルートブリッジがブロッキングされることはないとアタリがつけられれば，ルートポートか指定ポートの2択です。

空欄d

　問題文の該当部分は以下のとおりです。

　非ルートブリッジでは，パスコストやブリッジプライオリティ値に基づきポートの役割を決定する。例えば，L2SW3において，L3SW2に接続するポートは，　　d　　ポートである。

今回の構成におけるポートの役割を，まずは教科書どおりに考えてみます。スイッチは，L3SW1，L3SW2，L2SW3，L2SW20の4つで考えます。また，L3SW1とL3SW2はリンクアグリゲーションを組んでいますので，仮想的にケーブルが1本とみなします。

　問題文に，「②L3SW1に最も小さいブリッジプライオリティ値を，L3SW2に2番目に小さいブリッジプライオリティ値を設定し，L3SW1をルートブリッジにしている」とあります。ブリッジプライオリティ値は，L3SW1に最も小さい0，L3SW2に2番目に小さい4096を設定，L2SW3にはプライオリティ値を設定せず，デフォルトの値（32768）とします。

　では，1章の基礎解説に記載した以下のルールでポートの役割を順に決めます。

【ポートの役割の決め方】
- ルートブリッジ（今回はL3SW1）のすべてのポートが「指定ポート」
- 非ルートブリッジにおいて，ルートブリッジにもっとも近い（＝パスコストの加算値が最も少ない）ポートがルートポート。
- 各セグメント（機器と機器をつないだ線）で，ルートブリッジに最も近いポートが指定ポート。それ以外が非指定ポート（＝データを送受信しないブロッキングポート）。このとき，パスコストが同じ場合は，優先度（ブリッジプライオリティ値）が低いほうが優先。

　結果，下図のようになり，L2SW3において，L3SW2に接続するポートは，非指定ポート（ブロッキングポート）であることがわかります。

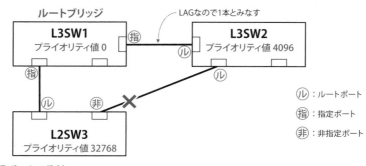

■ ポートの役割

参考までに，基礎解説でも述べたやり方もおすすめです。それは，「ルートブリッジから最も遠いところがブロックされる」という考え方です。L2SW3に限定して考えると，以下のようになります。

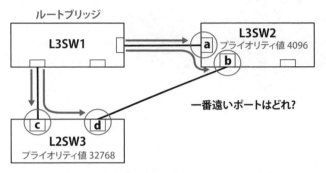

■ ルートブリッジから最も遠いポートはどこか

さて，ルートブリッジから最も遠いポートは**a**〜**d**のどれでしょうか。

距離が同じ場合は，プライオリティ値を考慮するんですよね。

そうです。そうすると，ポートdが最も遠いということがわかり，ここがブロックされる，つまり非指定ポートです。

空欄e

問題文の該当部分は以下のとおりです。

> STPのネットワークでトポロジの変更が必要になると，スイッチはポートの状態遷移を開始し，[e]テーブルをクリアする。

トポロジが変更になることにより，空欄eのテーブルを初期化します。さて，空欄eには何が入るでしょうか。

「テーブル」が付く言葉ですから，「ARP テーブル」か
「MAC アドレステーブル」でしょうか。

　そうですね。STPはレイヤ2の技術です。レイヤ2レベルのテーブルだ
と，その二つだとアタリをつけることができます。ここで，ARPテーブルは，
IPアドレスと**MACアドレス**の対応を持ちます。また，MACアドレステーブ
ルは，スイッチの**ポート**と接続された機器の**MACアドレス**の対応を持ちます。
　ここまでくれば簡単ですね。トポロジが変更されることで，端末の接続経
路（つまり，ポート）が変更になります。よって，MACアドレステーブル
を初期化すべきです。

解答	MACアドレス

　以下，単純な例ですが，ケーブル切断により，L2SW1のMACアドレス
テーブルが書き変わる様子を記載しました。下の左の図を見てください。
L2SW1において，PC2（MACアドレスはmac2）へは，ポート2から出力し
ます。これが，ケーブルが切断すると，ポート3に変わります（下の右図）。

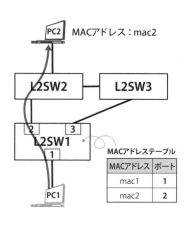
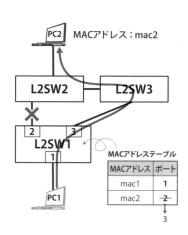

■**L2SW1のMACアドレステーブルが書き変わる**

〔RSTPを用いる方式〕について，(1)，(2)に答えよ。
(1) 本文中の ___ f ___ に入れる適切な字句を答えよ。

問題文の該当部分は以下のとおりです。

スイッチAは，スイッチBがRSTPによって構成されるトポロジにおいて ___ f ___ であると判定し，スイッチBにアグリーメントを送信し，指定ポートをルートポートにする。

基礎解説でも解説しましたが，比較結果から，どちらのスイッチが優先か（＝階層構造の上位か）どうかを判断し，それによって役割を決めます。上位のスイッチのポートが指定ポートになり，下位のスイッチのポートがルートポートになります。

今回は，問題文にあるように，「スイッチAにおいて，スイッチRに接続するポートのダウン」とあります。すると，ルートブリッジであるスイッチRがツリー構造の最上位で，次にスイッチB，最下位がスイッチAです（下図）。

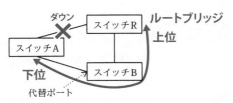

注記1　全てのスイッチにRSTPを用いる。
注記2　スイッチRがルートブリッジである。

■ スイッチの階層

よって，スイッチAから見ると，スイッチBは「上位のスイッチ」です。

解答例	上位のスイッチ

この問題は難しかったと思います。なぜなら，教科書に出てくるようなキーワードではないからです。ヒントといえば，問題文に「ルートブリッジに選

出されたL3SW1は，STPによって構成されるツリー型トポロジの<u>最上位の</u><u>スイッチ</u>である」とあります。ただ，ここから正解を導くのは難しかったことでしょう。

　（2）本文中の下線③について，トポロジの再構成に掛かる時間を短縮できる理由を二つ挙げ，それぞれ30字以内で述べよ。

　問題文には，「調査結果から，STPをRSTPに変更することで，<u>③内部NW</u><u>に障害が発生したときの，トポロジの再構成に掛かる時間を短縮できること</u>を確認した」とあります。

　採点講評には，「設問3（2）は，正答率が低かった。トポロジの再構成に掛かる時間を短縮できる理由を問う問題であり，本文中に示されたRSTPで追加されたポートの役割，STPとRSTPの状態遷移の違いを読み取り，もう一歩踏み込んで考えてほしい」とあります。難しかったと思います。

　この採点講評にあるように，（この問題に限ったことではありませんが）問題文のヒントを使って答えを導き出します。問題文の指示に従い，次の条件で答えを見つけます。

- 「調査結果から」 ➡ 問題文に書かれてあることを事実とする
- 「STPをRSTPに変更することで」 ➡ STPとRSTPの違いに着目する

STPとRSTPの違いは，採点講評に書かれてあることと基本的に同じですが，以下のとおりです。
　①RSTPで代替ポートが追加された
　②ルートポートのダウンを検知したら，すぐに代替ポートがルートポートになり，フォワーディングの状態になる

二つめは高速化の理由としてわかりますが，
一つめは関係ありますか？

もちろんです。代替ポートを作らず, 非指定ポート (ブロッキングポート) のままでは②の処理は実施できません。なぜなら, どのポートをルートポートにすべきか, 瞬時に判断ができないからです。事前にルートポートにするべきポートを決めているからこそできるのです。

　解答としては, 代替ポートを事前に決めている点, すぐにフォワーディングの状態になる点を記載します。解答例は以下のとおりですが, 表現が違っても趣旨があっていれば正解になったことでしょう。

解答例 ① ポート故障時の代替ポートを事前に決定しているから (24字)
② 転送遅延がなく, ポートの状態遷移を行うから (21字)

解答例に「転送遅延」という記載があります。「最大エージタイマ」は短縮しないのですか?

　今回の場合は「内部NWに障害が発生したときの, トポロジの再構成」に関する内容です。基礎解説でも述べましたが, 最大エージタイマは, リンクに障害が発生したことを認定するまでの時間です。スイッチに直接接続されたリンクが切れた場合は, すぐに障害とわかるので, 最大エージタイマは0秒です。これ以上短縮できません。

　さて, ここまで解説をしましたが, 私も解答例を見ているから解説できるのであって, この答案を本試験で書くのは簡単ではありません。実際, このような解答例をズバリ書けた人は少ないはずです。合格ラインは6割なので, 多少の間違いはOKと考えましょう。

〔スイッチのスタック機能を用いる方式〕について，（1），（2）に答えよ。

（1）本文中の下線④について，運用負荷を軽減できる理由を，30字以内で述べよ。

問題文の該当部分は以下のとおりです。

> 検討の内容を基に，J主任は，スタック機能を用いることで，障害発生時の復旧を早く行えるだけでなく，④スイッチの情報収集や構成管理などの維持管理に係る運用負荷の軽減や，⑤回線帯域の有効利用を期待できると考えた。

さて，皆さんがスイッチの運用として，スイッチの情報収集や構成管理などをする場合，どうしますか？ おそらく，SNMPを使ったり，ping監視をしたり，Zabbixなどの専用ツールを使ったり，場合によってはExcelなどで台帳を作成して管理することでしょう。これらの情報収集や管理は，機器の台数分だけ必要です。

これが，スタック接続するとどうなるでしょう。問題文の解説でも述べましたが（p.233），2台のスイッチが，論理的というより，実質的には物理的に1台として扱えます。

であれば，管理する機器が単純に半分になり，管理は楽になると思いませんか。この点を解答にまとめます。

解答例 2台のL3SWを1台のスイッチとして管理できるから（25字）

こういう漠然とした設問が，一番答えづらいです。

そうですね。この設問は問題文にヒントがなく，IPAらしからぬ問題だなぁ

と思っています。採点講評では触れられていませんが，正答率は低かったと思います。

設問4

（2）本文中の下線⑤について，内部NWで，スタックL3SW～新L2SW以外に回線帯域を有効利用できるようになる区間が二つある。二つの区間のうち一つの区間を，図3中の字句を用いて答えよ。

まず，設問文にある「回線帯域を有効利用」とは，どういう意味でしょうか。回線帯域が1Gbpsと仮定して考えます。問題文でも説明しましたが（p.234），STPの場合，2本のケーブルがあっても1Gbpsの速度しか出ません。それが，スタック接続してリンクアグリゲーションを組めば，回線を2本束ねて2Gbpsの通信が可能です。これが，回線帯域の有効利用です。

では，このようになる経路を探しますが，図4を見れば明確です。設問文の指示に従い，「内部NW」がどこかを確認した上で，リンクアグリゲーションを組んでいるところが正解です。

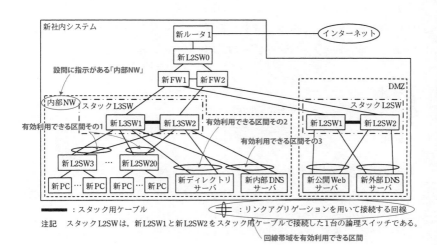

■ 図4の「内部NW」でのリンクアグリゲーション区間

> ちなみに，2台のFWを一つのスタックで接続して，
> リンクアグリゲーションを組むことはできませんか？

残念ながら，FWにそのような機能はありません。

設問5
図3の構成について，STP及びRSTPを不要にしている技術を二つ
答えよ。また，STP及びRSTPが不要になる理由を，15字以内で述べよ。

【不要になる理由】

　まず，「STP及びRSTPが不要になる理由」を考えます。これは簡単ですね。
STPの目的を考えればいいのです。STP目的は，ループの防止と，（わざとルー
プ構成にすることで）機器や経路の冗長化をすることです。

> どちらを答えても正解ですか？

　今回はループの防止を答えるべきです。たしかに，リンクアグリゲーショ
ンなどの他の技術で冗長構成が組めれば，STPは不要に感じるかもしれませ
ん。しかし，ループが残っていれば，STPを不要にはできません。
　今回の場合，このあとに解説をしますが，ループがなくなりました。これ
が，「STP及びRSTPが不要になる理由」です。

【不要にしている技術】

　次に，ループが不要になったのはなぜかを考えます。それは，スタックと

リンクアグリゲーション技術のおかげです。念のため，L2SW3の部分における，新旧の構成を確認しておきましょう。

まず，左側の旧構成です。赤線のループが存在します（下図❶）。次に右側の新構成です。スタック技術（❷）と，リンクアグリゲーション技術（❸）を使うことで，実質的には，その下に記載した構成（❹）となります。見てわかるように，ループが存在しません。

【旧構成（図1を抜粋）】

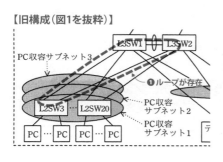

【新構成（図3を抜粋）】

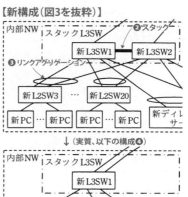

↓（実質、以下の構成❹）

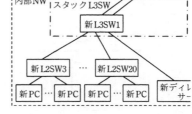

■**L2SW3の部分における，新旧の構成**

解答例	技術： ・スタック　・リンクアグリケーション 理由：**ループがない構成だから**（11字）

〔新社内システムへの移行の検討〕について，（1）～（8）に答えよ。

（1）表4中の下線⑥によって発生する現行のディレクトリサーバから新ディレクトリサーバ宛ての通信について，現行のL3SW1とスタックL3SW間を流れるイーサネットフレームをキャプチャしたときに確認できる送信元MACアドレス及び宛先MACアドレスをもつ機器をそれぞれ答えよ。

問題文の下線⑥は，「⑥現行のディレクトリサーバから新ディレクトリサーバへデータを移行する」とあります。

では，現行のディレクトリサーバと新ディレクトリサーバがどのように接続されているか，図1と図4を連結させると以下のようになります。

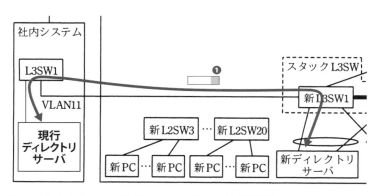

■現行のディレクトリサーバと新ディレクトリサーバの接続状況

ここで，IPアドレスを確認しましょう。現行のディレクトリサーバのIPアドレスは，表1から172.17.11.10～100/24のどれかです。新ディレクトリサーバのIPアドレスは，問題文に「172.17.11.0/24のIPアドレスから未使用のIPアドレスを割り当てる」とあります。つまり，両者は同一サブネットです。

では，現行のディレクトリサーバから新ディレクトリサーバ宛ての通信の，フレームはどうなるでしょうか。実は同一サブネットなので，現行のディレクトリサーバから出たフレームが，そのまま新ディレクトリサーバに届きます。フレームの中身（MACアドレスとIPアドレスに限定）は次のとおりです。

■ 現行ディレクトリサーバから新ディレクトリサーバまでのフレーム（前ページ図❶）

宛先 MACアドレス	送信元 MACアドレス	送信元 IPアドレス	宛先 IPアドレス	データ
新ディレクトリ サーバ	現行のディレク トリサーバ	現行のディレク トリサーバ	新ディレクトリ サーバ	

それって当たり前では？

　いえ，もしルータを経由すると，MACアドレスがルータのMACアドレスに付け替えられたりします。詳しくはこのあとの設問6（2）で解説します。

　よって，送信元MACアドレスは「現行のディレクトリサーバ」，宛先MACアドレスは「新ディレクトリサーバ」です。

> **解答例** 送信元MACアドレスをもつ機器：**現行のディレクトリサーバ**
> 宛先MACアドレスをもつ機器：**新ディレクトリサーバ**

設問6

（2）表4中の下線⑦によって発生する現行のPCから新公開Webサーバ宛ての通信について，現行のL3SW1とスタックL3SW間を流れるイーサネットフレームをキャプチャしたときに確認できる送信元MACアドレス及び宛先MACアドレスをもつ機器をそれぞれ答えよ。

　問題文の下線⑦は，「⑦現行の社内システムに接続されたPCから，新公開Webサーバの動作確認を行う」とあります。

　先ほどと同様に，現行のPCと新公開Webサーバがどのように接続されているか，図1と図4を連結させると次ページの図のようになります。

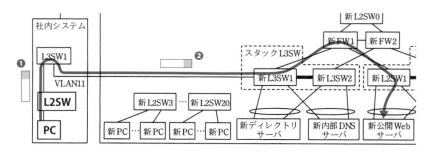

■ 現行のPCと新公開Webサーバの接続状況

　ここで, PCのIPアドレスは, 表1から172.17.101.10などで, 新公開Webサーバは, 問題文に「172.16.254.0/24のIPアドレスブロックから未使用のIPアドレスを割り当てる」とあります。先ほどの設問6（1）とは違い, 両者は異なるサブネットです。

　では, PCから送られた新公開Webサーバ宛てのフレームが, L3SW1と新L3SW1の間ではどのようになるでしょうか。フレームを書いてみましょう。フレームの中身は, MACアドレスとIPアドレスに限定しています。

■ PCからL3SW1までのフレーム（上図①）

宛先 MACアドレス	送信元 MACアドレス	送信元 IPアドレス	宛先 IPアドレス	データ
現行のL3SW1	PC	PC	新公開 Webサーバ	
↓付け替え	↓付け替え	↓そのまま	↓そのまま	

■ L3SW1と新L3SW1の間のフレーム（上図②）

宛先 MACアドレス	送信元 MACアドレス	送信元 IPアドレス	宛先 IPアドレス	データ
スタックL3SW	現行のL3SW1	PC	新公開 Webサーバ	

　このように, サブネットをまたぐ通信では, MACアドレスの付け替えが行われます（IPアドレスは変更ありません）。

※厳密には①の宛先MACアドレスはVRRP用のMACアドレスですが, わかりやすさと解答例に合わせて「現行のL3SW1」のMACアドレスとしました。

答案の書き方ですが，設問文には「現行のL3SW1とスタックL3SW間」と記載されています。なので，「現行のL3SW1」「スタックL3SW」という言葉をそのまま使います。図1に記載があるからといって，勝手に「L3SW1」などと変えてはいけません。おそらく不正解になります。

> **解答例** 送信元MACアドレスをもつ機器：**現行のL3SW1**
> 宛先MACアドレスをもつ機器：**スタックL3SW**

設問6

（3）本文中の下線⑧について，新公開Webサーバに割り当てることができるIPアドレスの範囲を，表1及び表5〜7の設定内容を踏まえて答えよ。

問題文には，「⑧新公開Webサーバ及び新外部DNSサーバには，172.16.254.0/24のIPアドレスブロックから未使用のIPアドレスを割り当てる」とあります。

「未使用」とあるので，すでに使われているIPアドレスを除外します。すでに使われているのは，表1，表5〜7を見ると，172.16.254.10〜100（公開Webサーバ，外部DNSサーバ），172.16.254.1（新FW）です。ちなみに，表6や表7に172.16.254.128とありますが，これはネットワークアドレスであって，実際に割り当てられるIPアドレスではありません。

> じゃあ，それ以外のIPアドレスを割り当てればいいのですね。

基本はそうなのですが，今回はそう単純ではありません。表4の移行ステップを見ると，ステップ5で現行の社内システムを切り離すまで，新旧のシステムが混在します。なおかつ，旧の公開Webサーバと新公開Webサーバは，新FWというL3デバイスで分断されているので，同一サブネットにはできません。なので，サブネットを分ける必要があります。（問題文の解説も参

考にしてください。）

　今回は難易度が高いのですが，サブネットマスク（厳密にはCIDR。以降同じ）を25ビット（255.255.255.128）で区切り，現行の公開Webサーバを172.16.254.80/25，新公開Webサーバを172.16.254.180/25（※どちらもIPアドレスは勝手に割り振りました）というふうにサブネットを分けるのです。よって，新公開Webサーバのサブネットは172.16.254.128/25になり，解答例のようになります。

解答例 172.16.254.128 ～ 172.16.254.254

> あれ？ 172.16.254.128 は，ネットワークアドレスだからPC に割り当てられませんよね？

　そうなんです。この問題，非常に難問でした。解説が少し長くなるのですが，順に説明します。まず，今回の場合，現行および新公開Webサーバには，どちらもサブネットマスクを25ビットではなく，24ビットで設定します（次ページの図❶❷）。というのも，問題文には，現行のWebサーバのIPアドレスおよびサブネットの設定を変更するという記載がないからです。また，表5および「全ての新サーバについて，デフォルトゲートウェイのIPアドレスは，現行のサーバと同じIPアドレスにする」とあるので，新公開Webサーバのデフォルトゲートウェイは172.16.254.1です。ですから，172.16.254.1と新公開Webサーバが同一サブネットであるためには，新公開Webサーバ（たとえば172.16.254.180）のサブネットマスクを24ビットにします。

　そして，サブネットマスクを24ビットにしたまま，静的経路（スタティックルーティング）を追加して，両者のサブネットに通信できるようにします。

　次ページの図を見てください。複雑になるので，現行のL3SW1だけに着目します。表2から，L3SW1のデフォルトルートはFW1/FW2です。また，表7をみると，172.16.254.128/25のサブネット（新公開Webサーバのサブネット）へのルートとして，ネクストホップにスタックL3SWを設定しています。これによって，現行の公開Webサーバへの通信（次ページの図❸）と，

新公開Webサーバへの通信（**④**）を適切に経路制御します。

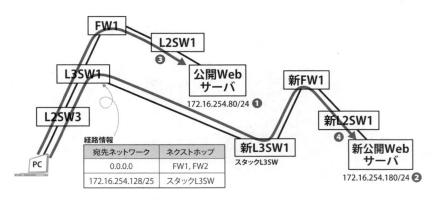

■ **スタックL3SWを設定して経路制御**

こんなのでうまくいくのですか？

　不思議なネットワークですよね。しかも，FW1/FW2と新FW1/FW2のIP
アドレスはどちらも172.16.254.1であり，重複しています（表1と表5より）。
なので，現行の公開Webサーバから新公開Webサーバへの通信は正常に行
えません。同一サブネットと判断し，L3装置を超えようとしないからです。
ただ，PCから両Webサーバへの通信に限っては，経路情報に従って正常に
通信が行えます。
　説明が長くなりましたが，新公開Webサーバのサブネットマスクが
25ビットであれば，172.16.254.128のIPアドレスは使えません。ですが，
172.16.254.128/24と24ビットを使っているので，このIPアドレスを割り当
てることができるのです。

設問6

（4）表8中の下線⑨を行わないときに発生する問題を，30字以内で述べよ。

問題文の該当部分は以下のとおりです。

表8　ステップ3の作業手順（抜粋）

DMZ のネットワーク構成変更作業	・新 FW1 及び新 FW2 に設定されているデフォルトルートのネクストホップを，新ルータ1の IP アドレスに変更する。 ・⑨現行の FW1 と L2SW1 間，及び現行の FW2 と L2SW2 間を接続している LAN ケーブルを抜く。 ・⑩ステップ 4 で，新サーバに不具合が見つかったときの切戻しに掛かる作業量を減らすために，現行の L2SW1 と新 L2SW1 間を接続する。 ・⑪インターネットから新公開 Web サーバに接続できることを確認する。

　ステップ3では，現行のシステムから新システムに切り替えます。ですから，⑨にて現行システムを切り離すためにLANケーブルを抜くのは，当然ともいえます。

　構成に関しては，p.238の問題文の解説を参考にしてください。いくつか問題がありましたね。サブネットが重複していること，新FWのIPアドレスも重複していました。なので，この問題点を解答として記載します。

解答例 　**現行のFWと新FWの仮想IPアドレスが重複する。**（24字）

> なぜこのタイミングなのですか？ ステップ1が
> 完成した段階で，IPアドレスは重複していますよ。

　はい，ステップ1の段階で，現行FWと新FWのアドレスは重複しています。ただ，ステップ1の段階では重複していても問題ありません。現行ネットワークを今までどおり利用したり，ステップ2でデータ移行や動作確認を行ったりするだけであれば，IPアドレス重複の影響がないからです。

　ただ，このあとに下線⑩にて，L2SW1と新L2SW1間を接続します。すると，同一サブネット内に新旧FWがつながってしまうので，影響がでます。ですから，下線⑩の前に，下線⑨を行う必要があるのです。

(5) 表8中の下線⑩の作業後に，新公開Webサーバに不具合が見つかり，現行の公開Webサーバに切り替えるときには，新FW1及び新FW2の設定を変更する。変更内容を，70字以内で述べよ。また，インターネットから現行の公開Webサーバに接続するときに経由する機器名を，【転送経路】の表記法に従い，経由する順に全て列挙せよ。

【転送経路】

インターネット → 　経由する順に全て列挙　 → 公開Webサーバ

　問題文には，「⑩ステップ4で，新サーバに不具合が見つかったときの切戻しに掛かる作業量を減らすために，現行のL2SW1と新L2SW1間を接続する」とあります。

【変更の内容】

　この設問は，それほど難しくなかったと思います。問題文で新FWに設定した内容を探せば，その中のどれかが答えです。新FWの設定した内容とは，新FWのIPアドレスやサブネット，経路情報などの他に，以下の記載があります。

- 新FW1及び新FW2には，インターネットから受信したパケットの宛先IPアドレスを，新公開Webサーバ及び新外部DNSサーバのプライベートIPアドレスに変換する静的NATを設定する。

　今回，新公開Webサーバと現行の公開Webサーバで，IPアドレスが異なります。問題文に，「⑧新公開Webサーバ（中略）未使用のIPアドレスを割り当てる」とあるからです。

　新公開Webサーバから現行の公開Webサーバに切り替えるには，この静的NATの設定を変えます。この点を解答にまとめます。

解答例　静的NATの変換後のIPアドレスを，新公開Webサーバから現行の公開WebサーバのIPアドレスに変更する。（53字）

【経由する機器】

次に，「インターネットから現行の公開Webサーバに接続するときに経由する機器名」を考えます。まず，図1と図3から，両者の図を組み合わせて流れを考えると以下のようになります。

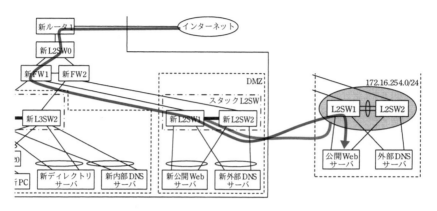

■インターネットから現行の公開Webサーバへの接続

経由する機器は，表記方法に従うと以下のとおりです。

インターネット → 新ルータ1 → 新L2SW0 → 新FW1 → 新L2SW1 → L2SW1 → 公開Webサーバ

解答例	新ルータ1 → 新L2SW0 → 新FW1 → 新L2SW1 → L2SW1

設問6

（6）表8中の下線⑪によって発生する通信について，新FWの通信ログで確認できる通信を二つ答えよ。ここで，新公開Webサーバに接続するためのIPアドレスは，接続元が利用するフルサービスリゾルバのキャッシュに記録されていないものとする。

問題文には，「⑪インターネットから新公開Webサーバに接続できることを確認する」とあります。

今回はFWのログの中で，「インターネットから新公開Webサーバに接続

できることを確認する」ことによって確認できる通信を考えます。当たり前ですが，一つはインターネットから新公開WebサーバへのへのへWeb通信（HTTPかHTTPS）です。

もう一つは何でしょう。

設問文に「フルサービスリゾルバ」のことが書かれてあるので，DNSでしょうか。

はい，とてもわかりやすいヒントでした。「接続元」はインターネットから通信してくるPC，「フルサービスリゾルバ」はキャッシュDNSサーバと考えてください。キャッシュに記録されていないので，新公開Webサーバに接続するためのIPアドレスを知りません。そこで，以下の図のように，新外部DNSサーバに対して，「新公開WebサーバのIPアドレスは何ですか？」というDNS通信が発生します。

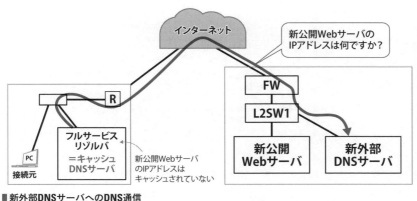

■ 新外部DNSサーバへのDNS通信

解答例	・新公開Webサーバ宛てのWeb通信 ・新外部DNSサーバ宛てのDNS通信

サッパリした解答ですね。

　はい，より丁寧に書こうとすると，たとえば「接続元から新公開Webサーバ宛てのWeb通信」などになります。ただ，接続元がPCだとすると，FWでIPアドレスをNATしている可能性があります。であれば，FWのログとしては，「接続元のFWやゲートウェイルータのIPアドレスを送信元とした，新公開Webサーバ宛てのWeb通信」となってしまいます。接続元の構成によって答えが変わってくるので，適切な解答とはいえません。解答例のようにシンプルに書くのが適切でしょう。

設問6

　(7)　表8中の　　　g　　　に入れる適切なIPアドレスを答えよ。

問題文の該当部分は以下のとおりです。

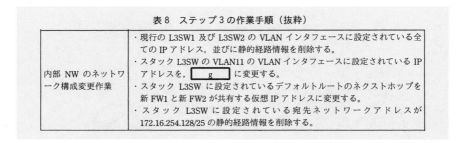

表8　ステップ3の作業手順（抜粋）

内部 NW のネットワーク構成変更作業	・現行の L3SW1 及び L3SW2 の VLAN インタフェースに設定されている全ての IP アドレス，並びに静的経路情報を削除する。 ・スタック L3SW の VLAN11 の VLAN インタフェースに設定されている IP アドレスを，　　g　　に変更する。 ・スタック L3SW に設定されているデフォルトルートのネクストホップを新 FW1 と新 FW2 が共有する仮想 IP アドレスに変更する。 ・スタック L3SW に設定されている宛先ネットワークアドレスが 172.16.254.128/25 の静的経路情報を削除する。

　問題文でも解説しましたが（p.242），ここでの作業は，現行のL3SWの設定を削除して，新L3SWであるスタックL3SWにその役割を引き継ぐことです。
　まず，上表の1行目で，L3SW1とL3SW2のレイヤ3に関する設定であるIPアドレスと経路情報を削除します。すると，レイヤ2の情報であるVLANだけが残ります。こうすると，L3SWは単なるL2SWとして動作します。
　代わりに，新L3SW（スタックL3SW）では，現行のL3SW1とL3SW2の役割を引き継ぎます。

削除してしまった現行 L3SW の IP アドレス情報も新 L3SW が引き継ぐのですね。

　そうです。表1に記載されている 172.17.11.1（VLAN11），172.17.101.1（VLAN101）などが引き継がれる必要があります。（※ただし，VLAN101などの設定は，もう少しあとになります。）

　今回問われているのはVLAN11なので，172.17.11.1 が正解です。

> **解答**　172.17.11.1

　空欄gを変更しないと，VLAN11（172.17.11.0/24）の新ディレクトリサーバと新内部DNSサーバでは，デフォルトゲートウェイ（172.17.11.1）と通信ができず，インターネットなどに接続できません。

空欄 g に変更する前は，どうなっているんでしたっけ？

　問題文にも記載がありましたが，「未使用のIPアドレスである172.17.11.101 を，一時的に割り当て」ています。

> **設問6**
>
> （8）表8中の下線⑫について，スタックL3SWは，PCから受信したDHCPDISCOVERメッセージのgiaddrフィールドに，受信したインタフェースのIPアドレスを設定して，新内部DNSサーバに転送する。DHCPサーバ機能を提供している新内部DNSサーバは，giaddrフィールドの値を何のために使用するか。60字以内で述べよ。

　問題文には，「⑫スタックL3SWにDHCPリレーエージェント」とあります。これは，giaddrフィールドの知識問題です。ただ，giaddrフィールドという言葉を知らなくても，DHCPリレーエージェントの仕組みがわかっていれば，

正解は導けたと思います。解答例を見ても，難しい言葉は含まれていません。

さて，正解は，払い出すIPアドレスのサブネットを識別するためです。DHCPリレーエージェントを使えば，複数のサブネットからのIPアドレスの払い出し要求を処理できます。ですが，どのサブネットのIPアドレスを払い出すか，DHCPサーバは知る必要があります。それがDHCPDISCOVERメッセージのgiaddrフィールドです。giaddrフィールドに，受信したインタフェースのIPアドレスを設定します。

解答例では，設問文の「何のため」に対応させて，文末を「～ため」にしています。

> **解答例** PCが収容されているサブネットを識別し，対応するDHCPのスコープからIPアドレスを割り当てるため（49字）

参考までに，DHCPリレーエージェントを利用した場合の，フレームの内容を解説します。

まず，172.17.101.0/24のサブネットのPCが，DHCPサーバに対してIPアドレスを要求します（次ページの図❶）。このときのフレームは，宛先MACアドレスがすべて1（FF:FF:FF:FF:FF:FF）です（❷）。新L3SW1には，DHCPリレーエージェントの設定がされています（❸）。

新L3SW1は，DHCPリレーエージェントの設定を見て，DHCPサーバが172.17.11.40であることを知り，そのサーバにフレームを転送します（❹）。そのときのパケット構成が❺で，データの中にgiaddrとして172.17.101.1が設定されています（❻）。この172.17.101.1というIPアドレスは，DHCPの要求を受け取ったポートのIPアドレスです（❼）。

新内部DNSサーバ（❽）のDHCP機能では，giaddrの172.17.101.1という値を見て，172.17.101.0のサブネットのIPアドレスを払い出します（❾）。

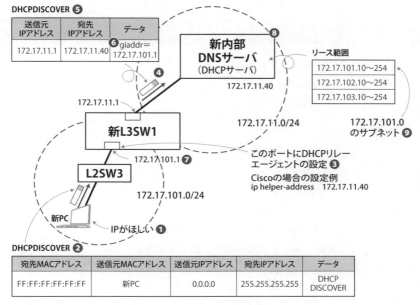

DHCPDISCOVER ❺

送信元 IPアドレス	宛先 IPアドレス	データ
172.17.11.1	172.17.11.40	❻giaddr= 172.17.101.1

新内部
DNSサーバ ❽
（DHCPサーバ）

172.17.11.40

リース範囲

172.17.101.10〜254
172.17.102.10〜254
172.17.103.10〜254

172.17.101.0
のサブネット ❾

172.17.11.0/24

172.17.11.1

❹

新L3SW1

このポートにDHCPリレー
エージェントの設定 ❸

172.17.101.1 ❼

Ciscoの場合の設定例
ip helper-address　172.17.11.40

L2SW3

172.17.101.0/24

新PC　　IPがほしい ❶

DHCPDISCOVER ❷

宛先MACアドレス	送信元MACアドレス	送信元IPアドレス	宛先IPアドレス	データ
FF:FF:FF:FF:FF:FF	新PC	0.0.0.0	255.255.255.255	DHCP DISCOVER

■ DHCPリレーエージェントを利用した場合のフレームの内容

設問			IPA の解答例・解答の要点	予想配点
設問 1	(1)	a	フォワーダ	2
		b	プライオリティ値	2
	(2)		内部 DNS サーバ	2
設問 2	(1)	比較対象	**MAC アドレス**	2
		サブネット	**FW-L3SW 問サブネット, 内部サーバ収容サブネット**	2
	(2)	c	指定	2
		d	非指定	2
		e	**MAC アドレス**	2
設問 3	(1)	f	上位のスイッチ	2
	(2)	①	・ポート故障時の代替ポートを事前に決定しているから	6
		②	・転送遅延がなく, ポートの状態遷移を行うから	6
設問 4	(1)		**2 台の L3SW を 1 台のスイッチとして管理できるから**	6
	(2)		スタック L3SW ～ 新ディレクトリサーバ 　　又は スタック L3SW ～ 新内部 DNS サーバ	6
設問 5		技術	① ・スタック	2
			② ・リンクアグリゲーション	2
		理由	ループがない構成だから	5
設問 6	(1)	送信元 MAC アドレスをもつ機器	**現行のディレクトリサーバ**	2
		宛先 MAC アドレスをもつ機器	**新ディレクトリサーバ**	2
	(2)	送信元 MAC アドレスをもつ機器	**現行の L3SW1**	2
		宛先 MAC アドレスをもつ機器	**スタック L3SW**	2
	(3)		**172.16.254.128 　～ 172.16.254.254**	6
	(4)		**現行の FW と新 FW の仮想 IP アドレスが重複する。**	6
	(5)	変更内容	**静的 NAT の変換後の IP アドレスを, 新公開 Web サーバから現行の公開 Web サーバの IP アドレスに変更する。**	8
		経由する機器	**新ルータ1→新 L2SW0→新 FW1→新 L2SW1→L2SW1**	5
	(6)	①	・新公開 Web サーバ宛ての Web 通信	3
		②	・新外部 DNS サーバ宛ての DNS 通信	3
	(7)	g	**172.17.11.1**	2
	(8)		**PC が収容されているサブネットを識別し, 対応する DHCP のスコープから IP アドレスを割り当てるため**	8
			合計	**100**

※予想配点は著者による

紅さんの解答	正誤	予想採点
フォワーダ	○	2
プライオリティ値	○	2
内部 DNS サーバ	○	2
MAC アドレス	○	2
	×	0
非指定	×	0
非指定	○	2
MAC アドレス	○	2
ディスカーディング	×	0
・リスニングとラーニングの状態遷移を省略できるから	○	6
・状態遷移後のポートの役割が予め決まっているから	○	6
どちらか一方の新 L3SW に静的経路情報を設定すればよいから	×	0
新内部 DNS サーバからスタック L3SW の区間	○	6
・リンクアグリゲーション	○	2
・アクティブ / アクティブのチーミング	×	0
	×	0
ディレクトリサーバ	×	0
スタック L3SW	×	0
L3SW1	×	0
スタック L3SW	○	2
172.17.11.2-172.11.100	×	0
戻りパケットが現行サーバに届いてしまうという問題	×	0
インターネットから受信した、現行の公開 Web サーバ宛のパケットの宛先 IP アドレスをプライベート IP アドレスに静的 NAT する設定を追加する。	○	8
新ルータ1 → 新 L2SW0 → 新 FW1 及び新 FW2 → 新 L2SW1 → L2SW1	×	0
・送信元 IP アドレス	×	0
・送信元ポート番号	×	0
172.17.11.1	○	2
DHCPDISCOVER の送信元セグメントに一致した IP アドレスプールから IP アドレスを払い出すため。	○	8

予想点合計 **52**

※実際には67点で合格

企業のネットワークを設計するときに，RSTP（Rapid Spanning Tree Protocol）を用いる方式や，スタック機能を用いる方式など，様々な方式を選択できるようになった。企業活動がITによって成り立っている現在，これらの技術を正しく選択して，情報システムの可用性向上を図ることは，どの企業においても重要な課題の一つである。

このような状況を素に，本問では，社内システムの更改と移行を事例に取り上げた。現行のSTPをRSTPに変更したときの方式，スタック機能を用いたときの方式を検討し，それぞれの特徴を解説した。

本問では，多くの企業のネットワークに利用されているRSTP，スタック機能を題材に，受験者が修得した技術と経験が，ネットワーク設計，構築，移行の実務で活用できる水準かどうかを問う。

問1では，社内システムの更改を題材に，STP，RSTP及びスタック機能を用いたときの方式の違いと，現行の社内システムから新社内システムへの移行について出題した。全体として，正答率は低かった。

設問2では，（1），（2）ともに正答率がやや低かった。STPの用語はRSTPでも用いられるので，是非知っておいてほしい。サブネットについて，STPとVRRPの構成を正しく把握し，設計上の問題点を発見することは，ネットワークを設計する上で非常に重要である。

設問3（2）は，正答率が低かった。トポロジの再構成に掛かる時間を短縮できる理由を問う問題であり，本文中に示されたRSTPで追加されたポートの役割，STPとRSTPの状態遷移の違いを読み取り，もう一歩踏み込んで考えてほしい。

設問6（1）〜（5）は，正答率がやや低かった。移行設計では，現行の社内システムと新社内システムの構成を正しく把握し，移行期間中の構成，経路情報，作業手順などを理解することが重要である。本文中に示された条件を読み取り，正答を導き出してほしい。

■出典
「令和3年度 春期 ネットワークスペシャリスト試験 解答例」
https://www.jitec.ipa.go.jp/1_04hanni_sukiru/mondai_kaitou_2021r03_1/2021r03h_nw_pm2_ans.pdf
「令和3年度 春期 ネットワークスペシャリスト試験 採点講評」
https://www.jitec.ipa.go.jp/1_04hanni_sukiru/mondai_kaitou_2021r03_1/2021r03h_nw_pm2_cmnt.pdf

経営戦略では「SWOT分析」という手法がある。強み（Strength）や弱み（Weakness）をしっかり分析することで，自社が向かうべき方向を明確にする手法だ。

これは個人にも当てはまる。若手社員のころや人事面談時に「自分の強み（長所）と弱み（短所）」を書くように言われた人もいると思う。

年を取ると，自分の弱点がはっきりと見えるようになる。というか，基本的には，何をやっても他人のほうが優れているので，結構嫌になる。（たとえば，健康のためにテニススクールにも行っているが，まったく上達しない（苦笑））

しかし，若手のころは，特に自分の「弱み」が見えていない人もいたのではないだろうか。「なんでもできます（またはやります）」という考えである。私はこの考えには賛成で，若い人にはそうあってほしいとも願う。しかし，人事は，冷静に自分の弱みを分析してほしいと考えているはずだ。

人事においては，適材適所という言葉がある。業績を上げるために，適性をみて人材を適正配置するのは当然といえる。そういう意味で，強みと弱みをしっかりと知るのである。もちろん，分析して終わりではない。強みを生かして仕事をするのである。

そして，弱みの部分はというと，理想は弱みを克服することかもしれない。しかし，個人的には，無理に直さなくてもいいと思う。組織に属していればなおさらで，得意な人に任せてしまえばいい（そう，任せてしまえ！）。たとえば，技術力はあってもお客様との交渉や資料作りは苦手，というエンジニアがいるとしよう。なんでもできるSEを目指すのもありだが，交渉や資料作りは，得意な人に頼って（または丸投げ）しまってもいいのではないか。上司は「全部できるように」と言うかもしれないが，弱点を克服するために労力を割くよりも，自分の強みである技術力をさらに高めることに専念したほうが，組織にとっても良い結果になる可能性だってある。

どんな偉い人，たとえば社長だって，会社のすべての仕事を一人ではできない。部下を頼って，任せているのである。

自分の弱みを明確にし，弱いところは素晴らしき仲間のサポートを受け，自分の強みで多くの人を助けていけばいいのではないかと思う。

自分の無力さ

人間なら誰でもミスをするのだが、それによって仲間に迷惑をかけてしまうのは、本当につらい。

終わるまで帰れない状況で，終わらない

トラブルがあったり、納期が過ぎてしまっているシステム構築をしているときは、終わるまで帰らせてもらえない。さらに、うまくいかないと、本当にへこむし逃げたくなる。

令和3年度

午後Ⅱ 問2

問　　題
問題解説
設問解説

問題

問2　インターネット接続環境の更改に関する次の記述を読んで，設問1～4
　　に答えよ。

　　物品販売を主な事業とするA社は，近年，ネット通販に力を入れている。
A社は，K社が提供するSaaSを利用して，顧客との電子メールやビジネ
スチャット，ファイル共有などを行っている。A社のシステム部では，老
朽化に伴うA社インターネット接続環境の新しい機器への交換とインター
ネット接続の冗長化の検討を進めている。システム部門のB課長は，Cさ
んをインターネット接続環境の更改の担当者として任命した。
　　A社は，専用線を利用して，インターネットサービスプロバイダである
Z社を経由して，インターネットに接続している。現在のA社ネットワー
ク環境を図1に示す。

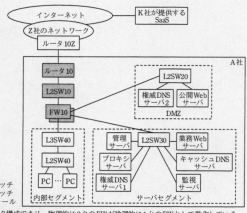

L2SW：レイヤ2スイッチ
L3SW：レイヤ3スイッチ
　FW：ファイアウォール

注記1　FWはクラスタ構成であり，物理的に2台のFWが論理的に1台のFWとして動作している。
注記2　▨▨▨ は，交換対象機器を示す。

図1　現在のA社ネットワーク環境（抜粋）

現在のA社ネットワーク環境の概要は次のとおりである。

- FWは，ステートフルパケットインスペクション機能をもつ。FWは，A社で必要な通信を許可し，必要のない通信を拒否している。
- FWは，許可又は拒否した情報を含む通信ログデータを管理サーバにSYSLOGで送信している。
- プロキシサーバは，従業員が利用するPCからインターネット向けのHTTP通信及びHTTPS通信をそれぞれ中継し，通信ログデータを管理サーバにSYSLOGで送信している。
- K社が提供するSaaSとの通信は全てHTTPS通信である。
- 管理サーバには，A社のルータ，FW，L2SW及びL3SW（以下，A社NW機器という）からSNMPを用いて収集した通信量などの統計データ，FWとプロキシサーバの通信ログデータが保存されている。
- 管理サーバは，通信ログデータを基にFWとプロキシサーバの通信ログ分析レポートを作成している。
- 監視サーバは，A社NW機器及びサーバを死活監視している。
- キャッシュDNSサーバは，PCやサーバセグメントのサーバからの名前解決の問合せ要求に対して，他のDNSサーバへ問い合わせた結果，得られた情報を応答する。
- 権威DNSサーバ1は，A社内のPCやサーバセグメントのサーバのホスト名などを管理し，名前解決の問合せ要求に対してPCやサーバセグメントのサーバなどに関する情報を応答する。
- サーバセグメントには，プライベートIPアドレスを付与している。
- サーバセグメントからインターネットに接続する際に，FWでNAPTによるIPアドレスとポート番号の変換が行われる。
- 内部セグメントには，プライベートIPアドレスを付与している。
- 権威DNSサーバ2は，A社内の公開Webサーバのホスト名などを管理し，名前解決の問合せ要求に対して公開Webサーバなどに関する情報を応答する。
- DMZには，グローバルIPアドレスを付与している。
- ルータ10Zには，A社が割当てを受けているグローバルIPアドレスの静的経路設定がされており，これを基にZ社内部のルータに経路情報の広告を行っている。

・ルータ10，FW10及びL3SW40の経路制御は静的経路制御を利用している。

　Cさんは，インターネット接続環境の更改の検討を進めるに当たり，まず，インターネット接続環境の利用状況を調査することにした。

〔インターネット接続環境の利用状況の調査〕
　管理サーバは，SNMPを用いて，5分ごとにA社NW機器の情報を収集している。A社NW機器のインタフェースの情報は，インタフェースに関するMIBによって取得できる。そのうち，インタフェースの通信量に関するMIBの説明を表1に示す。

表1　インタフェースの通信量に関する MIB の説明（抜粋）

MIB の種類	説明
ifInOctets	インタフェースで受信したパケットの総オクテット数（32 ビットカウンタ）
ifOutOctets	インタフェースで送信したパケットの総オクテット数（32 ビットカウンタ）
ifHCInOctets	インタフェースで受信したパケットの総オクテット数（64 ビットカウンタ）
ifHCOutOctets	インタフェースで送信したパケットの総オクテット数（64 ビットカウンタ）

　例えば，ifInOctetsはカウンタ値で，電源投入によって機器が起動すると初期値の0から加算が開始され，インタフェースでパケットを受信した際にそのパケットのオクテット数が加算される。機器は，管理サーバからSNMPで問合せを受けると，その時点のカウンタ値を応答する。①管理サーバは，5分ごとにSNMPでカウンタ値を取得し，単位時間当たりの通信量を計算し，統計データとして保存している。単位時間当たりの通信量の単位はビット／秒である。②カウンタ値が上限値を超える場合，初期値に戻って（以下，カウンタラップという）再びカウンタ値が加算される。通信量が多いとカウンタラップが頻繁に起きることから，インタフェースの通信量の情報を取得する場合には，32ビットカウンタではなく，64ビットカウンタを利用することが推奨されている。管理サーバに保存された統計データは，単位時間当たりの通信量の推移を示すトラフィックグラフとして参照できる。

　統計データから，過去に何度か利用が増え，インターネットに接続する専用線に輻輳が起きていたことが判明したので，専用線を増速する必

要があるとCさんは考えた。また，統計データと通信ログ分析レポートから交換対象機器の通信量や負荷の状態を確認した結果，ルータ10及びL2SW10は同等性能の後継機種に交換し，FW10は性能が向上した上位機種に交換すればよいとCさんは考えた。

〔インターネット接続の冗長化検討〕

Cさんは，インターネット接続の冗長化方法についてZ社に提案を求めた。Z社の提案は，動的経路制御の一つであるBGPを用いた構成であった。Z社の提案した構成を図2に示す。

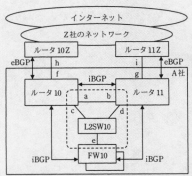

各機器に付与されているアドレス一覧

機器名	インタフェース	IPアドレス/ネットマスク
ルータ10Z	h	$\alpha.\beta.\gamma.1/30$
ルータ11Z	i	$\alpha.\beta.\gamma.5/30$
ルータ10	a	$\alpha.\beta.\gamma.13/30$
	c	$\alpha.\beta.\gamma.17/29$
	f	$\alpha.\beta.\gamma.2/30$
	ループバック	$\alpha.\beta.\gamma.8/32$
ルータ11	b	$\alpha.\beta.\gamma.14/30$
	d	$\alpha.\beta.\gamma.18/29$
	g	$\alpha.\beta.\gamma.6/30$
	ループバック	$\alpha.\beta.\gamma.9/32$
FW10	e	$\alpha.\beta.\gamma.19/29$

[- - -]：OSPFエリア
注記1　L2SWは冗長構成であるが，図では省略している。
注記2　a～iは，各機器の物理インタフェースを示す。
注記3　FWはクラスタ構成であり，物理的に2台のFWが論理的に1台のFWとして動作している。
注記4　表中のIPアドレスは，グローバルIPアドレスである。
注記5　←→は，BGPピアを示す。

図2　Z社の提案した構成（抜粋）

Z社の提案した構成の概要は次のとおりである。

・ルータ10側の専用線を増速する。また，新たに専用線を敷設してZ社に接続する。新たに敷設する専用線を終端する機器として，ルータ11とルータ11Zを設置する。ルータ11側の専用線の契約帯域幅は，ルータ10側の専用線と同じにする。

・平常時はルータ10側の専用線を利用し，障害などでルータ10側が利用できない場合は，ルータ11側を利用するように経路制御を行う。

・ルータ10とルータ11にはループバックインタフェースを作成し，これらにIPアドレスを設定する。

第3章
過去問解説
令和3年度
午後Ⅱ
問2
問題
問題解説
設問解説

- a～eの各物理インタフェース及びループバックインタフェースでは，OSPFエリアを構成する。
- ③ルータ10とルータ11はループバックインタフェースに設定したIPアドレスを利用し，FW10はeに設定したIPアドレスを利用して，互いにiBGPのピアリングを行う。④iBGPのピアリングでは，経路情報を広告する際に，BGPパスアトリビュートの一つであるNEXT_HOPのIPアドレスを，自身のIPアドレスに書き換える設定を行う。
- ルータ10とルータ10Zの間，及びルータ11とルータ11Zの間では，eBGPのピアリングを行う。ピアリングには，fとh，及びgとiに設定したIPアドレスを利用する。
- eBGPのピアリングでは，A社側はプライベートAS番号である64512を，Z社側はグローバルAS番号である64496を利用する。

Cさんは，Z社の提案を受け，BGPの標準仕様について調査を行った。

BGPでは，それぞれの経路情報に，パスアトリビュートの情報が付加される。BGPパスアトリビュートの一覧を表2に示す。

表2 BGPパスアトリビュートの一覧（抜粋）

タイプコード	パスアトリビュート
2	AS_PATH
3	NEXT_HOP
4	MULTI_EXIT_DISC
5	LOCAL_PREF

AS_PATHは，経路情報がどのASを経由してきたのかを示すAS番号の並びである。eBGPピアにおいて，隣接するASに経路情報を広告する際に，AS_PATHに自身のAS番号を追加する。また，⑤隣接するASから経路情報を受信する際に，自身のAS番号が含まれている場合はその経路情報を破棄する。

NEXT_HOPは，宛先ネットワークアドレスへのネクストホップのIPアドレスを示す。ネクストホップのIPアドレスは，ルータがパケットを転送する宛先を示す。eBGPピアに経路情報を広告する際には，NEXT_HOPを自身のIPアドレスに書き換えて送信する。iBGPピアに経路情報を広告する際には，NEXT_HOPを書き換えず，そのまま送信する。

MULTI_EXIT_DISC（以下，MEDという）は，eBGPピアに対して通知する，自身のAS内に存在する宛先ネットワークアドレスの優先度である。MEDはメトリックとも呼ばれる。

LOCAL_PREFは，iBGPピアに対して通知する，外部のASに存在する宛先ネットワークアドレスの優先度である。

BGPでは，ピアリングで受信した経路情報をBGPテーブルとして構成する。このBGPテーブルに存在する，同じ宛先ネットワークアドレスの経路情報の中から，最適経路を一つだけ選択し，ルータのルーティングテーブルに反映する。A社で利用している機器の最適経路選択アルゴリズムの仕様を表3に示す。

表3　最適経路選択アルゴリズムの仕様

評価順	説明
1	LOCAL_PREF の値が最も大きい経路情報を選択する。
2	AS_PATH の長さが最も 　ア　 経路情報を選択する。
3	ORIGIN の値で IGP，EGP，Incomplete の順で選択する。
4	MED の値が最も 　イ　 経路情報を選択する。
5	eBGP ピアで受信した経路情報，iBGP ピアで受信した経路情報の順で選択する。
6	NEXT_HOP が最も近い経路情報を選択する。
7	ルータ ID が最も小さい経路情報を選択する。
8	ピアリングに使用する IP アドレスが最も小さい経路情報を選択する。

最適経路の選択は，表3中の評価順に行われる。例えば，同じ宛先ネットワークアドレスの経路情報が二つあった場合には，最初に，LOCAL_PREFの値を評価し，値に違いがあれば最も大きい値をもつ経路情報を選択し，評価を終了する。値に違いがなければ，次のAS_PATHの長さの評価に進む。

なお，ルータのルーティングテーブルに最適経路を反映するためには，NEXT_HOPのIPアドレスに対応する経路情報が，ルータのルーティングテーブルに存在し，ルータがパケット転送できる状態にある必要がある。

Cさんは，以上の調査結果を基にZ社の提案した構成を確認した。CさんとZ社の担当者との会話は，次のとおりである。

Cさん　　：専用線の経路制御はどのように行いますか。

担当者　　：今回は，LOCAL_PREFを利用して，図2中の各ルータ及び
　　　　　　FWのパケット送信を制御します。ルータ10Zとルータ11Zが
　　　　　　経路情報を受信した際に，LOCAL_PREFの値をそれぞれ設定
　　　　　　し，Z社内部の機器に経路情報の広告を行います。ルータ10
　　　　　　とルータ11が経路情報を受信した際も同様に，LOCAL_PREF
　　　　　　の値をそれぞれ設定し，A社内部の機器に経路情報の広告を
　　　　　　行ってください。

Cさん　　：BGPで広告する経路情報はどのようなものですか。

担当者　　：ルータ10Zとルータ11Zはデフォルトルートの経路情報の広告
　　　　　　を行います。ルータ10とルータ11はA社が割当てを受けてい
　　　　　　るグローバルIPアドレスの経路情報の広告を行ってください。
　　　　　　平常時のFW10のBGPテーブルは表4のように，ルーティン
　　　　　　グテーブルは表5のようになるはずです。

表4　FW10のBGPテーブル（抜粋）

宛先ネットワーク アドレス	AS_PATH	MED	LOCAL_PREF	NEXT_HOP
0.0.0.0/0	64496	0	200	ウ
0.0.0.0/0	64496	0	100	エ

表5　FW10のルーティングテーブル（抜粋）

宛先ネットワーク アドレス	ネクストホップ	インタフェース
0.0.0.0/0	$\alpha.\beta.\gamma.8$	e
$\alpha.\beta.\gamma.8$/32	オ	e
$\alpha.\beta.\gamma.9$/32	カ	e

Cさん　　：分かりました。リンクダウンしないにもかかわらず，通信が
　　　　　　できなくなるような専用線の障害時は，どのような動作にな
　　　　　　りますか。

担当者　　：BGPでは，　　キ　　メッセージを定期的に送信します。専
　　　　　　用線の障害時には，ルータが　　キ　　メッセージを受信し
　　　　　　なくなることによって，ピアリングが切断され，AS内の各機
　　　　　　器の経路情報が更新されます。

Cさん　　：分かりました。

担当者　　：ところで，⑥BGPの標準仕様ではトラフィックを分散する経路制御はできません。BGPマルチパスと呼ばれる技術を使うことで，平常時からルータ10側，ルータ11側両方の専用線を使って，トラフィックを分散する経路制御ができますがいかがですか。教えていただいた，今回利用を検討されている機器はどれもBGPマルチパスをサポートしています。BGPマルチパスを有効にすると，BGPテーブル内のLOCAL_PREFやAS_PATH，MEDの値は同じで，NEXT_HOPだけが異なる複数の経路情報を，同時にルーティングテーブルに反映します。その結果，ECMP（Equal-Cost Multi-Path）によってトラフィックを分散することができます。

Cさん　　：いいですね。では，BGPマルチパスを利用したいと思います。

担当者　　：承知しました。各機器の設定例を後ほどお渡ししますので参考にしてください。

Cさん　　：ありがとうございます。

〔インターネット接続の冗長化手順〕

　Cさんは，冗長化作業中にインターネット利用に対する影響が最小限となる，インターネット接続の冗長化手順の検討を行った。Cさんが検討した冗長化手順を表6に示す。

表6　Cさんが検討した冗長化手順

手順	作業対象機器	作業内容
手順1	ルータ11Z，ルータ11	機器の設置
手順2	ルータ11Z，ルータ11，ルータ10，L2SW10	ケーブルの接続
手順3	ルータ11Z，ルータ11，ルータ10，L2SW10	物理インタフェースの設定，IPアドレスの設定及び疎通の確認
手順4	ルータ10，ルータ11	ク
手順5	ルータ10，ルータ11，FW10	ケ
手順6	ルータ10，ルータ11，FW10	コ
手順7	ルータ10，ルータ11，ルータ10Z，ルータ11Z	サ
手順8	シ	静的経路の削除
手順9	ルータ10，L2SW10，FW10	後継機種又は上位機種に交換

手順1，2では，新たに導入する機器の設置及びケーブルの接続を行い，物理構成を完成する。手順3では，作業対象機器の物理インタフェースの設定及びIPアドレスの設定を行い，機器間で疎通の確認を行う。疎通の確認では，pingを用いて，パケットロスが観測されないことを確認する。手順4～7で，BGPやOSPFを順次設定する。続いて，手順8を実施する。⑦A社からインターネットへ向かう通信については，手順8の静的経路の削除が行われた時点で，動的経路による制御に切替えが行われ，冗長化が完成する。最後に，手順9では，インターネット利用に対する影響が最小限になるように機器を操作しながら，作業対象機器をあらかじめ設定を投入しておいた後継機種又は上位機種に交換する。例えば，ルータ10の交換に当たっては，⑧通信がルータ10を経由しないようにルータ10に対して操作を行った後に交換作業を実施する。

　Cさんは，これまでの検討結果をインターネット接続環境の更改案としてまとめ，B課長に報告した。B課長は，専用線に輻輳が発生していたこと，及び監視サーバで検知できなかったことを問題視した。想定外のネットワーク利用などによって突発的に発生した通信や輻輳を迅速に検知できるように，単位時間当たりの通信量の監視（以下，トラフィック監視という）について，Cさんに検討するよう指示した。

〔トラフィック監視の導入〕

　監視サーバの死活監視は，監視対象に対して，1回につきICMPのエコー要求を3パケット送信し，エコー応答を受信するかどうかを確認する。1分おきに連続して5回，一つもエコー応答を受信しなかった場合に，アラートとして検知する。エコー要求のタイムアウト値は1秒である。Cさんは，⑨専用線の輻輳を検知するために，監視サーバの監視対象として，ルータ10Zとルータ11Zを追加することを考えたが，問題があるため見送った。

　そこで，Cさんは，通信量のしきい値を定義し，上限値を上回ったり，下限値を下回ったりするとアラートとして検知する監視（以下，しきい値監視という）の利用を検討した。通信を均等に分散できると仮定すると，インターネット接続の冗長化導入によって利用できる帯域幅は専用線2回線分になる。どちらかの専用線に障害が発生すると，利用できる帯域幅は専用線1回線分になる。Cさんは，どちらかの専用線に障害が発生した状

況において，専用線に流れるトラフィックの輻輳の発生を避けるために
は，平常時から，それぞれの専用線で利用できる帯域幅の　　ス　　％
を単位時間当たりの通信量の上限値としてしきい値監視すればよいと考え
た。このしきい値監視でアラートを検知すると，トラフィック増の原因を
調査して，必要であれば専用線の契約帯域幅の増速を検討する。

　次に，Ｃさんは，想定外のネットワーク利用などによって単位時間当た
りの通信量が突発的に増えたり，Ａ社NW機器の故障などによって単位時
間当たりの通信量が突発的に減ったりすること（以下，トラフィック異常
という）を検知する監視の利用を検討した。Ｃさんは機械学習を利用した
監視（以下，機械学習監視という）の製品を調査した。

　Ｃさんが調査した製品は，過去に収集した時系列の実測値を用いて，傾
向変動や周期性から近い将来の値を予測し，異常を検知することができる。
例えば，単位時間当たりの通信量について，その予測値と新たに収集した
実測値を基に，トラフィック異常を検知することができる。

　Ｃさんは，管理サーバに保存されている単位時間当たりの通信量の統計
データを用いて，機械学習監視製品の試験導入を行った。Ｃさんは，これ
まで検知できなかったトラフィック異常が検知できることを確認した。さ
らに，⑩管理サーバに保存されている，統計データとは別のデータについ
ても，機械学習監視製品を用いて監視することで，トラフィック異常とは
別の異常が検知できることを確認した。複数のデータを組み合わせて，機
械学習監視製品を用いて監視することで，ネットワーク環境の状況を素早
く，かつ，詳細に把握できることが分かった。

　Ｃさんは，機械学習監視製品の試験結果についてまとめ，Ｂ課長に報告
を行い，インターネット接続環境の更改に併せて，管理サーバにしきい値
監視と機械学習監視製品を導入することが決まった。

　その後，Ａ社では，Ｃさんがまとめたインターネット接続環境の更改案
を基に設備更改が実施され，また，しきい値監視と機械学習監視製品が導
入された。

設問1 〔インターネット接続環境の利用状況の調査〕について，(1) ～ (3)
に答えよ。

(1) 本文中の下線①について，取得時刻tにおけるカウンタ値をX_t，
取得時刻tの5分前の時刻t－1におけるカウンタ値をX_{t-1}とし
たとき，t－1とtの間における単位時間当たりの通信量（ビット
／秒）を算出する計算式を答えよ。ここで，1オクテットは8ビッ
トとし，t－1とtの間でカウンタラップは発生していないものと
する。

(2) 本文中の下線①について，利用状況の調査を目的として，単位時
間当たりの通信量（ビット／秒）を求める際に時間平均すること
による問題点を35字以内で述べよ。

(3) 本文中の下線②について，32ビットカウンタでカウンタラップ
が発生した際に，通信量を正しく計算するためには，カウンタ値
をどのように補正すればよいか。解答群の中から選び，記号で
答えよ。ここで，取得時刻tにおけるカウンタ値をX_t，取得時刻
tの5分前の時刻t－1におけるカウンタ値をX_{t-1}，t－1とtの間
でカウンタラップが1回発生したとする。

解答群

　ア　X_tを$X_t + 2^{32}$に補正する。

　イ　X_tを$X_t + 2^{32} - 1$に補正する。

　ウ　X_{t-1}を$X_{t-1} + 2^{32}$に補正する。

　エ　X_{t-1}を$X_{t-1} + 2^{32} - 1$に補正する。

設問2 〔インターネット接続の冗長化検討〕について，(1) ～ (5) に答えよ。

(1) 本文中の下線③について，図2中のルータ10やルータ11にはルー
プバックインタフェースを作成し，iBGPのピアリングにループ
バックインタフェースに設定したIPアドレスを利用するのはな
ぜか。FW10とのインタフェースの数の違いに着目し，60字以内
で述べよ。

(2) FW10のルーティングテーブルを表7に示す。本文中の下線④に
ついて，書き換える設定を行わない場合に，FW10のルーティ
ングテーブルに追加で必要になる情報はどのような内容か。表5を

参考に，表7中の　a　，　b　に入れる適切な字
句を答えよ。

表7　FW10のルーティングテーブル（抜粋）

宛先ネットワーク アドレス	ネクストホップ	インタフェース
a	（設問のため省略）	e
b	（設問のため省略）	e

(3) 本文中の下線⑤について，経路情報を破棄する目的を20字以内
で述べよ。

(4) 本文及び表3〜5中の　ア　〜　キ　に入れる適切な
字句を答えよ。

(5) 本文中の下線⑥について，BGPの標準仕様とはどのような内容か。
本文中の字句を用いて50字以内で述べよ。

設問3　〔インターネット接続の冗長化手順〕について，(1) 〜 (4) に答えよ。

(1) 表6中の　ク　〜　サ　に入れる適切な字句を解答群
の中から選び，記号で答えよ。

解答群
　ア　eBGPの導入　　イ　iBGPの導入　　ウ　OSPFの導入
　エ　ループバックインタフェースの作成とIPアドレスの設定

(2) 表6中の　シ　に入れる適切な機器名を，図2中の機器名
で全て答えよ。

(3) 本文中の下線⑦について，静的経路の削除が行われた時点で，動
的経路による制御に切替えが行われる理由を40字以内で述べよ。

(4) 本文中の下線⑧について，ルータ10に対して行う操作はどのよ
うな内容か。操作の内容を20字以内で述べよ。

設問4　〔トラフィック監視の導入〕について，(1) 〜 (3) に答えよ。

(1) 本文中の下線⑨について，問題点を二つ挙げ，それぞれ30字以
内で述べよ。

(2) 本文中の　ス　に入れる適切な数値を答えよ。

(3) 本文中の下線⑩について，統計データとは別のデータにはどのよ

うなデータがあるか。本文中の字句を用いて25字以内で答えよ。また，そのデータを，機械学習監視製品を用いて監視することによって，どのようなトラフィック異常とは別の異常を検知できるようになるか。検知内容を40字以内で述べよ。

ネットワークの監視と，ルーティングプロトコルに関する出題でした。特に，ルーティングプロトコルについては，OSPFとBGPを併用する複雑な構成です。採点講評には「全体として正答率は高かった」とありますが，実際にはかなりの難問で，きちんと理解した上で正解できた人は少なかったと思います。

なお，1章にBGPに関する基礎知識の解説をまとめました。事前知識の習得として参考にしてください。

問2　インターネット接続環境の更改に関する次の記述を読んで，設問1〜4に答えよ。

物品販売を主な事業とするA社は，近年，ネット通販に力を入れている。A社は，K社が提供するSaaSを利用して，顧客との電子メールやビジネスチャット，ファイル共有などを行っている。

顧客との重要なコミュニケーションツールにSaaSを利用します。SaaSが使えなくなるとA社の業務に大きな影響を与えるので，このあと，インターネットへの接続を冗長化します。

A社のシステム部では，老朽化に伴うA社インターネット接続環境の新しい機器への交換とインターネット接続の冗長化の検討を進めている。システム部門のB課長は，Cさんをインターネット接続環境の更改の担当者として任命した。

今回実施するのは，機器交換とインターネット接続の冗長化です。

A社は，専用線を利用して，インターネットサービスプロバイダであるZ社を経由して，インターネットに接続している。現在のA社ネットワーク環境を図1に示す。

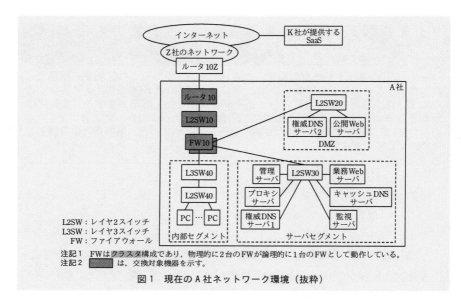

図1　現在のA社ネットワーク環境（抜粋）

　全体構成を理解するのに重要なネットワーク構成図です。これまでにも何度もお伝えしておりますが、ファイアウォールを中心に構成図を確認してください。FW10によって、インターネット、DMZ、内部LAN（サーバセグメント、内部セグメント）に分かれます。

　注記1に、FWの冗長化（クラスタ構成）に関する説明があります。ただ、FW10のクラスタ構成は設問には関連しないので、1台と理解して読み進めるとよいでしょう。

　注記2の網掛け部分（インターネット側）は、このあと冗長化します。

　これ以降の問題文では、図1で示されたA社ネットワーク環境の説明が続きます。図1に番号を振りましたので、問題文と照らし合わせて理解してください。

※関連する部分をまとめて解説するために、問題文の順序を若干入れ替えています。

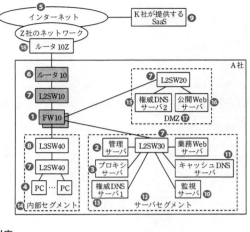

■**図1と問題文との対応**

現在のA社ネットワーク環境の概要は次のとおりである。

- FW（❶）は，ステートフルパケットインスペクション機能をもつ。FWは，A社で必要な通信を許可し，必要のない通信を拒否している。

FWの基本的な解説です。ステートフルパケットインスペクションは，動的フィルタリングとも呼ばれ，戻りのパケットを自動で許可します。

- FW（❶）は，許可又は拒否した情報を含む通信ログデータを管理サーバ（❷）にSYSLOGで送信している。
- プロキシサーバ（❸）は，従業員が利用するPC（❹）からインターネット（❺）向けのHTTP通信及びHTTPS通信をそれぞれ中継し，通信ログデータを管理サーバ（❷）にSYSLOGで送信している。

（略：あとで解説）

- 管理サーバ（❷）には，A社のルータ（❻），FW（❶），L2SW（❼）及びL3SW（❽）（以下，A社NW機器という）からSNMPを用いて収集した通信量などの統計データ，FW（❶）とプロキシサーバ（❸）の通信ログデータが保存されている。
- 管理サーバ（❷）は，通信ログデータを基にFW（❶）とプロキシサーバ（❸）の通信ログ分析レポートを作成している。

FWとプロキシサーバから，通信ログデータを管理サーバに送信していま
す。さらに，管理サーバでは受信したログデータの分析をします。このあた
りは，問題文後半のトラフィック異常の検知などに関連します。

Q. （完全な余談ですが，知識の確認として）
Webサイトへの通信は，FWとプロキシサーバの両方を通るが，片方の
ログ分析だけでは不十分か。

A. 　FWとプロキシサーバでは，取得できるログが異なります。以下の
構成で，プロキシサーバとFWでどんなログが取得できるか，両者の違いを
中心に考えましょう。

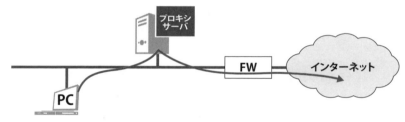

■**プロキシサーバとFWでのログ取得を考える**

　プロキシサーバで取得できる重要なログには，送信元（PCの）IPアドレス，
宛先のURLがあります。一方，ファイアウォールでは，これらの情報は取
得できません。送信元IPアドレスはすべてプロキシサーバですし，レイヤ7
のURLの情報は，（純粋なFW機能だけでは）取得できません。ですが，ファ
イアウォールでは，プロキシサーバを経由しないWeb通信以外のログも取
得できます。多くの企業では，両方のログを取得することでしょう。

・<u>監視サーバ</u>（❿）は，A社NW機器及びサーバを死活監視している。

　問題文の後半で出てきますが，ICMPを使ったpingによって，機器の死活
監視をします。

- K社が提供するSaaS（**❾**）との通信は全てHTTPS通信である。

意味ありげな一文に見えますが，設問には関係ありません。

- キャッシュDNSサーバ（**⓫**）は，PC（**❹**）やサーバセグメント（**⓬**）のサーバからの名前解決の問合せ要求に対して，他のDNSサーバへ問い合わせた結果，得られた情報を応答する。
- 権威DNSサーバ1（**⓭**）は，A社内のPC（**❹**）やサーバセグメント（**⓬**）のサーバのホスト名などを管理し，名前解決の問合せ要求に対してPCやサーバセグメントのサーバなどに関する情報を応答する。
- 権威DNSサーバ2（**⓯**）は，A社内の公開Webサーバ（**⓰**）のホスト名などを管理し，名前解決の問合せ要求に対して公開Webサーバなどに関する情報を応答する。

多くの情報がありますが，設問にもあまり関係しません。DNSの基礎知識があれば，内容はすんなりと理解できたことでしょう。

権威DNSサーバ1がプライマリDNSサーバで，権威DNSサーバ2がセカンダリDNSサーバですか？

いえ，両者は保持する内容が異なるので，ゾーン転送を行うプライマリとセカンダリの関係ではないと考えてください。権威DNSサーバ1は，外部には公開しないサーバの情報を管理するので，内部DNSサーバです。一方の権威DNSサーバ2は，公開するサーバの情報を管理するので外部DNSサーバです。権威DNSサーバ2に関しては，冗長化のためにクラウド上にセカンダリDNSサーバが別途用意されていると思います。

- サーバセグメント（**⓬**）には，プライベートIPアドレスを付与している。
- サーバセグメント（**⓬**）からインターネット（**❺**）に接続する際に，FW（**❶**）でNAPTによるIPアドレスとポート番号の変換が行われる。
- 内部セグメント（**⓮**）には，プライベートIPアドレスを付与している。

- DMZ（⑰）には，グローバルIPアドレスを付与している。

サーバセグメントは内部のサーバであり，公開する必要がありません。よって，プライベートIPアドレスを使います。DMZは外部に公開するので，グローバルIPアドレスを使います。グローバルIPアドレスの具体的な値は，後の図2で示されます。

- ルータ10Z（⑱）には，A社が割当てを受けているグローバルIPアドレスの静的経路設定がされており，これを基にZ社内部のルータに経路情報の広告を行っている。
- ルータ10（⑥），FW10（①）及びL3SW40（⑧）の経路制御は静的経路制御を利用している。

ルータやFWには静的経路が設定されています。

わかったような，わからないような……

このあとBGPによる経路制御をするので，少し丁寧に書いているだけでしょう。特筆すべき内容ではありません。
ですが，ネットワークの理解を深めるために，この部分のIPアドレス設計と，ルーティングの設計をしましょう。

Q. ルータ10ZからFW10までのIPアドレス設計をせよ。A社が割当てを受けたグローバルIPアドレスの範囲は，203.0.113.0/27とし，この範囲とプライベートアドレスから任意のIPアドレスを割り当ててよい。

A. 次ページの図がその一例です。

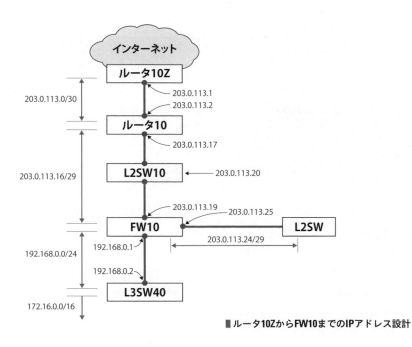

ルータ10ZからFW10までのIPアドレス設計

Q. Q2. 静的経路制御に関して，一つの機器を選んでルーティングテーブルを記載せよ。

A. 右の図の番号と，そのあとのルーティングテーブルを照らし合わせて確認してください。

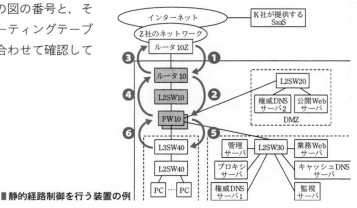

静的経路制御を行う装置の例

■前ページ図の機器のルーティングテーブル

機器名	宛先ネットワークアドレス	ネクストホップ	前ページ図の経路
ルータ10Z	203.0.113.16/29	203.0.113.2（ルータ10）	❶
	203.0.113.24/29	203.0.113.2（ルータ10）	❶
ルータ10	203.0.113.24/29	203.0.113.19（FW10）	❷
	0.0.0.0/0	203.0.113.1（ルータ10Z）	❸
FW10	0.0.0.0/0	203.0.113.17（ルータ10）	❹
	172.16.0.0/16	192.168.0.2（L3SW40）	❺
L3SW40	0.0.0.0/0	192.168.0.1（FW10）	❻

　すべてを説明するほどの内容ではないので，二つの機器だけ解説します。

①ルータ10Z

　A社のグローバルIPアドレス宛の経路（203.0.113.16/29，203.0.113.24/29）としてルータ10をネクストホップに設定します（上表❶）。それ以外に，デフォルトルートでインターネットに向けた経路があることでしょう。

②ルータ10

　DMZのグローバルIPアドレス宛の経路として，FW10をネクストホップに設定します（❷）。また，デフォルトルート宛の経路として，ルータ10Zをネクストホップに設定します（❸）。

結構面倒な設定ですね。

　そう思います。今後，インターネット接続を冗長化すると，さらに複雑になります。そこで，静的経路制御からBGPとOSPFを使った動的経路制御に変更します。

　Cさんは，インターネット接続環境の更改の検討を進めるに当たり，まず，インターネット接続環境の利用状況を調査することにした。

　これ以降，問題文のセクションと設問が次のように対応します。

〔インターネット接続環境の利用状況の調査〕	設問1
〔インターネット接続の情報化検討〕	設問2
〔インターネット接続の冗長化手順〕	設問3
〔トラフィック監視の導入〕	設問4

　すべての問題を一気に解くのではなく，それぞれのセクションごとに設問に取り組むと，心理的にも負担が減ることでしょう。

〔インターネット接続環境の利用状況の調査〕
　管理サーバは，SNMPを用いて，5分ごとにA社NW機器の情報を収集している。A社NW機器のインタフェースの情報は，インタフェースに関するMIBによって取得できる。

　SNMP（Simple Network Management Protocol）は，ネットワーク管理のプロトコルです。MIB（Management Information Base）には，機器の管理情報として，インタフェースの名前，速度，アップしているかダウンしているか，通信量などが蓄積されています。

　そのうち，インタフェースの通信量に関するMIBの説明を表1に示す。

表1　インタフェースの通信量に関する MIB の説明（抜粋）

MIB の種類	説明
ifInOctets	インタフェースで受信したパケットの総オクテット数（32 ビットカウンタ）
ifOutOctets	インタフェースで送信したパケットの総オクテット数（32 ビットカウンタ）
ifHCInOctets	インタフェースで受信したパケットの総オクテット数（64 ビットカウンタ）
ifHCOutOctets	インタフェースで送信したパケットの総オクテット数（64 ビットカウンタ）

　例えば，ifInOctetsはカウンタ値で，電源投入によって機器が起動すると初期値の0から加算が開始され，インタフェースでパケットを受信した際にそのパケットのオクテット数が加算される。機器は，管理サーバからSNMPで問合せを受けると，その時点のカウンタ値を応答する。

　通信量を把握するために，MIBからifInOctetsなどの値を取得します。ifInOctetsは, if（interface, インタフェース）のin（入ってくる）Octets（オ

クテット数）です。オクテットはバイトと同じ8ビットのことです。

「MIBの種類」で，3行目と4行目の名称に「HC」の文字があります。HCとは，「High Capacity Counter」の略です。HC無しは32ビットで，HCが付くと容量（Capacity）が増えて（High）64ビットです。

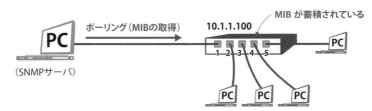

▶▶▶ 参考　スイッチの **ifHCInOctets** を取得しよう

　SNMPとMIBの雰囲気を感じ取っていただくために，SNMPにてスイッチのifHCInOctetsの値を取得する様子を紹介します。

　構成は以下のとおりで，SNMPサーバ（今回は単なるパソコン）から，SNMPのプロトコルを使ってスイッチのIPアドレス（10.1.1.100）のMIB情報を取得します（ポーリングといいます）。

■SNMPによるMIB情報の取得（ポーリング）

　このとき，PCではsnmpgetというツールを使い，スイッチのIPアドレス（10.1.1.100）を指定し，スイッチの4番ポートのifHCInOctets（受信したバイト数）を取得しました。ifHCInOctetsを取得するには，.1.3.6.1.2.1.31.1.1.1.6.xというOID（ObjectID）を指定します。最後のxには，インタフェースの番号として10004を指定します（このあたりは知らなくていいので，雰囲気だけ味わってください）。

```
# snmpget -v2c -c public 10.1.1.100 .1.3.6.1.2.1.31.1.1.1.6.10004
```

※v2cはSNMPのバージョン，publicはコミュニティ名です。

　その結果，以下のように，20008082というカウンタ値が表示されます。

```
IF-MIB::ifHCInOctets.10004 = Counter64: 20008082
```

　たとえば，5分ごとにカウンタ値を取得すれば，1秒あたりの通信量を計算で求めることができます。

---

①管理サーバは，5分ごとにSNMPでカウンタ値を取得し，単位時間当たりの通信量を計算し，統計データとして保存している。単位時間当たりの通信量の単位はビット／秒である。

下線①について，一定間隔で取得したカウンタ値を用いて通信量を算出する方法が設問1（1）で，またその際の問題点が設問1（2）で問われます。詳しくは設問で解説します。

②カウンタ値が上限値を超える場合，初期値に戻って（以下，カウンタラップという）再びカウンタ値が加算される。通信量が多いとカウンタラップが頻繁に起きることから，インタフェースの通信量の情報を取得する場合には，32ビットカウンタではなく，64ビットカウンタを利用することが推奨されている。管理サーバに保存された統計データは，単位時間当たりの通信量の推移を示すトラフィックグラフとして参照できる。

経過時間を横軸，カウンタ値（32ビット）を縦軸にとった図で説明します。カウンタ値は32ビットなので，0から$2^{32}-1$（＝4,294,967,296）までの範囲です。カウンタ値がこの最大値（＝上限値）を超えると，2^{32}ではなく0に戻ります。この動作をカウンタラップと呼びます。

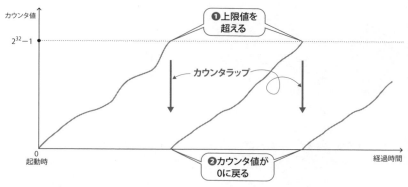

■カウンタラップ

下線②について，カウンタラップが発生した場合の補正方法が設問1（3）で問われます。

統計データから，過去に何度か利用が増え，インターネットに接続する専用線に輻輳（ふくそう）が起きていたことが判明したので，専用線を増速する必要があるとCさんは考えた。また，統計データと通信ログ分析レポートから交換対象機器の通信量や負荷の状態を確認した結果，ルータ10及びL2SW10は同等性能の後継機種に交換し，FW10は性能が向上した上位機種に交換すればよいとCさんは考えた。

　専用線を増速するとともに，ルータ10などの機器を交換します。詳細は次のセクションに続きます。
　ここまでの問題文で，設問1を解くことができます。

〔インターネット接続の冗長化検討〕
　Cさんは，インターネット接続の冗長化方法についてZ社に提案を求めた。Z社の提案は，動的経路制御の一つであるBGPを用いた構成であった。

　このセクションでは，Z社とA社の接続を冗長化するための手法として，BGPを用います。BGP（Border Gateway Protocol）は自律システム（AS）間で経路情報を交換するためのプロトコルです。ASとは，インターネットサービスプロバイダやデータセンタ事業者，クラウド事業者など，ある組織が運用するネットワークのまとまりと考えてください。

なぜ BGP なのですか？ OSPF ではダメですか？

　やれなくもないでしょうが，OSPFを複数の組織間（たとえばISPであるZ社と，一般の企業であるA社）で相互運用することはほとんどありません。ルーティングプロトコルには，AS内部で使われるIGP（OSPFやRIP，iBGPなど）と，AS間（つまり他者との間）で使われるEGPがあります。EGPは，事実上BGP4しかありません。なので，BGPを選ぶのは当然だと思います。

Z社の提案した構成を図2に示す。

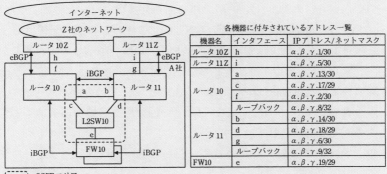

<figure>
各機器に付与されているアドレス一覧

機器名	インタフェース	IPアドレス/ネットマスク
ルータ10Z	h	α.β.γ.1/30
ルータ11Z	i	α.β.γ.5/30
ルータ10	a	α.β.γ.13/30
	c	α.β.γ.17/29
	f	α.β.γ.2/30
	ループバック	α.β.γ.8/32
ルータ11	b	α.β.γ.14/30
	d	α.β.γ.18/29
	g	α.β.γ.6/30
	ループバック	α.β.γ.9/32
FW10	e	α.β.γ.19/29
</figure>

┌┄┄┐
┊┄┄┊ : OSPFエリア

注記1 L2SWは冗長構成であるが,図では省略している。
注記2 a~iは,各機器の物理インタフェースを示す。
注記3 FWはクラスタ構成であり,物理的に2台のFWが論理的に1台のFWとして動作している。
注記4 表中のIPアドレスは,グローバルIPアドレスである。
注記5 ◄──► は,BGPピアを示す。

図2 Z社の提案した構成（抜粋）

Z社の提案した構成の概要は次のとおりである。

• ルータ10側の専用線を増速する（下図❶）。また，新たに専用線を敷設してZ社に接続する（❷）。新たに敷設する専用線を終端する機器として，ルータ11（❸）とルータ11Z（❹）を設置する。

図2では，図1の網掛け部分（交換対象機器）を更改する提案が示されています。更改前の図1と更改後の図2との変更点は以下のとおりです。

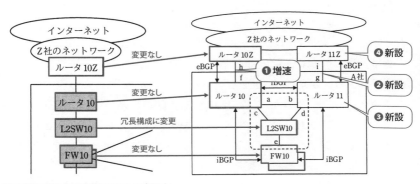

■ **更改前の図1と更改後の図2との変更点**

何点か補足します。

- L2SW10：注記1のとおり，見た目は一つですが，冗長構成に変更します。
- FW10：注記3のとおり冗長構成（もともと冗長構成だったので変更なし）。
- L2SW10とFW10の配線：FWは物理的に2台あるので，配線はもう少し複雑ですが，図では省略されています。以降，理解しやすくするため，L2SW10とFW10は1台として考えて問題ありません。
- 回線終端装置（ONUなど）：ルータ10Zとルータ10の間，ルータ11Zとルータ11の間は，実際にはONUなどの回線終端装置があるはずですが，この図では省略されています。
- ルーティングプロトコルとして，Z社とA社ではeBGPを使い，A社内ではiBGPを使います。

eBGPとiBGPという別のルーティングプロトコルを使うということですか？

　はい。ただ，プロトコルとしてはどちらも「BGP-4」で同じです。実際の設定ですが，eBGPとiBGPの二つの設定を分けて書くのではなく，異なるAS番号であれば勝手にeBGPになり，同じAS番号であればiBGPが動作します。

もう一点質問です。社外はBGPを使うとしても，企業内はOSPFが一般的だと思います。

　たしかに，R1年度NW試験 午後Ⅰ 問1では，似たような構成があり，このときは社外とはBGP，社内はOSPFを使いました（次ページ図左）。ただ，このときは，社外がISP1とISP2と別々のASでした（AS番号が別）。今回は，どちらもZ社で，一つのASです。図2にある四つのルータの経路を最適化するために，BGPを使ったのでしょう。後半に出てきますが，BGPの機能を上手に使い，冗長化だけでなく，BGPマルチパスを使って負荷分散まで実現しています（もちろん，BGPを使わない方法もあります）。

【R1 NW午後Ⅰ 問1】

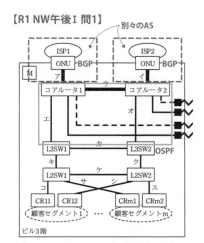

【今回(R3 NW午後Ⅱ 問2)】

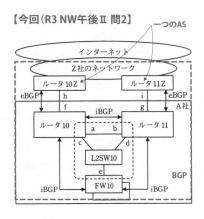

■OSPFを使った過去問の例と今回のBGP使用

ルータ11側の専用線の契約帯域幅は,ルータ10側の専用線と同じにする。
• 平常時はルータ10側の専用線を利用し,障害などでルータ10側が利用
できない場合は,ルータ11側を利用するように経路制御を行う。

ここに記載があるように,平常時はルータ10側(左側)で,故障時など
にはルータ11側(右側)のルートを使います。

• ルータ10とルータ11にはループバックインタフェースを作成し,これ
らにIPアドレスを設定する。
• a〜eの各物理インタフェース及びループバックインタフェースでは,
OSPFエリアを構成する。
• ③ルータ10とルータ11はループバックインタフェースに設定したIPア
ドレスを利用し,FW10はeに設定したIPアドレスを利用して,互いに
iBGPのピアリングを行う。

わけがわからなくなってきました。ループバックインタフェース
もそうですが,OSPF も使うのですか?

そうなんです。「BGPを使っているのになぜOSPFを使うの？　だったらOSPFでいいじゃん」という話ですよね。BGPを使う理由は先に述べたとおりです。OSPFも併用して使う理由ですが，BGPの場合，iBGPのピアリングを行うためだけにOSPFを使うことがよくあります（ピアリングに関しては，基礎解説（p.38）を参照ください）。「説明になっていない」と思われるかもしれませんが，「そんなもんだ」と割り切ってください。

>>>>
補足解説　なぜ OSPF が必要？

　割り切れない人のために少しだけ補足します。

Q.1 必要な経路交換があれば，BGPで経路交換をすればいいのでは？

A.1 BGPピアを張るためだけに，OSPFを使います。OSPFにてBGPピアを張らないと，BGPを使えません

Q.2 BGPを使う場合，OSPFが必要なの？

A.2 そんなことはありません。今回は，ループバックインタフェースを使うからです。物理インタフェースと異なり，ループバックインタフェースは，ルータの外部から存在がわかりません。どこにどのIPアドレスがあるかわからないので，OSPFを使って経路がわかるようにします。

Q.3 上記に関して，OSPFではなく，スタティックルート（静的経路）でもいいのですか？

A.3 もちろんいいですが，OSPFのほうが設定が簡単です。それに，物理インタフェースが壊れたときに迂回してくれます。

Q.4 じゃあ，ループバックインタフェースを使わずに，物理インタフェースでピアリングする場合，OSPFは不要ですか？

A.4 はい，そのとおりです。実際，ルータ10Zとルータ10はOSPFを使っていません。

Q.5 そもそも，なぜループバックインタフェースを使うんでしたっけ？

A.5 設問2（1）で解説します。

では，解説を進めます。ループバックインタフェースとは，ルータ内部に設定する仮想的なインタフェースのことです。物理インタフェースと同じようにIPアドレスを付与したり，ループバックインタフェースを使った通信ができます。

　また，下線③にあるように，ルータの物理**インタフェースの**IPアドレスではなく，ループバックインタフェースに対してピアリングを行います。その理由が設問2（1）で問われます。

　話が変わり，図2のネットワークを理解する意味も込めての問題です。

Q. 　図2のA社内にはいくつのセグメントがあるか（ループバックインタフェースは考慮しなくてよい）。

A. 　図2の表中のIPアドレスをもとに図に追記すると，以下のようになります。このように，四つのセグメントで構成されています。

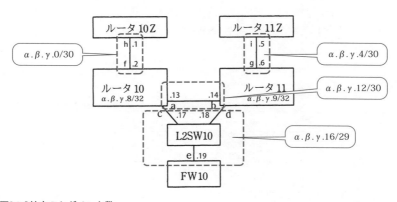

■**図2のA社内のセグメント数**

④iBGPのピアリングでは，経路情報を広告する際に，BGPパスアトリビュートの一つである**NEXT_HOPのIPアドレスを，自身のIPアドレスに書き換える**設定を行う。

何の話をしているんでしょうか。さっぱりわかりません。

　事前知識がないと難しかったと思います。詳細は基礎解説（p.42）を参考にしてください。下線④は，設問2（2）で解説します。

- ルータ10とルータ10Zの間，及びルータ11とルータ11Zの間では，eBGPのピアリングを行う。ピアリングには，fとh，及びgとiに設定したIPアドレスを利用する。

　eBGP（external BGP）のピアリングに関しては，ループバックインタフェースではなく，物理インタフェースのIPアドレスを使います。

- eBGPのピアリングでは，A社側はプライベートAS番号である64512を，Z社側はグローバルAS番号である64496を利用する。

　AS番号とは，自律システム（AS）に割当てる番号のことです。本問では，A社とZ社がそれぞれASで，Z社のAS番号が64496を，A社が64512を利用します。
　さて，ここまでの様子を図にまとめると，以下のようになります。

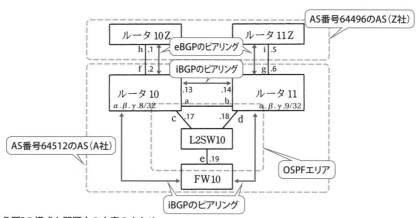

■図2の構成と問題文の内容のまとめ

Cさんは，Z社の提案を受け，BGPの標準仕様について調査を行った。

BGPでは，それぞれの経路情報に，パスアトリビュートの情報が付加される。BGPパスアトリビュートの一覧を表2に示す。

表2 BGP パスアトリビュートの一覧（抜粋）

タイプコード	パスアトリビュート
2	AS_PATH
3	NEXT_HOP
4	MULTI_EXIT_DISC
5	LOCAL_PREF

パスアトリビュートは，経路に関する優先度などの情報です。BGPでは，表2にあるようなパスアトリビュートが付与されます。

このあと，パスアトリビュートに関する詳細な解説が続きますが，基礎解説（p.45）でも整理しています。

AS_PATHは，経路情報がどのASを経由してきたのかを示すAS番号の並びである。eBGPピアにおいて，隣接するASに経路情報を広告する際に，AS_PATHに自身のAS番号を追加する。また，⑤隣接するASから経路情報を受信する際に，自身のAS番号が含まれている場合はその経路情報を破棄する。

パスアトリビュートの一つであるAS_PATHの解説です。下線⑤については，設問2（3）で解説します。

NEXT_HOPは，宛先ネットワークアドレスへのネクストホップのIPアドレスを示す。ネクストホップのIPアドレスは，ルータがパケットを転送する宛先を示す。eBGPピアに経路情報を広告する際には，NEXT_HOPを自身のIPアドレスに書き換えて送信する。iBGPピアに経路情報を広告する際には，NEXT_HOPを書き換えず，そのまま送信する。

MULTI_EXIT_DISC（以下，MEDという）は，eBGPピアに対して通知する，自身のAS内に存在する宛先ネットワークアドレスの優先度である。MEDはメトリックとも呼ばれる。

LOCAL_PREFは，iBGPピアに対して通知する，外部のASに存在する

第3章
過去問解説
令和3年度
午後Ⅱ
問2
問題
問題解説
設問解説

宛先ネットワークアドレスの優先度である。

　網掛けの前半部分は，下線④と同じことをいっています。後半のiBGP内容を含め，NEXT_HOPの書き換えについては，基礎解説（p.42）を参照してください。

　BGPでは，ピアリングで受信した経路情報をBGPテーブルとして構成する。このBGPテーブルに存在する，同じ宛先ネットワークアドレスの経路情報の中から，最適経路を一つだけ選択し，ルータのルーティングテーブルに反映する。

　BGPの標準仕様に関する説明です。ポイントは「一つだけ選択」の箇所です。この箇所は，設問2（5）のヒントです。

A社で利用している機器の最適経路選択アルゴリズムの仕様を表3に示す。

表3　最適経路選択アルゴリズムの仕様

評価順	説明
1	LOCAL_PREF の値が最も大きい経路情報を選択する。
2	AS_PATH の長さが最も　　ア　　経路情報を選択する。
3	ORIGIN の値で IGP，EGP，Incomplete の順で選択する。
4	MED の値が最も　　イ　　経路情報を選択する。
5	eBGP ピアで受信した経路情報，iBGP ピアで受信した経路情報の順で選択する。
6	NEXT_HOP が最も近い経路情報を選択する。
7	ルータ ID が最も小さい経路情報を選択する。
8	ピアリングに使用する IP アドレスが最も小さい経路情報を選択する。

　最適経路の選択は，表3中の評価順に行われる。例えば，同じ宛先ネットワークアドレスの経路情報が二つあった場合には，最初に，LOCAL_PREFの値を評価し，値に違いがあれば最も大きい値をもつ経路情報を選択し，評価を終了する。値に違いがなければ，次のAS_PATHの長さの評価に進む。

BGPテーブルに同じ宛先の経路情報が存在した場合，どの経路を最適として判断するのか，この仕様に基づいて決定します。

　空欄アとイでは，それぞれのパラメータの大小や，どちらが優先されるかが問われます。詳しくは設問2（4）で解説します。

　なお，ルータのルーティングテーブルに最適経路を反映するためには，NEXT_HOPのIPアドレスに対応する経路情報が，ルータのルーティングテーブルに存在し，ルータがパケット転送できる状態にある必要がある。

　BGPで受信する経路情報にはNEXT_HOPが含まれていますが，受信したルータはそのNEXT_HOPに対する経路情報を持っていないといけない，という説明です。基礎解説（p.43）でも解説しています。

　Cさんは，以上の調査結果を基にZ社の提案した構成を確認した。CさんとZ社の担当者との会話は，次のとおりである。

Cさん　：専用線の経路制御はどのように行いますか。
担当者　：今回は，LOCAL_PREFを利用して，図2中の各ルータ及びFWのパケット送信を制御します。ルータ10Zとルータ11Zが経路情報を受信した際に，LOCAL_PREFの値をそれぞれ設定し，Z社内部の機器に経路情報の広告を行います。ルータ10とルータ11が経路情報を受信した際も同様に，LOCAL_PREFの値をそれぞれ設定し，A社内部の機器に経路情報の広告を行ってください。

　経路制御に関して，Z社の内部とA社の内部の設定について述べられています。どちらも同じ内容なので，網掛け部分のA社の内容を次ページの図で解説します。

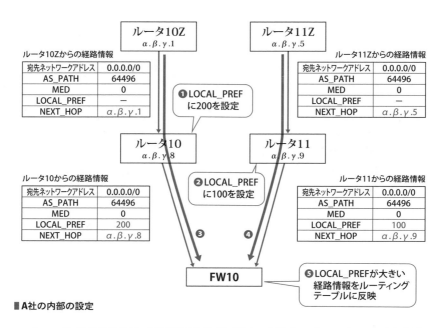

ルータ10Zからの経路情報	
宛先ネットワークアドレス	0.0.0.0/0
AS_PATH	64496
MED	0
LOCAL_PREF	−
NEXT_HOP	$\alpha.\beta.\gamma.1$

ルータ11Zからの経路情報	
宛先ネットワークアドレス	0.0.0.0/0
AS_PATH	64496
MED	0
LOCAL_PREF	−
NEXT_HOP	$\alpha.\beta.\gamma.5$

ルータ10からの経路情報	
宛先ネットワークアドレス	0.0.0.0/0
AS_PATH	64496
MED	0
LOCAL_PREF	200
NEXT_HOP	$\alpha.\beta.\gamma.8$

ルータ11からの経路情報	
宛先ネットワークアドレス	0.0.0.0/0
AS_PATH	64496
MED	0
LOCAL_PREF	100
NEXT_HOP	$\alpha.\beta.\gamma.9$

❶LOCAL_PREFに200を設定

❷LOCAL_PREFに100を設定

❺LOCAL_PREFが大きい経路情報をルーティングテーブルに反映

■A社の内部の設定

　ルータ10にLOCAL_PREF200を設定し（❶），ルータ11にLOCAL_PREF100を設定します（❷）（実際には，LOCAL_PREF値のデフォルトは100なので，何もせずとも割り当てられます）。

　FW10におけるデフォルトルートの経路情報は，二つの経路から受け取ります。一つは左側（❸）で，ルータ10Z→ルータ10（LOCAL_PREFを200に設定）→FW10です。もう一つは右側（❹）で，ルータ11Z→ルータ11（LOCAL_PREFを100に設定）→FW10です。

　FW10は受信した経路情報のうち，LOCAL_PREFが大きいほう，つまりルータ10側の経路情報をルーティングテーブルに反映します（❺）。これによって，デフォールトルート（インターネット）向けの経路は，ルータ10側を優先します。

　ルータ10では，FW10から経路情報を受け取ったときもLOCAL_PREFの値を設定しますか？

　質問の内容は，ルータ10Zに経路情報を渡すときに，LOCAL_PREFの

値を設定するか，ということですね。値を設定するかは設計によりますが，今回の場合はどちらでもいいです。というのも，LOCAL_PREFの情報は，eBGPに伝達しない（つまりルータ10Zには送らない）からです。

また，余談になりますが，設計としては，すべての経路にLOCAL_PREFの値を設定することもできますし，個別の経路だけに設定することもできます。基礎解説での設定例（config）は，すべての経路に設定する方法になっています。

Cさん　　：BGPで広告する経路情報はどのようなものですか。
担当者　　：ルータ10Zとルータ11Zはデフォルトルートの経路情報の広告
　　　　　　を行います。

ルータ10Zとルータ11Zは，デフォルトルートの経路情報を広告します。よって，先ほど説明したとおり，FW10では二つのデフォルトルートの経路情報を受信します。

ルータ10とルータ11はA社が割当てを受けているグローバルIPアドレスの経路情報の広告を行ってください。

「行ってください」って，誰が誰に言っているんでしたっけ？

Z社の担当者が，A社のCさんに対して，「ルータ10とルータ11に，広告を行うネットワークアドレスを設定して下さい」と言っています。目的は，ルータ10Zと11ZがA社の経路情報を受信するためです。

そのためには，ルータ10やルータ11に対し以下の設定を行います。具体的には，図2にあるA社のグローバルIPアドレスの情報を設定します。

■ルータ10とルータ11にA社のグローバルIPアドレスの情報を設定

```
network α.β.γ.12 mask 255.255.255.252
network α.β.γ.16 mask 255.255.255.248
```

平常時のFW10のBGPテーブルは表4のように，ルーティングテーブルは表5のようになるはずです。

表4　FW10のBGPテーブル（抜粋）

宛先ネットワーク アドレス	AS_PATH	MED	LOCAL_PREF	NEXT_HOP
0.0.0.0/0	64496	0	200	ウ
0.0.0.0/0	64496	0	100	エ

これはBGPテーブルです。このあとのルーティングテーブルとは別です。

先の図（p.314）で説明したように，FWでは，ルータ10とルータ11から，デフォルトルートの経路情報を受け取ります。LOCAL_PREFは，それぞれ200と100の値です。

空欄ウとエは，設問2（4）で解説します。

表5　FW10のルーティングテーブル（抜粋）

宛先ネットワーク アドレス	ネクストホップ	インタフェース
0.0.0.0/0	α.β.γ.8	e
α.β.γ.8/32	オ	e
α.β.γ.9/32	カ	e

続いてルーティングテーブルです。表4のようなBGPテーブルは，ファイアウォールやルータのルーティングテーブルにそのまま反映されるわけではありません。複数の情報源（BGP，OSPF，静的経路情報など）から取得した経路情報をルールに従って選択し，最終的なルーティングテーブルを作ります。

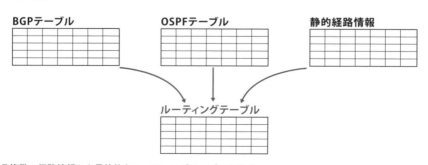

■複数の経路情報から最終的なルーティングテーブルを作成

空欄オとカは，設問2（4）で解説します。

> Cさん　：分かりました。リンクダウンしないにもかかわらず，通信が
> できなくなるような専用線の障害時は，どのような動作にな
> りますか。
> 担当者　：BGPでは，　　キ　　メッセージを定期的に送信します。専
> 用線の障害時には，ルータが　　キ　　メッセージを受信し
> なくなることによって，ピアリングが切断され，AS内の各機
> 器の経路情報が更新されます。
> Cさん　：分かりました。

障害時には，経路情報を切り替える必要があります。しかし，リンクダウ
ンしない障害時には，BGPはどうやってその事実を知るのでしょうか。そ
のために必要なのが空欄キです。詳しくは，設問2（4）で解説します。

> 担当者　：ところで，⑥BGPの標準仕様ではトラフィックを分散する経
> 路制御はできません。BGPマルチパスと呼ばれる技術を使う
> ことで，平常時からルータ10側，ルータ11側両方の専用線を
> 使って，トラフィックを分散する経路制御ができますがいか
> がですか。教えていただいた，今回利用を検討されている機
> 器はどれもBGPマルチパスをサポートしています。BGPマル
> チパスを有効にすると，BGPテーブル内のLOCAL_PREFや
> AS_PATH，MEDの値は同じで，NEXT_HOPだけが異なる複
> 数の経路情報を，同時にルーティングテーブルに反映します。
> その結果，ECMP（Equal-Cost Multi-Path）によってトラフィッ
> クを分散することができます。
> Cさん　：いいですね。では，BGPマルチパスを利用したいと思います。
> 担当者　：承知しました。各機器の設定例を後ほどお渡ししますので参
> 考にしてください。
> Cさん　：ありがとうございます。

下線⑥について，BGPの標準仕様の内容が設問2（5）で問われます。ち

なみに，OSPFだとトラフィック分散ができます。それはさておき，BGPの場合，マルチパスの技術を使います。マルチパスに関しても，基礎解説（p.48）を確認してください。

ここまでの問題文で，設問2に解答できます。

〔インターネット接続の冗長化手順〕

Cさんは，冗長化作業中にインターネット利用に対する影響が最小限となる，インターネット接続の冗長化手順の検討を行った。Cさんが検討した冗長化手順を表6に示す。

表6 Cさんが検討した冗長化手順

手順	作業対象機器	作業内容
手順1	ルータ11Z，ルータ11	機器の設置
手順2	ルータ11Z，ルータ11，ルータ10，L2SW10	ケーブルの接続
手順3	ルータ11Z，ルータ11，ルータ10，L2SW10	物理インタフェースの設定，IPアドレスの設定及び疎通の確認
手順4	ルータ10，ルータ11	ク
手順5	ルータ10，ルータ11，FW10	ケ
手順6	ルータ10，ルータ11，FW10	コ
手順7	ルータ10，ルータ11，ルータ10Z，ルータ11Z	サ
手順8	シ	静的経路の削除
手順9	ルータ10，L2SW10，FW10	後継機種又は上位機種に交換

手順1，2では，新たに導入する機器の設置及びケーブルの接続を行い，物理構成を完成する。手順3では，作業対象機器の物理インタフェースの設定及びIPアドレスの設定を行い，機器間で疎通の確認を行う。疎通の確認では，pingを用いて，パケットロスが観測されないことを確認する。手順4～7で，BGPやOSPFを順次設定する。続いて，手順8を実施する。

図1（非冗長化）から図2（冗長化）に構成変更にする際に，インターネット接続を継続したまま構成を変更するようです。このとき，作業による影響を最小限にします。

空欄ク～サの内容が設問3（1）で，空欄シが設問3（2）で問われます。

⑦A社からインターネットへ向かう通信については，手順8の静的経路の削除が行われた時点で，動的経路による制御に切替えが行われ，冗長化が完成する。

手順7までで動的経路制御が確立し，準備が整いました。手順8では，不要となった静的経路を削除することで，冗長化が完成します。

手順8の静的経路は，どこで設定されたものでしょうか？

冗長化以前の図1の頃にすでに設定されていたものです。問題文冒頭で，図1の環境について，以下の説明がありました。

- ルータ10Zには，A社が割当てを受けているグローバルIPアドレスの静的経路設定がされており，これを基にZ社内部のルータに経路情報の広告を行っている。
- ルータ10，FW10及びL3SW40の経路制御は静的経路制御を利用している。

静的経路は，絶対に消さなければいけないんでしたっけ？

今回はそうです。アドミニストレーティブディスタンスという用語が過去の問題でも登場しましたが，BGPによる動的経路よりも静的経路が優先されます。なので，静的経路を削除しないと，動的経路で取得したOSPFやBGPの情報がルーティングテーブルに反映されません。

なお，L3SW40は動的経路制御を導入しないので静的経路はそのままです。空欄シの作業対象機器が，設問3（2）で問われます。

最後に，手順9では，インターネット利用に対する影響が最小限になるように機器を操作しながら，作業対象機器をあらかじめ設定を投入しておいた後継機種又は上位機種に交換する。例えば，ルータ10の交換に当たっては，⑧通信がルータ10を経由しないようにルータ10に対して操作を行った後に交換作業を実施する。

下線⑧は，設問3（4）で解説します。

> Cさんは，これまでの検討結果をインターネット接続環境の更改案としてまとめ，B課長に報告した。B課長は，専用線に輻輳が発生していたこと，及び監視サーバで検知できなかったことを問題視した。想定外のネットワーク利用などによって突発的に発生した通信や輻輳を迅速に検知できるように，単位時間当たりの通信量の監視（以下，トラフィック監視という）について，Cさんに検討するよう指示した。

　突発的に発生した通信は，バーストトラフィックと呼ばれます。突発的な通信が発生しても，5分間隔での測定では検知することが簡単ではありません。たとえば，5分（300秒）のうち，5秒間だけ100Mビット/秒の突発的な通信が発生し，残りの295秒が1Mビット／秒だったとします。すると，5分間の平均はたったの2.65Mビット／秒です。これでは，「専用線の帯域には十分余裕がある」と勘違いされてしまいます。

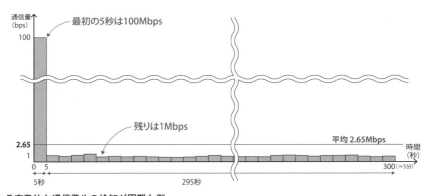

■ 突発的な通信発生の検知が困難な例

　ここまでの問題文で，設問3に答えることができます。

〔トラフィック監視の導入〕

　さて，ここからはトラフィック監視についてです。先に全体像をここで整理します。読み進める中で，混乱したらこの表に戻ってください。

■ トラフィック監視の全体像

項番	監視内容	補足	現状	今後
❶	死活監視	サーバや機器が動作しているかダウンしているかを監視	実施済み	―
❷	輻輳の検知	ネットワークが輻輳しているかの検知	未実施	しきい値監視の実施
❸	トラフィック異常の検知	（しきい値を超えない範囲での）トラフィック異常の検知	未実施	機械学習監視製品の導入

監視サーバの死活監視は，監視対象に対して，1回につきICMPのエコー要求を3パケット送信し，エコー応答を受信するかどうかを確認する。1分おきに連続して5回，一つもエコー応答を受信しなかった場合に，アラートとして検知する。エコー要求のタイムアウト値は1秒である。

まず，現状の監視サーバの機能です。現状では，サーバが動作しているかダウンしているかの死活監視だけを実施しています（上の表の❶）。
ICMPのエコー要求とエコー応答は，pingコマンドで実行できます。

Cさんは，⑨専用線の輻輳を検知するために，監視サーバの監視対象として，ルータ10Zとルータ11Zを追加することを考えたが，問題があるため見送った。
　そこで，Cさんは，通信量のしきい値を定義し，上限値を上回ったり，下限値を下回ったりするとアラートとして検知する監視（以下，しきい値監視という）の利用を検討した。

次は上の表の❷の輻輳の検知です。輻輳の検知のために，ICMPによる死活監視で対応しようとしましたが，見送られました（下線⑨）。理由は設問4（1）で解説します。
　そのかわり，新たに「しきい値監視」を行うことにしました。

通信を均等に分散できると仮定すると，インターネット接続の冗長化導入によって利用できる帯域幅は専用線2回線分になる。どちらかの専用線に障害が発生すると，利用できる帯域幅は専用線1回線分になる。Cさんは，

どちらかの専用線に障害が発生した状況において，専用線に流れるトラフィックの輻輳の発生を避けるためには，平常時から，それぞれの専用線で利用できる帯域幅の　　ス　　％を単位時間当たりの通信量の上限値としてしきい値監視すればよいと考えた。このしきい値監視でアラートを検知すると，トラフィック増の原因を調査して，必要であれば専用線の契約帯域幅の増速を検討する。

読みづらい文章です。

　そうですね。単純化して道路の場合で考えます。下図❶は２車線の道路です。下図❷は事故などにより１車線になった様子です。仮に１車線になっても，道路が輻輳しない（正常に車が通れる）ように交通量を監視します。その結果を踏まえ，必要に応じて道路の車線を増やす検討をします（下図❸）。

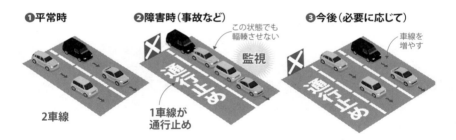

❶平常時　　　❷障害時（事故など）　　　❸今後（必要に応じて）

この状態でも輻輳させない

監視

２車線

１車線が通行止め

車線を増やす

■障害時でも輻輳しないよう監視し，必要に応じて対応（道路の場合）

　詳しくは設問４（２）で解説します。

　次に，Cさんは，想定外のネットワーク利用などによって単位時間当たりの通信量が突発的に増えたり，A社NW機器の故障などによって単位時間当たりの通信量が突発的に減ったりすること（以下，トラフィック異常という）を検知する監視の利用を検討した。

今度は，p.321の表❸の「トラフィック異常の検知」です。単位時間当たりの通信量が突発的に増えたり，突発的に減ったりする事象を検知します。

少し混乱してきました。さっきの輻輳の検知とはどう違うのですか？

トラフィック異常の一つが輻輳です。輻輳は，通信がまったくできないと考えてください。トラフィック異常は，通信が行える範囲での異常です。また，ここには明記されていませんが，「しきい値を超えない範囲での異常」，と考えてもらってもいいと思います。

Cさんは機械学習を利用した監視（以下，機械学習監視という）の製品を調査した。
　Cさんが調査した製品は，過去に収集した時系列の実測値を用いて，傾向変動や周期性から近い将来の値を予測し，異常を検知することができる。例えば，単位時間当たりの通信量について，その予測値と新たに収集した実測値を基に，トラフィック異常を検知することができる。
　Cさんは，管理サーバに保存されている単位時間当たりの通信量の統計データを用いて，機械学習監視製品の試験導入を行った。Cさんは，これまで検知できなかったトラフィック異常が検知できることを確認した。

しきい値だけの設定では，トラフィックの異常値は検知が難しいことがあります。ようは，しきい値の範囲内で異常が発生した場合です。そこで，機械学習監視製品の導入です。この製品は，しきい値の範囲内であってもトラフィック異常が検知できるようです。また，過去の実測値から，将来の値を予測するようです。

最近流行りのAIってやつですか？

おそらく，そうでしょう。すごい機能ですね。ただ，この内容については，設問にはあまり関係ないので，深追いしないことにします。

> さらに，⑩管理サーバに保存されている，統計データとは別のデータについても，機械学習監視製品を用いて監視することで，トラフィック異常とは別の異常が検知できることを確認した。複数のデータを組み合わせて，機械学習監視製品を用いて監視することで，ネットワーク環境の状況を素早く，かつ，詳細に把握できることが分かった。

問題文冒頭で示されたとおり，管理サーバにはFWとプロキシサーバの通信ログ（＝統計データとは別のデータ）が保存されています。これらのログも，機械学習監視製品を使うことで異常の検知ができるようになります。下線⑩について，どのような異常が検知できるようになるかが設問4（3）で問われます。

> Cさんは，機械学習監視製品の試験結果についてまとめ，B課長に報告を行い，インターネット接続環境の更改に併せて，管理サーバにしきい値監視と機械学習監視製品を導入することが決まった。

> その後，A社では，Cさんがまとめたインターネット接続環境の更改案を基に設備更改が実施され，また，しきい値監視と機械学習監視製品が導入された。

問題文の解説はここまでです。お疲れさまでした。

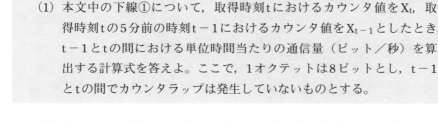

設問1 〔インターネット接続環境の利用状況の調査〕について，(1)〜(3)に答えよ。

(1) 本文中の下線①について，取得時刻tにおけるカウンタ値をX_t，取得時刻tの5分前の時刻t−1におけるカウンタ値をX_{t-1}としたとき，t−1とtの間における単位時間当たりの通信量（ビット／秒）を算出する計算式を答えよ。ここで，1オクテットは8ビットとし，t−1とtの間でカウンタラップは発生していないものとする。

　問題文には，「①管理サーバは，5分ごとにSNMPでカウンタ値を取得し，単位時間当たりの通信量を計算し，統計データとして保存している」とあります。

　単位時間当たりの通信量は，ある時間にインタフェースで送信（または受信）したパケットのデータ量を，時間で割れば算出できます。

　横軸に時刻，縦軸にカウンタ値をとると，問題文の値は以下のように表されます。

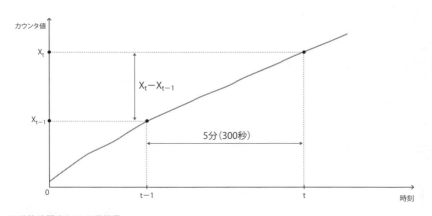

■ 単位時間当たりの通信量

5分間のデータ量は，$X_t - X_{t-1}$ です。ただ，この値はオクテットなので，ビットに補正します。1オクテットは8ビットなので，$X_t - X_{t-1}$ に8をかけた値，つまり（$X_t - X_{t-1}$）×8がデータ量です。これを5分（300秒）で割れば，平均通信速度を求めることができます。

解答　　（$X_t - X_{t-1}$）×8÷300

---

　(2) 本文中の下線①について，利用状況の調査を目的として，単位時間当たりの通信量（ビット／秒）を求める際に時間平均することによる問題点を35字以内で述べよ。

　この設問は，後半の〔インターネット接続の冗長化手順〕にヒントがあります。「専用線に輻輳が発生していたこと，及び監視サーバで検知できなかったことを問題視した。想定外のネットワーク利用などによって突発的に発生した通信や輻輳を迅速に検知できるように」の箇所です。
　問題文でも解説しましたが（p.320），突発的（＝瞬間的）なバースト通信が発生した場合には，単位時間当たりの通信量の値はそれほど高くなりません。平均してしまうと，「いつもより少し通信量が多いかな」くらいの感じでしょう。その結果，取得間隔（5分）の間で発生したバースト通信を検出できません。この点が設問で問われた問題点です。

解答例　取得間隔の間で発生したバースト通信が分からなくなる。（26字）

　解答例とまったく同じ書き方である必要はありません。問題文の言葉を使い，「突発的に発生した通信を検知できない」という点をまとめても正解になったでしょう。

　(3) 本文中の下線②について，32ビットカウンタでカウンタラップが発生した際に，通信量を正しく計算するためには，カウンタ値をどのように補正すればよいか。解答群の中から選び，記号で答えよ。ここで，取得時刻tにおけるカウンタ値をX_t，取得時刻tの5分前の時

刻$t-1$におけるカウンタ値をX_{t-1}，$t-1$とtの間でカウンタラップが1回発生したとする。

解答群

ア　X_tを$X_t + 2^{32}$に補正する。　　　イ　X_tを$X_t + 2^{32} - 1$に補正する。
ウ　X_{t-1}を$X_{t-1} + 2^{32}$に補正する。
エ　X_{t-1}を$X_{t-1} + 2^{32} - 1$に補正する。

　問題文には，「②カウンタ値が上限値を超える場合，初期値に戻って（以下，カウンタラップという）再びカウンタ値が加算される」とあります。

　さて，この設問では，カウンタラップが発生した場合における通信量の計算方法が問われています。文字だけだとわかりづらいので，以下の図で解説します。

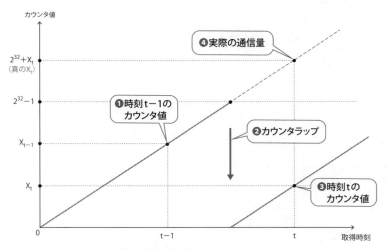

■ カウンタラップが発生した場合の通信量の計算

　時刻$t-1$に取得したカウンタ値がX_{t-1}です（上図❶）。その後，カウンタラップが発生しカウンタ値は0に戻ります（❷）。5分後の時刻tに取得したカウンタ値がX_tです（❸）。

　では，実際の通信量である上図❹の値を求めます。カウンタラップでは値が2^{32}小さくなってしまうので，取得したX_tに2^{32}を加えます。よってX_tを

$X_t + 2^{32}$ に補正する，つまり選択肢アが正解です。

解答　　ア

> 選択肢にある，＋1とか−1みたいな
> 微妙な補正に悩みました。

　そのような選択肢があると，悩みますよね。それに，32ビットのカウンタ値の最大値は，2^{32} ではなく，$2^{32}-1$ です。その点からも，心理的に迷っていしまったかもしれません。このような場合，単純化して実際に値を当てはめるのが得策です。たとえばカウンタが2ビット（カウンタ値は0〜3）と仮定します。時刻$t-1$のカウンタ値X_{t-1}が2，時刻tのカウンタが3つ上がって5になったとします。しかし，実際のカウンタ値X_tは，カウンタラップにより（2）→ 3 → 0 → 1と変化するので1です。では，数字5と数字1（X_t）の関係ですが，X_tを$X_t + 2^2$に補正すれば，1＋4＝5になります。

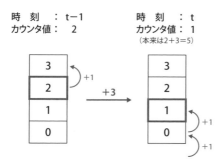

■カウンタ値の変化

設問2 〔インターネット接続の冗長化検討〕について，(1) ～ (5) に答えよ。

(1) 本文中の下線③について，図2中のルータ10やルータ11にはループバックインタフェースを作成し，iBGPのピアリングにループバックインタフェースに設定したIPアドレスを利用するのはなぜか。FW10とのインタフェースの数の違いに着目し，60字以内で述べよ。

問題文の該当部分を再掲します。

・③ルータ10とルータ11はループバックインタフェースに設定したIPアドレスを利用し，FW10はeに設定したIPアドレスを利用して，互いにiBGPのピアリングを行う。

この問題を解く前提知識として，ルータのループバックインタフェースが，どんなときに利用できなくなるかを知っておく必要があります。答えは，ルータの物理インタフェースがすべてダウンしたときです。以下の表に整理しますが，図2において，物理ポートcとdの両方がダウンしない限り，ループバックインタフェースを利用できます。つまり，iBGPのピアリングに物理ポートを指定するのに比べて，可用性が高いことがわかります。

■ループバックインタフェースがダウンする場合

ポートcの状態	ポートdの状態		ループバックインタフェースの利用可否
UP	UP	→	可
Down	UP	→	可
UP	Down	→	可
Down	Down	→	不可

ループバックインタフェースそのものが故障してダウンすることはないのですか？

可能性はゼロではありません。ですが，物理的な機器ではないので，ポートcやdのように，故障したりLANケーブルが抜けるなどによるダウンの心配はありません。

では，正解を考えますが，設問文に指示がある「FW10とのインタフェース数の違いに着目」に注意します。

これは簡単ですね。ルータ10とルータ11には二つの物理インタフェースがありますが，FW10は一つだけです。これが違いです。

> **解答例** ルータ10とルータ11はOSPFを構成するインタフェースが二つあり，迂回路を構成できるから（45字）

少し補足します。仮に，FW10とルータ10間のiBGPピアリングにcのIPアドレス（α.β.γ.17）を利用しているとします。この場合，物理インタフェースcがダウンすると（下図の❶），FW10とルータ10のiBGPピアリングが切断されます（❷）。

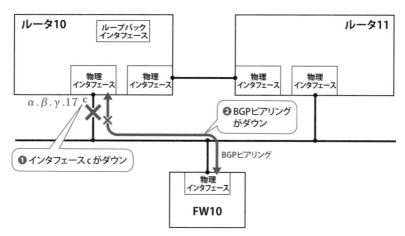

■ **物理インタフェースcのIPアドレス（α.β.γ.17）を利用している場合**

ところが，ルータ10のループバックアドレスであるα.β.γ.8を使ってiBGPピアリングするとどうなるでしょうか。物理インタフェースcがダウンしたとしても（次ページ図❸），OSPFによってα.β.γ.8への経路が確保されます。その結果，FW10はルータ11を経由してルータ10と通信でき

ます（**④**）。つまり，迂回路があるので，iBGPピアリングは切断されません。

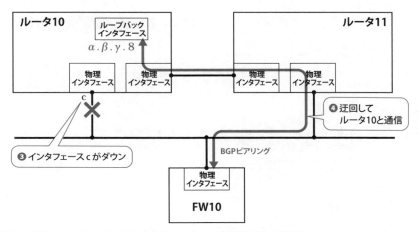

■ **ルータ10のループバックアドレスである _α.β.γ_.8を利用している場合**

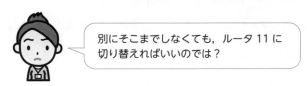

> 別にそこまでしなくても，ルータ11に
> 切り替えればいいのでは？

　まあ，今回の場合はそうかもしれません。ただ，BGPのピアリングがアップダウンをしたり，経路を切り替えたり（切り戻ったり）するのは，ルータに余分な負荷がかかります。また，ピアが切れると，（場合によっては）経路情報が変わったことが外部に通知されます。インターネット側に負荷をかけないという点でも，BGPピアリングはできるだけ安定させておくのが得策です。

　さて，答案の書き方ですが，今回は60字とかなり長い文章を書きます。「インタフェースが二つ」と書いただけでは，設問文で求められている「インタフェース数の違いに着目」しただけです。ループバックインタフェースを利用する理由として，「迂回路を構成できる」ことまで踏み込みたいところです。ただ，解答例のとおりに書くのは難しかったと思います。

（2）FW10のルーティングテーブルを表7に示す。本文中の下線④について，書き換える設定を行わない場合に，FW10のルーティングテーブルに追加で必要になる情報はどのような内容か。表5を参考に，表7中の | a |，| b | に入れる適切な字句を答えよ。

表7　FW10のルーティングテーブル（抜粋）

宛先ネットワークアドレス	ネクストホップ	インタフェース
a	（設問のため省略）	e
b	（設問のため省略）	e

問題文から下線④の箇所を再掲します。

④iBGPのピアリングでは，経路情報を広告する際に，BGPパスアトリビュートの一つであるNEXT_HOPのIPアドレスを，自身のIPアドレスに書き換える設定を行う。

下線④の設定をしない場合に，FW10に必要な設定が問われています。

基礎解説（p.44）でも説明しましたが，以下の2行目のような設定を入れることで，NEXT_HOPのIPアドレスを書き換えることができます。

■ **NEXT_HOPのIPアドレスの書き換え**

```
R10(config)#router bgp 64512
R10(config-router)#neighbor 203.0.113.14 next-hop-self
```

これを設定しない場合には，NEXT_HOPへの経路を静的に設定しなければいけません。なぜなら，次ページの図のようにルータ10ZからNEXT_HOPとして$\alpha . \beta . \gamma .1$が流れてきたとしても，$\alpha . \beta . \gamma .1$の経路がわからないからです。　これが，問題文の「FW10のルーティングテーブルに追加で必要」である理由です。

NEXT_HOPを書き換えない状態では，次ページの図のようにFW10が経路情報を受信します。

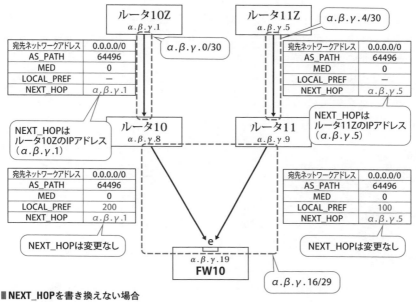

■NEXT_HOPを書き換えない場合

　このとき，FW10は，ルータ10側から受信した経路情報と，ルータ11側から受信した経路情報を一つのBGPテーブルで管理します。その結果，下表のようなBGPテーブルになります。

■FW10のBGPテーブル

宛先ネットワーク アドレス	AS_PATH	MED	LOCAL_PREF	NEXT_HOP
0.0.0.0/0	64496	0	200	$\alpha.\beta.\gamma$.1
0.0.0.0/0	64496	0	100	$\alpha.\beta.\gamma$.5

　FW10のインタフェースeは，図2の表に記載があるとおり，IPアドレスは$\alpha.\beta.\gamma$.19/29です。NEXT_HOPの$\alpha.\beta.\gamma$.1や$\alpha.\beta.\gamma$.5は，同一セグメントではないので，ここにパケットを送ることができません。

　わかりました，$\alpha.\beta.\gamma$.1と$\alpha.\beta.\gamma$.5宛ての経路情報を設定するのですね。

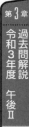

はい，そうです。参考までに，問題文にも「ルータのルーティングテーブルに最適経路を反映するためには，NEXT_HOPのIPアドレスに対応する経路情報が，ルータのルーティングテーブルに存在し，ルータがパケット転送できる状態にある必要がある」とあります。

さて，答案ですが，これらのIPアドレスが所属するサブネット全体（/30）で記載します。

解答	空欄a，空欄b： **α.β.γ.0/30，α.β.γ.4/30**（順不同）

> サブネットで書かず，α.β.γ.1/32とα.β.γ.5/32
> と書いてはダメですか

いえ，実際のところ，α.β.γ.1/32とα.β.γ.5/32と記載しても，FW10からインターネット宛ての経路は利用可能です。ただ，ルーティングテーブルというものは，IPアドレスを一つ一つ記載しますか？ しませんよね。サブネットで書くのが一般的なので，α.β.γ.1/32とα.β.γ.5/32と書いては不正解だったでしょう。

では，皆さんの理解を確かめるために問題です。

Q. 表7中の省略されたネクストホップを答えよ。

A.
ネクストホップですが，ループバックインタフェース（α.β.γ.8とα.β.γ.9）と物理インタフェース（α.β.γ.17とα.β.γ.18）のどちらでも正解です。ですが，物理インタフェースcやdの故障時の対応を考えると，ループバックインタフェースが望ましいでしょう。

　（3）本文中の下線⑤について，経路情報を破棄する目的を20字以内で述べよ。

問題文から下線⑤の箇所を再掲します。

⑤隣接するASから経路情報を受信する際に，自身のAS番号が含まれている場合はその経路情報を破棄する。

　隣接したASから受信した経路情報に，自身のAS番号が含まれているのはどのような状況でしょうか。それは，下図のように，AS（例：65541，65542，65543）がループ上につながっている場合です。

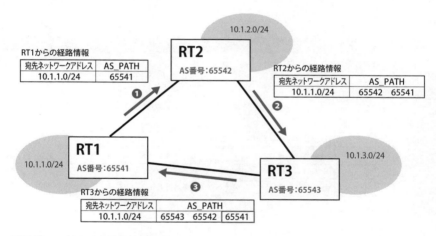

■ASがループ上につながっている場合

このときの経路情報を確認しましょう。

❶AS65541からAS65542への経路情報の広告です。10.1.1.0/24への経路（AS_PATH）は，65541（ルータ1）という内容です。

❷同様ですが，AS_PATHは，65542（ルータ2）65541（ルータ1）です。

❸AS_PATHは，65543（ルータ3）65542（ルータ2）65541（ルータ1）です。
　この結果，ルータ1では，10.1.1.0/24宛ての経路情報を受信します。自身のAS番号である65541が含まれているので，この経路はループして

いると判断し，この経路を受信しません。この動作によって，経路のループを回避しています。

| 解答例 | 経路のループを回避するため（13字） |

　ちなみに，経路のループについてはH29年度NW試験 午後Ⅰ問3でも出題されていました。今回の問題とは直接関係がありませんが，ルーティングにおいても「ループを防ぐ」という観点の事前知識があった人は，有利だったことでしょう。

設問2

(4) 本文及び表3〜5中の　　ア　　〜　　キ　　に入れる適切な字句を答えよ。

空欄ア，空欄イ

問題文の該当部分は以下のとおりです。

表3　最適経路選択アルゴリズムの仕様

評価順	説明
1	LOCAL_PREF の値が最も大きい経路情報を選択する。
2	AS_PATH の長さが最も　　ア　　経路情報を選択する。
3	ORIGIN の値で IGP，EGP，Incomplete の順で選択する。
4	MED の値が最も　　イ　　経路情報を選択する。

　空欄アに関連する AS_PATH は，「経路情報がどの AS を経由してきたのかを示す AS 番号の並び」です。AS 番号が多数並んでいれば経路が長く，少数しか並んでいなければ経路は短いということです。経路は短いほうがいいので，経由する AS が少ない，つまり AS_PATH の長さが最も「短い」経路情報を選択します。
　空欄イに関連する MED は，「自身の AS 内に存在する宛先ネットワークアドレスの優先度」です。優先度は，値が小さいほうが優先されます。「○○番目に優先」という雰囲気で考えるとよいでしょう。よって，空欄イには「小さい」が入ります。

　なお，これとは逆に値が大きいほうが優先になるものには，VRRPのプライオリティ値，BGPのLOCAL_PREFなどがあります。ややこしいですね。

空欄ウ，空欄エ

問題文から空欄ウと空欄エの箇所を再掲します。

　平常時のFW10のBGPテーブルは表4のように，ルーティングテーブルは表5のようになるはずです。

表4　FW10のBGPテーブル（抜粋）

宛先ネットワークアドレス	AS_PATH	MED	LOCAL_PREF	NEXT_HOP
0.0.0.0/0	64496	0	200	ウ
0.0.0.0/0	64496	0	100	エ

　空欄ウと空欄エは，NEXT_HOP（ネクストホップ）となるルータのIPアドレスが問われています。（※ルータやファイアウォールでは，デフォルトゲートウェイではなく，ネクストホップという用語を使うことが一般的です。）

> 図2を見ると，FW10のネクストホップは，ルータ10とルータ11ですよね。

　そのとおりです。ただし，注意点は，物理インタフェースのIPアドレスではなく，ループバックアドレスがNEXT_HOPであることです。下線③の箇所で，ループバックアドレスを使ってiBGPのピアリングを行ったからです。物理インタフェース（cやd）のIPアドレスは広告されないので，NEXT_HOPにはなり得ません。

　また，ルータ10側の専用線を優先するので，LOCAL_PREF値が大きい空欄ウが，ルータ10側（つまり，NEXT_HOPは $\alpha . \beta . \gamma .8$）になります。空欄エには，優先度が低いルータ11のループバックインタフェースのIPアド

レス，すなわち α . β . γ .9が入ります。

解答　空欄ウ：**α . β . γ .8**　　空欄エ：**α . β . γ .9**

参考として，表5を見てみましょう。

表5　FW10のルーティングテーブル（抜粋）

宛先ネットワーク アドレス	ネクストホップ	インタフェース
0.0.0.0/0	α . β . γ .8	e
α . β . γ .8/32	オ	e
α . β . γ .9/32	カ	e

　問題文でも解説しましたが（p.316），ルーティングテーブルはBGPテーブルをもとに作成されます。なので，ルーティングテーブルに，ヒントがある可能性があります。今回の場合，表5の1行目が大きなヒントです。ここにある0.0.0.0/0のネクストホップは「α . β . γ .8」であり，この値が空欄ウの答えです。

空欄オ，空欄カ

問題文から空欄オ・空欄カの箇所を再掲します。

　平常時のFW10のBGPテーブルは表4のように，ルーティングテーブルは表5のようになるはずです。
　（略）

表5　FW10のルーティングテーブル（抜粋）

宛先ネットワーク アドレス	ネクストホップ	インタフェース
0.0.0.0/0	α . β . γ .8	e
α . β . γ .8/32	オ	e
α . β . γ .9/32	カ	e

　設問を考える前に参考情報ですが，1行目はBGPで取得した経路で，2行目と3行目はOSPFで取得した経路です。
　さて，2行目・3行目の空欄オと空欄カを考えます。ここで，宛先ネット

ワークアドレスにある，$\alpha . \beta . \gamma$ .8/32と$\alpha . \beta . \gamma$ .9/32は何のIPアドレスだったでしょうか。正解は，ルータ10とルータ11のループバックインタフェースです。

図2にIPアドレスを書き加えると，以下にようになります。

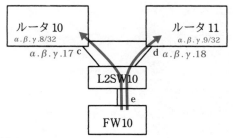

■図2にIPアドレスを追加

これを見ると，正解がわかると思います。

まず，空欄オですが，$\alpha . \beta . \gamma$ .8/32（ルータ10のループバックインタフェース）宛ては，ネクストホップが$\alpha . \beta . \gamma$ .17（ルータ10の物理インタフェースc）です。

空欄カ$\alpha . \beta . \gamma$ .9/32は，$\alpha . \beta . \gamma$ .18（ルータ11の物理インタフェースd）です。

解答	空欄オ：**$\alpha . \beta . \gamma$ .17**	空欄カ：**$\alpha . \beta . \gamma$ .18**

> あれ？ FW10とルータ10, 11は直結していますよね。ネクストホップの情報って必要なんでしたっけ？

必要です。問題文の補足解説でも書きましたが（p.308 Q.2），ループバックインタフェースは，ルータの外部からは存在が見えないので，OSPFを使って経路がわかるようにします。

問題文から空欄キの箇所を再掲します。

担当者 ： BGPでは，　　キ　　メッセージを定期的に送信します。専
用線の障害時には，ルータが　　キ　　メッセージを受信し
なくなることによって，ピアリングが切断され，AS内の各機
器の経路情報が更新されます。

これは知識問題です。OSPFがHelloパケット，VRRPがVRRP広告（VRRP
アドバタイズメント）を送るように，BGPでは，ピアリング先のルータに
対して，自分の生存を通知するために定期的にメッセージを送信します。こ
の名称は，キープアライブメッセージです。送信間隔は，デフォルト値は
60秒が多いようです。

> **解答**　キープアライブ

（5）本文中の下線⑥について，BGPの標準仕様とはどのような内容か。
本文中の字句を用いて50字以内で述べよ。

問題文には，「⑥BGPの標準仕様ではトラフィックを分散する経路制御は
できません」とあります。

> 標準仕様なんて，知りません。

はい，多くの受験生がそうだったでしょう。しかし，この設問はサービス
問題で，答えそのものが問題文に示されています。その部分を書き写せば解
答になります。問題文の該当箇所を掲載します。

BGPでは，ピアリングで受信した経路情報をBGPテーブルとして構成する。この<mark>BGPテーブルに存在する，同じ宛先ネットワークアドレスの経路情報の中から，最適経路を一つだけ選択し，ルータのルーティングテーブルに反映する。</mark>

網掛け部分がBGPの標準仕様です。このまま答えたいところですが，50字におさまりません。設問で求められているのは，トラフィックが分散できない点です。よって，その原因となる「最適経路を一つだけ選択」する点を軸に，解答をまとめます。

解答例 BGPテーブルから最適経路を一つだけ選択し，ルータのルーティングテーブルに反映する。（42字）

設問3

〔インターネット接続の冗長化手順〕について，(1) ～ (4) に答えよ。

(1) 表6中の ［ ク ］ ～ ［ サ ］ に入れる適切な字句を解答群の中から選び，記号で答えよ。

解答群
ア　eBGPの導入　　イ　iBGPの導入　　ウ　OSPFの導入
エ　ループバックインタフェースの作成とIPアドレスの設定

(2) 表6中の ［ シ ］ に入れる適切な機器名を，図2中の機器名で全て答えよ。

表6で示された，図1（非冗長化）から図2（冗長化）に構成変更する手順が問われています。この設問もサービス問題で，図2の直後の「構成の概要」の順に答えれば答えが完成します。

まず，表6を再掲します。

第3章
過去問解説
令和3年度
午後Ⅱ
問2
問題
問題解説
設問解説

表6　Cさんが検討した冗長化手順

手順	作業対象機器	作業内容
手順1	ルータ11Z, ルータ11	機器の設置
手順2	ルータ11Z, ルータ11, ルータ10, L2SW10	ケーブルの接続
手順3	ルータ11Z, ルータ11, ルータ10, L2SW10	物理インタフェースの設定，IPアドレスの設定及び疎通の確認
手順4	ルータ10, ルータ11	ク
手順5	ルータ10, ルータ11, FW10	ケ
手順6	ルータ10, ルータ11, FW10	コ
手順7	ルータ10, ルータ11, ルータ10Z, ルータ11Z	サ
手順8	シ	静的経路の削除
手順9	ルータ10, L2SW10, FW10	後継機種又は上位機種に交換

　次に，図2の直後の「構成の概要」を見ましょう。下線部と色文字部分は，著者による補足です。

- ルータ10とルータ11にはループバックインタフェースを作成し，これらにIPアドレスを設定する。→手順4：空欄クは，選択肢エの「ループバックインタフェースの作成とIPアドレスの設定」

- a～e（ルータ10, ルータ11, FW10）の各物理インタフェース及びループバックインタフェースでは，OSPFエリアを構成する。　→手順5：空欄ケは，選択肢ウの「OSPFの導入」

- ルータ10とルータ11はループバックインタフェースに設定したIPアドレスを利用し，FW10はeに設定したIPアドレスを利用して，互いにiBGPのピアリングを行う。
  iBGPのピアリングでは，経路情報を広告する際に，BGPパスアトリビュートの一つであるNEXT_HOPのIPアドレスを，自身のIPアドレスに書換える設定を行う。→手順6：空欄コは，選択肢イの「iBGPの導入」

- ルータ10とルータ10Zの間，及びルータ11とルータ11Zの間では，eBGPのピアリングを行う。ピアリングには，f（ルータ10）とh（ルータ10Z），及びg（ルータ11）とi（ルータ11Z）に設定したIPアドレスを利用する。→手順7：空欄サは，選択肢アの「eBGPの導入」

　最後に手順8ですが，静的経路を削除します。では，どこに静的経路が設定されていたでしょうか，問題文を確認します。問題文には「**ルータ10Z**には，A社が割当てを受けているグローバルIPアドレスの**静的経路設定**がされ」，

「**ルータ10，FW10及びL3SW40**の経路制御は**静的経路制御**を利用」とあります。

> となると，ルータ10Z，ルータ10，FW10，L3SW40
> が候補ですね。

そうです。ただし，全部ではなく，L3SW40は対象外です。問題文に，「手順8の静的経路の削除が行われた時点で，動的経路による制御に切替えが行われ」とあります。静的経路を削除する目的は，動的制御をして自動切り替えをするためです。L3SW40は動的経路制御を導入しないので，静的経路を削除しません。

よって，空欄シの正解は「ルータ10Z，ルータ10，FW10」です。

解答	空欄ク：**エ**　　空欄ケ：**ウ**　　空欄コ：**イ**　　空欄サ：**ア**
	空欄シ：**ルータ10Z，ルータ10，FW10**

> 問題文を参考にすれば，正解が導けることはわかりました。
> ただ，この順序でなければいけませんか？

はい，基本的にはこの流れです。それは，前後関係があるからです。具体的にいいますと，iBGPはループバックインタフェースを使ってピアリングします。そのループバックインタフェースへの経路情報はOSPFで取得します。OSPFでループバックインタフェースへの経路を広告するためには，ループバックインタフェースを事前に作成しておく必要があります。なので，ループバックインタフェースの設定（手順4）→ OSPFの構成（手順5）→ iBGPの設定（手順6）の順序で作業します。

第3章

過去問解説

令和3年度

午後Ⅱ

問2

問題

問題解説

設問解説

(3) 本文中の下線⑦について，静的経路の削除が行われた時点で，動的経路による制御に切替えが行われる理由を40字以内で述べよ。

問題文の該当部分は以下のとおりです。

⑦A社からインターネットへ向かう通信については，手順8の静的経路の削除が行われた時点で，動的経路による制御に切替えが行われ，冗長化が完成する。

静的経路を削除すると，なぜ動的経路に切り替わるのか，という観点で考えます。まず，静的経路の削除前はどういう状態でしたか？

静的経路と動的経路の二つの経路情報を持っていたと思います。

そうです。問題文でも解説しましたが（p.319），同じ宛先の経路情報を複数（たとえば静的経路，BGP，OSPFなど）から取得した場合，静的経路が優先されます。今回も同様で，動的経路（BGP，OSPF）の経路情報を取得したとしても，静的経路が採用されていました。下線⑦のように静的経路を削除することで，優先度が低かったBGPの動的経路情報が採用されます。

答案の書き方ですが，「理由」が問われているので，「〜から」で終わるようにしましょう。

解答例	BGPの経路情報よりも静的経路設定の経路情報の方が優先されるから（32字）

静的経路は手動で設定するものなので，解答例では「設定」となっています。ですが，細かい表現は気にする必要はありません。つまり，「設定」と書かなくても正解になったことでしょう。

参考までに，Ciscoの場合の優先順位は，静的経路 ＞ eBGP ＞ OSPF ＞

RIP ＞ iBGPの順です。

(4) 本文中の下線⑧について，ルータ10に対して行う操作はどのような
内容か。操作の内容を20字以内で述べよ。

問題文の該当部分は以下のとおりです。

インターネット利用に対する影響が最小限になるように機器を操作しなが
ら，（中略）ルータ10の交換に当たっては，⑧通信がルータ10を経由し
ないようにルータ10に対して操作を行った後に交換作業を実施する。

> ルータ10の電源をOFFにするか，ルータ10Zと
> 接続しているケーブルを抜けばいいのでは？

その方法が簡単です。でも，今回の場合，その方法は答えにはなりません。
以下の図を見てください。

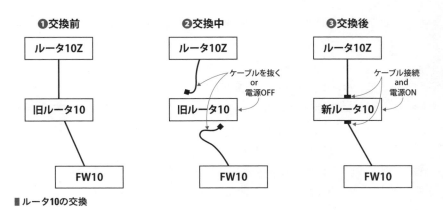

■ ルータ10の交換

左図❶が交換前です。真ん中の図❷は交換中で，旧ルータ10の電源を
OFFにするか，ケーブルを抜きます。そして，右図❸が交換後で，新ルータ
10の電源をONにし，ケーブルを接続します。これを見てもらうとわかるよ

第3章 過去問解説 令和3年度 午後Ⅱ 問2 問題 問題解説 設問解説

うに，交換作業においては，電源OFFやケーブルを抜く作業は絶対に必要なのです。設問では，これらの作業に加えて下線⑧で何をするかが問われています。ですから，電源OFFやケーブルを抜くことを答えても正解にはなりません。

ここで，ルータ10にどんな設定（＝Config）を投入したかを考えてみましょう。答えが見えてきます。基礎解説で紹介していますが（p.41），設定としては，IPアドレスやBGPの設定だけでしたよね。

解答例は，「eBGPピアを無効にする。」となっています。

解答　eBGPピアを無効にする。（13字）

では，「BGPピアを無効にする」や「iBGPピアを無効にする」では不正解でしょうか。まず，「BGPピアを無効にする」であれば，eBGPピアも無効にしますので，正解になったことでしょう。一方の「iBGPピアを無効にする」だけだと，意図した制御ができません。ルータ10はiBGPの設定がなくても自身のネットワークの経路情報をルータ10Zに広告します。その結果，ルータ10Zからルータ10に対する経路情報が残ってしまいます。

「LOCAL_PREFの値を100未満にする」ではダメですか？

なるほど，ルータ10のLOCAL_PREFを100未満にして，デフォルトルートをルータ11に向けるのですね。残念ながら，この方法では，片方向のトラフィック（A社→Z社）しかルータ11側に切り替わりません。Z社にお願いして，ルータ10ZのLOCAL_PREFを設定してもらえばZ社からA社向けの経路情報もルータ11側を優先することはできるでしょう。しかし，設問で「ルータ10に対して行う操作」と限定されているので，この方法では設問の条件に合いません。

正解はわかりました。でも、eBGP ピアを無効にせずに、いきなりケーブルを抜く方法はダメなのですか？

　問題文に「インターネット利用に対する**影響が最小限**になるように機器を操作しながら」とあります。作問者はこの点を意識して解答を作ったと想定されます。

解答例の方法と、ケーブルを抜く方法とでは、インターネット利用に対する影響が変わるのですか？

　はい、通信が切断される時間が違います。まず、ケーブルを抜く方法ですが、ルータ10Z側のケーブルを抜いたとします。途中にONUや他の機器があるので、対向側のルータ（ルータ10Z）のインタフェースはダウンしません。ルータ10Zがこの切断を検知するには、問題文の空欄キにあったキープアライブ（60秒間隔で送信）しかありません。キープアライブでの障害検知は、180秒間の待ち時間（ホールドタイムといいます）があります。この時間を待ってもキープアライブの応答がない場合、障害と検知します。その後、ピアリングが切断され、経路情報が更新されます。つまり、切り替わるまでに3分ほど時間がかかるのです。

　一方の、eBGP ピアを無効にした場合はどうでしょうか。eBGP ピアを無効にすると、BGPのnotificationメッセージによって、ルータ10とルータ10Z間のBGPピアが正常に切断されます。この情報は、BGPのupdateメッセージによって、他のBGPルータにもこの情報を伝達するので、すぐに経路情報が切り替わります。簡易な環境で検証したところ、pingが1回落ちた程度で、すぐに経路が切り替わりました。

〔トラフィック監視の導入〕について，（1）～（3）に答えよ。
（1）本文中の下線⑨について，問題点を二つ挙げ，それぞれ30字以内で述べよ。

問題文には，「⑨専用線の輻輳を検知するために，監視サーバの監視対象として，ルータ10Zとルータ11Zを追加することを考えたが，問題があるため見送った」とあります。

そもそも，ICMPのpingで，輻輳しているかを判断できるんですか？

いえ，判断できません。重度の輻輳の場合には，エコー応答が戻ってこないこともあるでしょう。しかし，輻輳が発生してもエコー応答が戻ってくることはよくあります。逆に，輻輳していなくてもエコー応答が戻ってこないもあります。結局のところ，ICMPエコー応答の結果で輻輳を検知することはできません。

なので，「問題がある」というのは，「輻輳が検知できない」という単純な答えです。

今回，設問では二つの問題点が求められています。切り口を明確に分けて答えるべきなので，「見逃し」と「誤検知」の面で解答します。

①**見逃し**：輻輳しているのに輻輳と判断ができない

輻輳していたとしても，pingという小さなパケットだけは返ってくる可能性があります。解答例では，「輻輳時に（監視サーバが）エコー応答を受信することがあり」と表現されています。これでは，輻輳であることを検知できません。

②**誤検知**：輻輳していないのに輻輳と判断する

たとえば，ルータ10Zやルータ11Zに障害が起きると，エコー応答を受信しません。これだと，輻輳したと誤って検知してしまいます。

設問4

（2）本文中の ┃ ス ┃ に入れる適切な数値を答えよ。

問題文から空欄スの箇所を再掲します。問題文の内容を図で説明するため，番号を追記しています。次ページの図と照らし合わせて理解してください。図では，わかりやすくするために，専用線の帯域幅を100Mビット／秒にし，正解の50％という値も反映しています。

> 通信を均等に分散できると仮定すると，インターネット接続の冗長化導入によって利用できる帯域幅は専用線2回線分になる（次ページの図❶）。どちらかの専用線に障害が発生すると，利用できる帯域幅は専用線1回線分になる（❷）。Cさんは，どちらかの専用線に障害が発生した状況において，専用線に流れるトラフィックの輻輳の発生を避けるためには，平常時から，それぞれの専用線で利用できる帯域幅の ┃ ス ┃ ％を単位時間当たりの通信量の上限値としてしきい値監視すればよいと考えた（❸）。

平常時は2回線あわせて最大200Mビット／秒を使えます（次ページの図❶）。片方の専用線が故障したときは（❷），1回線分で最大100Mビット／秒に制限されます。この状態でも回線が輻輳しないようにするためには，トラフィック全体を1回線分（＝100Mビット／秒）に抑えなければいけません。問題文に，「通信を均等に分散できる」という条件があるので，平常時の1本分の通信量は，単純に1/2の50％以下に抑える必要があります（❸）。

そこで，帯域幅の50％をしきい値とし，問題文にあるように，「必要であれば専用線の契約帯域幅の増速を検討」します。

第3章
過去問解説
令和3年度
午後Ⅱ
問2
問題
問題解説
設問解説

3.2　令和3年度●午後Ⅱ●問2　設問解説 │ 349

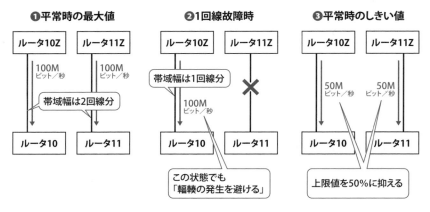

❶平常時の最大値

ルータ10Z → ルータ10 : 100Mビット/秒
ルータ11Z → ルータ11 : 100Mビット/秒
帯域幅は2回線分

❷1回線故障時

ルータ10Z　ルータ11Z
帯域幅は1回線分
100Mビット/秒
ルータ10　ルータ11　×
この状態でも「輻輳の発生を避ける」

❸平常時のしきい値

ルータ10Z　ルータ11Z
50Mビット/秒　50Mビット/秒
ルータ10　ルータ11
上限値を50%に抑える

■輻輳の発生を避けるための通信量

解答	空欄ス：50

設問4

（3）本文中の下線⑩について，統計データとは別のデータにはどのようなデータがあるか。本文中の字句を用いて25字以内で答えよ。また，そのデータを，機械学習監視製品を用いて監視することによって，どのようなトラフィック異常とは別の異常を検知できるようになるか。検知内容を40字以内で述べよ。

問題文には，以下の記載があります。

さらに，⑩管理サーバに保存されている，統計データとは別のデータについても，機械学習監視製品を用いて監視することで，トラフィック異常とは別の異常が検知できることを確認した。

この設問では二つのことが問われています。1点目は「管理サーバ上に保存されている，統計データとは別のデータ」とは何かで，2点目は機械学習製品によって検知できるようになる「別の異常」です。

1点目は，答えが問題文に書いてあるサービス問題でした。問題文の前半

で示された，現在のA社ネットワーク環境の概要です。該当箇所を再掲します。

> ・管理サーバには，A社のルータ，FW，L2SW及びL3SW（以下，A社
> NW機器という）からSNMPを用いて収集した通信量などの統計データ，
> FWとプロキシサーバの通信ログデータが保存されている。

　管理サーバには，①通信量などの統計データ，②FWの通信ログデータ，
③プロキシサーバの通信ログデータの3点が保存されています。設問で「統
計データとは別のデータ」と問われているので，②と③が該当します。問題
文の記述をそのまま抜き出すと「FWとプロキシサーバの通信ログデータ」
です。

　2点目は検知内容です。

> トラフィック異常とは別の異常を検知といわれても，
> ピンときません……

　そうですね。問われた内容があいまいで，何とでも答えられる気がします。
さて，困ったら問題文に戻りましょう。
　通信量などの統計データからは，トラフィック異常を検知することができ
ました。トラフィック異常に関する説明を問題文から再掲します。

> 　次に，Cさんは，想定外のネットワーク利用などによって単位時間当た
> りの通信量が突発的に増えたり，A社NW機器の故障などによって単位時
> 間当たりの通信量が突発的に減ったりすること（以下，トラフィック異常
> という）を検知する監視の利用を検討した。Cさんは機械学習を利用した
> 監視（以下，機械学習監視という）の製品を調査した。

　つまりトラフィック異常とは，**単位時間あたりの通信量が突発的に増えた
り，突発的に減ったりすること**でした。では，問題文のこの箇所を，通信量
などの統計データから，FWとプロキシサーバの通信ログに置き換えてみる

とどうなるでしょうか。

　すると，想定外（たとえばマルウェアの活動）などによって単位時間当たりの通信ログデータ量が突発的に増えたり，NW機器の故障などによって単位時間当たりの通信ログデータ量が突発的に減ったりすることの検知ができそうです。この点を解答して答えます。

解答例　データ：FWとプロキシサーバの通信ログデータ（18字）

　　　　　検知内容：単位時間あたりの通信ログデータ量が突発的に増えたり減ったりしたこと（33字）

　これが答えですか？ 作問者の意図がまったくわかりません。

　同感です。「トラフィック異常」とは<u>別の</u>異常なので，セキュリティ上の異常とか，攻撃の通信の可能性とか，そういう答えであれば納得できますが……。

　さて，この問題との向き合い方ですが，まず，「別のデータ」に関してはしっかりと正解してください。次に，「検知内容」に関しては，解説で述べたように，意味がわからないなりに，問題文の言葉を使ってなるべく無難な解答を書きましょう。この問題を正解することは難しいので，部分点がもらえれば，それで十分だと思います。

　解説は以上です。お疲れさまでした！

コロナによって，人との接触をなるべく避けることが求められ，息苦しい日々が続いている。

2020年に（私の人生で初めて）緊急事態宣言発令され，不要不急の外出を避ける日々が続いた。特に土日に外に出られないのは非常につらい。

外に出られないことが，こんなに息苦しいとは思わなかった。私はそれほど社交的ではなく，部屋の片隅で黙々とパソコンに向かって日々を過ごしている。であれば，緊急事態宣言が出ようが出まいが同じ生活じゃないのか？と思われるかもしれない。しかし，自主的に外出しないのと，出たらダメと言われるのでは，結果的には自室にこもっているだけなのだが，心理的には全然違うのである。

そんな軟禁状態から，2020年の5月に緊急事態宣言が（そのときは）解除され，私が住む大阪の新規感染者が0になったときがあった。やっと通常の生活に戻り，久しぶりに後輩と野暮用があって再会した。そのときは，あまりに感動して，大喜びした記憶がある。

ネットワークが進化し，私たちのようなネットワークのプロがそれを支える素晴らしいITの世界がある。しかし，人と人とのつながりこそが，一番大事なネットワークであることを，コロナで改めて感じさせられた気がする。

設問		IPA の解答例・解答の要点	予想配点
設問1	(1)	$(X_t - X_{t-1}) \times 8 \div 300$	6
	(2)	取得間隔の間で発生したバースト通信が分からなくなる。	6
	(3)	ア	2
設問2	(1)	ルータ10とルータ11はOSPFを構成するインタフェースが二つあり，迂回路を構成できるから	8
	(2)	a $\alpha . \beta . \gamma .0/30$ 順不同	2
		b $\alpha . \beta . \gamma .4/30$	2
	(3)	経路のループを回避するため	5
	(4)	ア 短い	2
		イ 小さい	2
		ウ $\alpha . \beta . \gamma .8$	2
		エ $\alpha . \beta . \gamma .9$	2
		オ $\alpha . \beta . \gamma .17$	2
		カ $\alpha . \beta . \gamma .18$	2
		キ キープアライブ	2
	(5)	BGPテーブルから最適経路を一つだけ選択し，ルータのルーティングテーブルに反映する。	7
設問3	(1)	ク エ	2
		ケ ウ	2
		コ イ	2
		サ ア	2
	(2)	シ ルータ10Z，ルータ10，FW10	6
	(3)	BGPの経路情報よりも静的経路設定の経路情報の方が優先されるから	6
	(4)	eBGPピアを無効にする。	5
設問4	(1)	① 輻輳時にエコー応答を受信することがあり検知できない。	5
		② ルータ10Zとルータ11Zの障害時に誤って検知する。	5
	(2)	ス 50	2
	(3)	データ FWとプロキシサーバの通信ログデータ	5
		検知内容 単位時間当たりの通信ログデータ量が突発的に増えたり減ったりしたこと	6
※予想配点は著者による		合計	100

ララさんの解答	正誤	予想採点
$(X_t - X_{t-1})/37.5$	◯	6
突発的な通信量増加も時間平均により平準化され分からなくなるから	◯	6
イ	×	0
ルータ 10、ルータ 11 の iBGP と eBGP を含む複数経路情報を FW10 との単一インタフェースへ広告するため	×	0
$\alpha . \beta . \gamma .8 / 32$	×	0
$\alpha . \beta . \gamma .9 / 32$	×	0
経路情報のループを防ぐため	◯	5
短い	◯	2
小さい	◯	2
$\alpha . \beta . \gamma .8$	◯	2
$\alpha . \beta . \gamma .9$	◯	2
$\alpha . \beta . \gamma .17$	◯	2
$\alpha . \beta . \gamma .18$	◯	2
KEEP ALIVE	◯	2
宛先ネットワークアドレスへの経路情報を最適経路選択アルゴリズムにより 1 つ選択しルータに登録する	◯	7
エ	◯	2
イ	×	0
イ	◯	2
ア	◯	2
ルータ 10, ルータ 10Z, FW10	◯	6
ルーティングテーブルにおいて静的経路が動的経路よりも優先選択されるから	◯	6
LOCAL_PREF を 0 にする	×	0
ICMP パケットを Z 社へ送信するセキュリティ面の問題	×	0
ルータまでの輻輳発生個所の機器や回線を特定できない問題	×	0
50	◯	2
FW10 とプロキシサーバの通信ログデータ	◯	5
インターネットから社内への不正アクセス、社内からのマルウェアと思われる異常通信	×	0

※実際には68点で合格

	予想点合計	63

第3章

過去問解説

令和3年度

午後II

問2

問題

問題解説

設問解説

　システム部門がネットワークを運用する際には，ネットワークの状況を正確に把握できることが重要である。そのためには，情報取得の仕組みや情報の取り扱い，情報の見方について，正確に理解しておく必要がある。あわせて，ネットワークを常時監視する必要もある。また，与えられた課題に対して，どのような技術を用いて，どのように解決するか立案できることが重要である。利用したことがない技術が案として浮上した場合，その技術がどのようなものか調べ，正確に理解したうえで採用することが重要である。

　本問では，インターネット接続環境の更改を題材にしている。SNMPを用いたネットワーク利用状況の把握及びping監視と機械学習を用いた監視について問う。さらに，BGPやOSPFを用いたネットワーク設計と，プロトコルの特徴を踏まえた導入手順について問う。

　問2では，インターネット接続環境の更改を題材に，SNMPを用いたネットワーク利用状況の把握及びping監視と機械学習を用いた監視について出題した。さらに，BGPやOSPFを用いたネットワーク設計と，プロトコルの特徴を踏まえた導入手順について出題した。全体として，正答率は高かった。

　設問2は，BGPを中心とした経路制御の問題であるが，（2）の正答率が低かった。本文中の説明を注意深く読み取り，経路制御の流れを順序立てて組み立て，正答を導き出してほしい。（4）キは，正答率が低かった。キープアライブなど，BGPに関する基本的な用語については，是非知っておいてほしい。

　設問3は，（3），（4）の正答率がやや低かった。（3）は異なるプロトコルを組み合わせて用いる際に，これらの信頼性に基づいて優先順位を決める経路制御の基本である。また，（4）はネットワーク構成を変更する際に，利用者に対する影響を最小限にするための通信迂回操作の一つである。それぞれよく理解してほしい。

　設問4（1）は，正答率がやや低かった。専用線の輻輳を検知するためにICMPによる死活監視を用いた際の問題について問うたが，技術的な観点ではなく，ルータ10Zとルータ11ZがZ社の所有であることに着目した解答が目立った。ネットワークスペシャリストとしてICMPの特徴をよく理解し，もう一歩踏み込んで考えてほしい。

■出典
「令和3年度 春期 ネットワークスペシャリスト試験 解答例」
https://www.jitec.ipa.go.jp/1_04hanni_sukiru/mondai_kaitou_2021r03_1/2021r03h_nw_pm2_ans.pdf
「令和3年度 春期 ネットワークスペシャリスト試験 採点講評」
https://www.jitec.ipa.go.jp/1_04hanni_sukiru/mondai_kaitou_2021r03_1/2021r03h_nw_pm2_cmnt.pdf

下請け SE との対応

お客様の無理難題に答えるために、下請けである協力会社に対応を依頼すると、強気な態度でこられることがある。上から怒られ、下からは強気に言われ、ナイーブなSEは、結構へこむ。

プライベートな仲間との対応

最近はかなり改善されたと思うが、SEの仕事は3K（「きつい」「帰れない」「給料が安い」）と揶揄されることもある。プライベートな仲間との関係が疎遠になることも。

★基礎知識の学習は『ネスペ教科書』で

ネットワークスペシャリスト試験を長年研究した
著者だから書ける

『ネスペ教科書 改訂2版』(星雲社)

A5判／324ページ／定価（本体1,980円＋税）
ISBN978-4434269806

ネットワークスペシャリスト試験に出るところだけを厳選して解説しています。「ネスペ」シリーズで午後対策をする前の一冊として，ぜひご活用ください。

★資格には取るに値する「価値」がある！

著者の経験から語る連勝の勉強法と合格のコツ

『資格は力』(技術評論社)

四六判／208ページ／定価（本体1,380円＋税）
ISBN978-4-297-10176-3

資格の意義や合格のコツ，勉強方法，合格のための考え方などをまとめた一冊。資格取得を通してスキルアップを図ることの大事さも伝えます。モチベーションアップにも役立ちます。

★ネットワークの研修なら左門至峰にお任せください

ネットワークスペシャリストの試験対策セミナーや，ネットワークのハンズオン研修を実施しています。

「ネスペ」シリーズの著者である左門至峰が，本質に踏み込んだわかりやすい研修を実施します。

詳しくは，ホームページをご覧いただき，お問い合わせください。

株式会社エスエスコンサルティング
https://seeeko.com/

■ 著者

左門 至峰 （さもん しほう）

ネットワークスペシャリスト。執筆実績として，本書のネットワークスペシャリスト試験
対策『ネスペ』シリーズ(技術評論社)，『FortiGate で始める 企業ネットワークセキュリ
ティ』（日経 BP 社），『ストーリーで学ぶ ネットワークの基本』（インプレス），『日経
NETWORK』（日経 BP 社）や「INTERNET Watch」での連載などがある。
また，講演や研修・セミナーも精力的に実施。
保有資格は，ネットワークスペシャリスト，テクニカルエンジニア(ネットワーク)，技
術士（情報工学），情報処理安全確保支援士，プロジェクトマネージャ，システム監査技
術者，IT ストラテジストなど多数。

平田 賀一 （ひらた のりかず）

システムエンジニア。執筆実績は『IT サービスマネージャ「専門知識＋午後問題」の重点
対策』（アイテック）など。
保有資格は，ネットワークスペシャリスト，技術士（情報工学部門，電気電子部門，総合
技術管理部門），1 級電気通信工事施工管理技士補，Azure DataScientist Associate など。
最近のお気に入りは，Windows Subsystem for Linux と Visual Studio Code。Microsoft 信
者になりつつある。

答案用紙ダウンロードサービス

ネットワークスペシャリスト試験の午後Ⅰ，午後Ⅱの答案用紙をご用意しました。
本試験の形式そのものではありませんが，試験の雰囲気が味わえるかと思います。
ダウンロードし，プリントしてお使いください。

https://gihyo.jp/book/2021/978-4-297-12465-6/support

カバーデザイン ◆ SONICBANG CO.,
カバー・本文イラスト ◆ 後藤 浩一
「SE の悲しい事件簿」イラスト ◆ 厚焼 サネ太
本文デザイン・DTP ◆ 田中 望
編集担当 ◆ 熊谷 裕美子

ネスペ R3

―本物のネットワークスペシャリストに
なるための最も詳しい過去問解説

2021 年 12 月 7 日 初 版 第 1 刷発行

著　者　　左門 至峰・平田 賀一

発行者　　片岡 巌

発行所　　株式会社技術評論社
　　　　　東京都新宿区市谷左内町 21-13
　　　　　電話　03-3513-6150　販売促進部
　　　　　　　　03-3513-6166　書籍編集部

印刷／製本　昭和情報プロセス株式会社

定価はカバーに表示してあります。

造本には細心の注意を払っておりますが、万一、乱丁（ページの乱れ）や落丁（ページの抜け）がございましたら、小社販売促進部までお送りください。送料小社負担にてお取り替えいたします。

ISBN978-4-297-12465-6　C3055

Printed in Japan

■ 問い合わせについて

　本書に関するご質問については、本書に記載されている内容に関するもののみとさせていただきます。本書の内容と関係のないご質問につきましては、一切お答えできませんので、あらかじめご了承ください。また、電話でのご質問は受け付けておりませんので、FAX か書面にて下記までお送りください。弊社の Web サイトでも質問用フォームを用意しておりますのでご利用ください。

　なお、ご質問の際には、書名と該当ページ、返信先を明記してくださいますよう、お願いいたします。

　お送りいただいたご質問には、できる限り迅速にお答えできるよう努力いたしておりますが、場合によってはお答えするまでに時間がかかることがあります。また、回答の期日をご指定なさっても、ご希望にお応えできるとは限りません。あらかじめご了承くださいますよう、お願いいたします。

■ 問い合わせ先

〒 162-0846
東京都新宿区市谷左内町 21-13
　株式会社技術評論社　書籍編集部
　「ネスペ R3」係
　　FAX 番号　　：03-3513-6183
　技術評論社 Web：https://gihyo.jp/book